地下工程测试技术

裴华富　朱鸿鹄　徐东升　冯伟强　杨 钢　编

科学出版社

北 京

内 容 简 介

本书是土木工程专业地下工程方向系列教材之一,较为系统地介绍了地下工程测试的目的和意义,总结了目前地下工程测试技术的发展现状,给出了地下工程测试技术中常用的传感器及其安装使用方法。本书重点介绍了边坡工程监测、软土地基(路基)监测技术、桩基测试技术、盾构隧道施工监测技术、基坑工程监测技术、地下隧洞施工监测技术、地下工程无损检测及声发射技术等内容。每章节分别对不同工程的监测内容和方法、监测方案设计等进行了详细的介绍,挑选了典型的监测实例,便于学生进一步学习和理解相关知识。

本书适合作为地下工程、岩土工程、隧道工程等土木工程专业相关方向的本科生教学用书,也可作为采矿工程、工程地质等专业本科生、研究生相关课程的教学用书。

图书在版编目(CIP)数据

地下工程测试技术/裴华富等编. —北京:科学出版社,2023.8
ISBN 978-7-03-075024-2

Ⅰ.①地… Ⅱ.①裴… Ⅲ.①地下工程测量–高等学校–教材
Ⅳ.①TU198

中国国家版本馆 CIP 数据核字(2023)第 038458 号

责任编辑:赵敬伟 郭学雯/责任校对:彭珍珍
责任印制:张 伟/封面设计:无极书装

科学出版社 出版
北京东黄城根北街 16 号
邮政编码:100717
http://www.sciencep.com

北京中石油彩色印刷有限责任公司 印刷
科学出版社发行 各地新华书店经销
*
2023 年 8 月第 一 版 开本:720×1000 1/16
2024 年 1 月第二次印刷 印张:18 1/2
字数:373 000
定价:149.00 元
(如有印装质量问题,我社负责调换)

前　言

随着我国城市化进程的不断推进，城市中的可用建设用地逐渐减少，为了缓解城市发展与土地资源紧缺之间的矛盾，各类建筑开始充分利用地上空间，向着高层、超高层发展。当地上建筑在高度、经济性等方面达到瓶颈时，为了达到持续发展的目的，城市建设的重心也逐渐转向地下空间的开发，推进了地下工程的发展。地下工程是指在地面以下为开发利用地下空间资源所建造的建筑物或构筑物，主要包括地下房屋、地下隧道、矿山巷道等。地下工程通常与岩土体之间的联系密不可分，由于岩土体的性质比较特殊，具有明显的三维空间非均匀性和不连续性，在自重和地质构造运动的影响下具有预应力结构特征，流体和固体的耦合效应使岩土体的性质更为多变，导致岩土体强度和变形难以预测，这也决定了地下工程的复杂性。由于目前相关理论尚不完备，为了保证地下工程在施工期及服役期内的安全性，对地下工程的相关物理量进行测试是十分必要的，通过分析测试数据能够验证地下结构设计的合理性，进一步指导后续设计和施工。

地下工程测试技术是一门实践性很强的课程，十分重视理论与实践的结合，此学科的最终目的是指导地下工程实践，具有较强的实用性。同时，地下工程测试技术也是一门多学科相融合的学科，以土力学、岩石力学、结构力学等土木工程学科为理论基础，以仪器仪表、传感技术、数据处理等学科为监测手段，还融合了地下工程施工过程中的相关工艺和施工方法。目前，对于大型的地下工程，为了提高工程的安全性并根据监测数据及时采取相关措施，测试工作基本贯穿勘察、设计、施工和后期运营全阶段，具有极其重要的作用。而且，由于与地下工程测试技术的相关学科不断发展进步，各种新型的监测设备、测试方法逐渐被发明应用于工程实践中，新型监测设备和测试方法与传统设备及方法相比具有明显的优势，因此需要及时更新教学内容，使内容具有先进性和前沿性，让学生了解和掌握先进的地下工程测试方法。随着地下工程领域的不断发展，技术人员对此领域的认识不断提高，相关知识也不断完善，国家和行业主管部门相继制订了新的相关的规范和规程，需在地下工程测试技术的教学内容中体现相应规范和规程的精神，符合国家的战略发展需求。

本书参考了国内最新相关规范和规程，以及此领域内国内外的最新研究成果，将行业前沿内容编入了其中。在对地下工程测试技术的基础知识进行介绍后，重点介绍了常见地下工程的测试技术，分别为边坡工程监测技术、软土地基(路基)

监测技术、桩基测试技术、盾构隧道施工监测技术、基坑工程监测技术、地下隧洞施工监测技术、地下工程无损检测及声发射技术等内容。相关知识和技术可直接应用于科研与生产实际，可以让学生掌握获取地下工程设计基础数据的测试手段，以及施工过程中监测和监控的专业知识和技能。测试的知识和技术是相关专业学生今后从事设计、施工、科研和建设管理的必备的专业知识。为了提高学生的实践认知，培养学生解决实际工程的能力，重视相关测试技术的工程应用，书中还挑选了典型的监测实例进行介绍，以期进一步提高学生的实践能力。本书在编写过程中充分参考和采纳了具有多年教学经验的教师的宝贵意见和建议，书中的结构和内容不断完善，符合此学科的教学规律。

　　本书由大连理工大学裴华富老师主编，由南京大学朱鸿鹄老师编写第 1、2章，武汉理工大学徐东升老师编写第 3、4 章，南方科技大学冯伟强老师编写第 5、6 章，大连理工大学杨钢老师编写第 7、8 章。本书在编写过程中参考了大量的文献，主要参考文献列于书末，书中不再一一注明，特此说明并向作者表示诚挚的谢意。

　　限于我们的水平有限，书中纰漏之处在所难免，敬请读者批评指正。

编　者

2022 年 11 月

目　　录

第 1 章　地下工程测试技术的基础知识

1.1　概　　述

地下工程是指建造在有原岩应力场、由岩石和不同构造面组成的自然岩石体中的建筑，或因人工挖掘以及生产活动而在自然岩层构造中产生的地下空间。地下工程按功能可分成：交通、输水、公共服务以及地下水贮库、地下水厂房、地下水冷暖气道、地下步行街、地下发电站等。

由于中国国民经济的迅速发展，以及城市人口的密集程度提高，地上建筑已难以满足或无法适应人类的生产和生活的需要，因此中国地下工程取得了快速的发展。尤其是随着城市地下工程步入发展阶段，中国也已经步入城市轨道交通及其他地下工程建设的新时期；与此同时，也存在着大量的岩土工程问题亟待处理。因为地下工程往往埋于地底的深处，而这些天然岩土体材料又深受节理裂缝、应力以及地下水等诸多因素的影响，所以地下工程在施工过程中所面临的问题与地面建筑的施工相比要复杂得多。尤其是在地下工程施工前，场地的自然地质条件、岩石体形状都无法完全掌握，其力学参数也难以判断，故地下工程在设计阶段的不确定性更加明显。地下工程的安全不仅受围岩本身的力学特性及自稳能力的影响，同时与地下工程支护后结构的整体特征有关。如何在施工过程中有效避免地面塌陷，科学预防和合理地控制因施工造成的工程问题，并保护周边建 (构) 筑物和地下管道的安全，已成为我国地下工程中亟待解决的重大问题，因此，对地下工程进行科学合理的监测显得尤为重要。

测试技术包括测量和试验两部分，测量是指在被检测对象的自然状态下，对其有关数据进行的监测与量度；试验则是指对被检测的对象进行试验探索的方法，通过分析其在一定激励条件下的反应来探究被测对象的相关特性。测试技术基于材料的各种物理、化学以及生物现象或效应来获取有用信息。按照被测信息的变化性质，分为静态测试和动态测试，按照被测信息的转换方法分为机械测量方法、光测量法、气体测量法和非电量电测法等。由于地下工程所面对的岩土体复杂多变，且理论尚不完善，因此很难有理想的计算模型来描述地下工程岩土体的力学行为，而通过测试技术对地下工程岩土体进行监测，根据所获取的监测信息了解地下工程岩土体的力学和变形特征，从而掌握工程的发展进程，成为保障地下工程安全的重要手段之一。现代测试技术的功能主要分为四个方面。

(1) 各种参数的测定；

(2) 自动化过程中参数的传递、调整和自控；

(3) 现场实时检测和监控；

(4) 测量过程中数据的处理和分析。

现代测试技术是计算机科学、通信科技、测量科学技术、自动化信息技术、电子信息技术等多领域多专业相结合的一门综合性计量科学技术，是对被测对象的相关参数进行测量，并将测量信息加以收集、变换、保存、传递、显示与管理的科学技术。这不仅是传统测量技术和现代科技手段相结合后的一种新兴科学技术，也是一种随着科技水平的提高而不断进步的综合性科学技术。特别是随着中国现代制造领域的蓬勃发展，对现代测试技术提出了越来越高的要求，有效推动着中国现代测试技术中的新原理、新科学技术、新设备的不断开发及应用。

1.2　测试系统的组成

只有对整体的测试系统有了全面的认识，才能根据具体要求制定并设计出一套科学合理的测试系统，从而满足实际的测试要求。根据监测信息的传送方法进行划分，常用的测试系统可分为模拟式测试系统和数字式测试系统。

1.2.1　测试系统的组成

一个测试系统可以由一个或若干个功能单元所组成。测试系统通常应具有以下几个功能，即：将被测对象置于预定状态下，并对被测对象所输出的特征信息进行采集、变换、传输、分析、处理、判断和显示记录，最终获得测试目的所需的信息。如图 1.1 所示，完善的测试系统一般由试验装置、测量装置、数据处理装置、显示和记录装置四大部分组成。

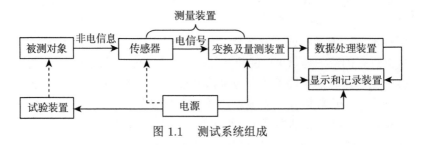

图 1.1　测试系统组成

为了采用最优化方法执行测量任务，需要对整个测量系统的各个工作模块进行详尽和全方位的思考与设计。当然，根据试验目的及具体条件，我们可能只关注系统中的某几个模块。例如，虽然弹簧秤只有一个簧片刻度尺，但它也综合了传感、检测和数字指示等功能。图 1.2 展示了一种为直剪试验设计的计算机辅助系统。

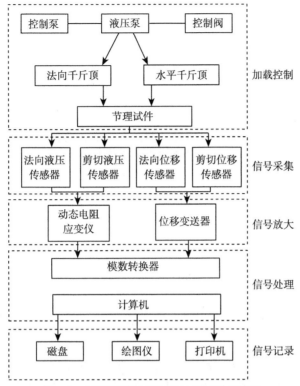

图 1.2 直剪试验计算机辅助测试系统框图

1. 试验装置

试验装置是一个专门的系统, 用于将待测对象置于特定状态, 并研究被测对象与所需监测信息之间的联系, 以达到准确测量的目的。例如, 在测定岩石及其结构面的力学特性的直剪试验系统中, 直剪试验架和液压控制系统共同组成了一个加载装置。其中, 液压泵负责为试件提供荷载, 而液压控制系统确保荷载以指定的稳定速率施加, 并在必要时维持其恒定。这样, 试件就可以在预先设定的法向应力水平下进行剪切试验。在地下工程试验中, 常用的加载装置包括重力式、反力式和液压式。

2. 测量装置

测量装置由传感器、信号转换器和信号传输线等关键部件构成。在测量过程中, 这个系统首先通过传感器把测量参数转化为电信号 (或其他形式的信号), 然后经过其他设备对这些信号进行转换、放大和运算, 从而将它们处理成方便记录和分析的信息。在整个系统中, 传感器扮演着至关重要的角色, 它的核心功能是将物理参数转化为易于传输的信号。因此, 传感器有时被视为测量系统的初级部分, 而其他组成部分则被称为次级或三级设备。以直剪试验系统为例, 在试验过程中需要观察试件在剪切过程中，不同法向应力作用下法向和剪切方向上力和位移的变化。因此，需要采用位移传感器对试件在法向和剪切方向的位移进行监测，采用力传感器对试件法向和剪切方向的荷载进行测量。其中，力传感器及其数据采集装置构成了力的测量系统，位移传感及其数据采集装置构成了位移测量系统，数据采集装置中通常有电桥电路、放大电路、滤波电路及调频电路等。所以，应该根据试验的具体测试需求，选择合适的传感器及其配套的数据采集装置，不同的传感器适用于不同的数据采集装置，例如，电类传感器通常采用动态电阻应变仪，光学类传感器则采用光纤调制解调仪等采集装置。

3. 数据处理装置

数据处理装置是将该测试系统中的测量信息进行一定的处理，以便于后期数据分析。图 1.2 中，计算机系统中需设置智能处理的程序，以消除检测过程中的噪声影响和数据的偶然变化，提高监测数据信息的置信度。当测量系统采用模拟电路时，则需采用一些特定的设备或电路以达到上述目的。

4. 显示和记录装置

显示和记录装置是测量系统的重要组成部分，其主要负责将测量所得被测对象的相关信息以及变化情况，通过一定方法进行显示或记录下来。显示装置一般包括各种仪表的表盘、光电示波器以及配套的电子显示屏等，而测量所得数据信息的记录则是通过解调仪、记录仪等装置来完成；在直剪试验系统中，以微机屏幕、打印机和绘图仪等作为显示记录设备。

测量系统可以分为两种，分别为人工测量系统和全自动测量系统。两者的主要区别为：人工测量系统是指在测量过程的全部或大部分工作基本由测试人员直接参与完成，是目前地下工程测试中较为常用的方法，但是此方法过度依赖人工，测试效率较低；而全自动测量系统能够将各种传感器和数据采集装置通过电脑进行控制和数据采集，整个测量过程中无须人工方式介入，具有较高的监测效率，是未来监测的发展方向。

1.2.2　测试系统的主要性能指标

测试系统的主要性能指标有精确度、稳定性、测量范围等。由于不同项目在精确度、稳定性、分辨率等方面的监测要求存在差异，因此在测试系统中，必须提供明确的主要性能指标，才能够根据不同的监测需求采用科学、合理且经济的测试系统。

1. 测试系统的精度和误差

精度是指相似测量的每个测值与全部测值的算术平均数之间的接近程度。精度也等同于重复性。精度一般用 ± 数值来表示。测值的有效位数反映了测量精度。相反地，记录的测量数据应该反映出所使用的仪表的精度。仪表将一个测量数值显示为三位有效数字不能确保其准确度可以达到 ±0.1，而对一个准确度仅为 ±10% 仪表读取三位有效数字也是没有意义的。一个测试系统精度通常可采用相对误差和引用误差进行判断。

(1) 绝对误差：测量所得监测值 X 和真值 μ 之差的绝对值，能够用以判断测试系统的可靠性，用误差值来度量。记为

$$d = |X - \mu| \tag{1-1}$$

绝对误差可以表示测试数据和实际数据的一致性。实际测量时，由于真值是难以确定的，所以通常约定真值通过使用高精度的仪器测量所得的数值 x_0 进行代替。当使用引用误差表示测量仪器的精度时，应尽量避免仪表在接近测定下限的三分之一量程内操作，以防止出现较大的误差。在地下工程测试中，测量数据的分布较多服从正态分布，故通常采用多次测量的算术平均值作为参考量值。由于不能将被测对象联系起来，绝对误差无法充分地表示测试的精度，因而测定结果的精度可用相对误差表示。

(2) 相对误差：指的是测量所造成的绝对误差占被测量 (约定) 真值的百分比，以百分数表示。通常，相对误差更能反映测量的可信度。绝对误差 d 与被测量的真值 μ 的百分比值称为实际相对误差。记为

$$\delta_A = d/\mu \cdot 100\% \tag{1-2}$$

将测量所得值 X 作为真值 μ 的相对误差称为示值相对误差，记为

$$\delta_X = d/X \cdot 100\% \tag{1-3}$$

绝对误差是评估测量结果可靠性的一个重要指标。在日常应用中，当我们需要比较不同条件下测量结果的准确性时，通常采用示值相对误差。用相对误差也可以对同一个仪器上不同状态测量成果的准确性进行比较，但不能用于判断不同仪器的监测质量的优劣程度。

当使用同样的测量方法时，绝对误差可能会有所变化。而当采用不同的测量方法时，绝对误差之间也会存在差异。一般来说，方法的精度越高，其绝对误差越小。不过，相对误差的大小不仅与采用的测量方法有关，还与被测量的实际数值大小相关。在同一测量方法下，被测数据越大，相对误差就可能越小。

(3) 引用误差：用引用误差能对仪表的精确度进行评价，将仪表示值的绝对误差 d 与量程范围 A 之比记为

$$\delta_A = (X - \mu)/A \cdot 100\% = d/A \cdot 100\% \tag{1-4}$$

引入误差是在仪表上常见的一种误差表示方式，相应于仪表满量程值的一种误差，测试的绝对误差和仪表的满量程值之比，叫作仪表的引用误差，也可用百分比表示。比较式 (1-2) 和式 (1-4) 可知，引用误差是相对误差的一种特殊类型。

2. 稳定性

仪表的稳定性指的是在特定的工作条件下，其某些功能特性随时间的推移能够维持一致和稳定的性能。这是评价仪器的一个非常重要的技术标准。特别是在地下工程中，很多仪器需要在恶劣的环境中工作。例如，它们可能会面临温度和压力的巨大变化。在这样的条件下，仪表中的某些组件可能会因长时间工作而失去其初始的稳定性，从而降低整个仪器的可靠性。因此，选择在恶劣环境下仍能保持高稳定性的仪表是至关重要的。

目前，一般采用仪表零点漂移量来判断仪表的稳定性。通常有这样判断：当仪表在投入工作一年之内零点都没漂移，则表示这台仪表稳定性良好，反之当仪器投入工作较短时间后，仪表零点漂移了，则表明仪表的稳定性较差。仪表稳定能力直接关系着仪器的应用范围，若采用稳定性较差的仪表，则测试结果的可靠性将大幅度降低，而且稳定性差的仪表会很大程度地增大监测成本以及仪表维护的工作量。

3. 测量范围

测量范围，又叫作仪表的工作范围，是指测量仪表的偏差处在规定的误差限制区域内被测定的示值区域。仪表在这一限定的测试区域内应用，其示值误差也必处在合理的范围内；但如果超过仪表的测量范围，示值误差也将超过允许限度。因此，测量范围是在一般工作条件下，能够保证检测仪表规定精度的被检测量值的区域。

有些测量设备的测量范围与其标称范围一致，比如寒暑表、密度计等。但有的检测设备在处于下限区域时相对误差却迅速上升，比如互感器。这时国家就规定了一条能证明其示值误差在一定限度内的示值区域作为测量范围，且标称范围通常小于或等于测量范围。

由此可知，标称范围是指测量仪器通过显示装置所能指示的范围，用标在标尺或显示屏上的单位进行表示；标称范围是对测定仪器整体而言的，一般用所测定量的单位进行表示，测量范围是指能保持规定精度、使误差在一定限度内变化的范围，而量程则为标称范围内的范围上、下界之差的绝对值。

4. 分辨率

分辨率是指测量系统能够检测到的被测物理量的最小变化值。例如，测量所用某一温度传感器的分辨率为 0.1 ℃，当被测温度的变化小于 0.1 ℃ 时，温度传感器的示值将没有变化。一般要求测量仪表在零点和百分之九十满量程点之间的分辨率,且仪表的分辨率越低,越能够满足高精度测量的要求。

5. 传递特性

传递特性能够反映测量过程中输入量和输出量的相互作用。在现场监测中合理选择和校准传感器的测量性能,就要求掌握有关传感器的传递特性。根据所测定量是否随时间而变动,我们就可把测量对象分成静态测量和动态测量两种类型。不随时间而变动 (或变动很慢而能够忽略不计) 被测量的测量称作静态测量,相反对随时间而变动的量的测量称为动态测量。

用以说明测量系统中静态测量的输入–输出量相关关系的方程式、图表,称为测量的静态传递特性。同理而知,表征测量系统动态测量中的输入–输出量相关关系的方程式、图表,称为测量的动态传递特性。因为测量系统的精度受静态传递特性的影响,所以在进行动态测量时,既要兼顾动态传递特性,又要考虑静态传递特性。

1) 测试系统与线性系统

测试系统通常由相关仪表、数据采集装置,以及相关辅助设备组成,用于测量某些特定物理量的整体。测试系统根据监测项目的不同,系统复杂程度也存在差异,但是其原理基本都可以归纳为输入、系统、输出三者的相互关系,如图 1.3 所示。图中 $x(t)$ 表示输入量,$y(t)$ 表示输出量,$h(t)$ 表示系统的传递关系。三者之间一般有如下的几种关系。

(1) 若已知输入量和系统的传递特性,则可求出系统的输出量。在传感器实际使用过程中,即在系统中通过输入量,监测所需的输出量。

(2) 若已知系统的输入量和输出量,可以求得系统的传递特性。在传感器出厂前进行的标定试验,即为求解传感器的传递关系,即传递特性。

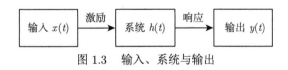

图 1.3 输入、系统与输出

2) 静态方程与标定曲线

当测试为静态测量时,输入量 x 和输出量 y 呈线性关系,此时输入和输出的关系可记为

$$y = a_0/b_0 \cdot x = k \cdot x \tag{1-5}$$

式 (1-5) 称为系统的静态传递特性方程,斜率 k (也称标定因子) 通常作为仪表的灵敏度系数。通过图形的方法,能够更直观地对静态传递特性方程的变化规律进行观察,通常在二维直角坐标系中进行表示,其中输入量作为横坐标,输出

量作为纵坐标。如图 1.4 所示是常见的几种标定曲线的类型。图 1.4(a) 的输出量
与输入量呈理想的线性关系，而其余的三条曲线则是关于输入量的高次方程。其
中，图 1.4(c) 从零点开始输入量与输出量基本先呈现线性关系，随着输入量的增
加，标定线出现一定程度的弯曲。图 1.4(b)、(d) 中的两种标定曲线则应用较少。

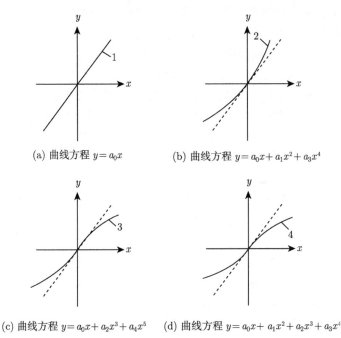

(a) 曲线方程 $y = a_0 x$　　　　　　(b) 曲线方程 $y = a_0 x + a_1 x^2 + a_3 x^4$

(c) 曲线方程 $y = a_0 x + a_2 x^3 + a_4 x^5$　　(d) 曲线方程 $y = a_0 x + a_1 x^2 + a_2 x^3 + a_3 x^4$

图 1.4　标定曲线的种类

标定曲线描述了测试系统中一系列确定输入量与其相应输出量之间的关系。
这是展示系统传递特性的关系图。但在实际操作中，由于多种因素，输入与输出
之间的关系可能偏离了理想的线性关系。为了确保测试结果的准确性，测试系统
需要定期进行标定。在地下工程监测中，进行测试前后都要对测试系统进行标定
试验，当前后的标定结果的误差在容许的范围内时，才能确定测试结果有效。求
取静态标定曲线，通常以标准量作为输入信号并测出对应的输出，将输入与输出
数据描在坐标纸上的相应点上，再用统计法求出一条输入–输出曲线，标准量的精
度应较被标定系统的精度高一个数量级。

标准曲线是在测试系统中，通过分析几组已确定的输入量和相应的实际输出
量之间的关系，而得出的测量系统的信息传递特征，即输入量与输出量相互之间
的关系曲线。在实际测试中，受多方面共同因素的影响，输入量和输出量相互之
间的关系曲线可能与理想系统的曲线存在一定的差异。所以，若要确定计量系统

测试结果的准确性,就必须定期对测量系统进行标定。在一般地下工程测量中,进行测试前都要先对测量系统进行标定测试,当前后的标定结果的误差在允许的范围之内时,才可以确认测试结果的可靠性。求取静态标定曲线时,一般将标准量为输入信号并测得相应的输出量,并把输入和输出数据信息结果都定位在坐标纸上,然后再用数学方法求解此测试系统的标准曲线,标准量的精度应较被标定系统的精度高一个数量级。

3) 测试系统的主要静态特性参数

通过标定得到仪表的标定曲线,通过分析标定曲线即可获得仪表的灵敏度、线性度等相关参数,从而判断测试系统的性能。

(1) 灵敏度。单位输入变化量 Δx 及其引起的输出量的变化 Δy,将两者的比值定义为灵敏度 S,灵敏度的表示公式为

$$S = \Delta y / \Delta x \tag{1-6}$$

理想线性系统的灵敏度是一个常数,而对于非线性系统的灵敏度表示标定曲线在该点处的斜率。当输出量和输入量的量纲相同时,可以采用 "放大倍数" 代替 "灵敏度",此时灵敏度 S 无量纲。对于多个输入量相同的仪器或传感器,输出量最大的仪器或传感器具有最高的灵敏度。然而,这并不意味着它的准确性或精度也最高。

(2) 线性度 (直线度)。当仪表的传递特性为线性时,这意味着仪表显示的测量值与实际的被测量值之间存在着直接的线性关系。但由于实际测量过程中受到各种环境、设备和操作因素的影响,显示的测量值与实际被测量值可能并不完全一致,而是存在一定的偏差。因此,在实际的关系图中,这种关系可能表现为曲线,而不是完美的直线。为了量化这种非线性偏差,或称为线性度偏差,通常会在曲线图上绘制一条最佳拟合直线,这条直线尽量减小其与实际曲线的总偏差。通常采用最小二乘法或其他数学方法来获得这条最佳拟合线。之后,可以测量这条直线与实际曲线之间的最大距离或偏差,将这个偏差用作度量仪表的线性度的指标。这个指标有助于了解仪表在实际应用中的表现,以及其对实际测量值的准确性。因此,1%FS的线性度,就表示采用线性的率定因子造成的最大误差为满量程的 1% 。

线性度可以定义为标定曲线与理想直线之间最大差值 B 占测量系统量程 A 的百分比,用公式记为

$$\delta_f = B / A \cdot 100\% \tag{1-7}$$

(3) 回程误差。回程误差表示仪表在相同工作条件下和全量程范围 A 内,按同一测试方法,正行程和反行程测量同一量时测试结果的差异性,即同一输入值所得到的两个输出值之间的最大差值 $h_{\max}$ 占量程 A 的比值,如式 (1-8) 所示

$$\delta_h = h_{\max} / A \cdot 100\% \tag{1-8}$$

回程误差的产生原因主要有两种，一种原因为仪表的磁性材料在磁化或外力的作用下产生一定的滞后状态；另一种原因是仪表在机械摩擦的影响下，测量过程中存在一定的死区，从而出现回程误差。

灵敏度、线性度、回程误差能够反映测试系统的传递特性，因此在实际工程监测中了解所用传感器的传递特性是十分重要的。灵敏度、线性度、回程误差三者的参数图分析如图 1.5 所示。

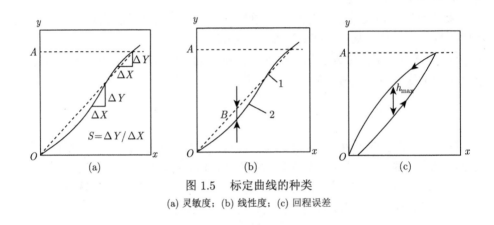

图 1.5   标定曲线的种类

(a) 灵敏度；(b) 线性度；(c) 回程误差

1.3   常用传感器的类型和工作原理

在地下工程监测中，所用测试系统基本都由相关仪表、仪表配套的数据采集装置，以及数据传输装置组成。其中仪表是监测过程的首要环节，能够将所需监测的物理量转换成易于传输或处理的输出信号，配套的数据采集系统应根据监测需求，可选用便携式读数装置或复杂一点的自动读数装置。本章主要介绍岩土工程监测中常用的各种机械式、液压式、气动式、电测式传感器，以及通信和数据采集系统。仪表 (也称传感器) 的种类繁多，按照其工作原理主要可分为电类、差动变压类以及光电类传感器等，按照被测物理量的不同可分为应变类、位移类、温度类传感器等。

一般传感器由敏感元件、信号转换元件和信号调理转换电路三部分组成，如图 1.6 所示。

(1) 敏感元件是指可以直观感应所需的被测信息，将被测量经过仪表的灵敏元件转变成与被测量有确定联系的非电量或其他物理量。

(2) 转换元件则将上述非电量转换成与被测量变化相关的电参量或其他所需量。

(3) 信号调理转换电路的功能是将通过传输线输入的相关电参量或其他所需量进行再次转换，根据监测要求可以转换为电压、电流或其他所需量，以便进行显示、记录、控制和处理。在转换元件与信号转换电路之间也常需要增加辅助电源电路。

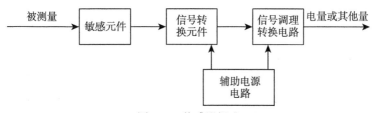

图 1.6 传感器组成

各种传感器的构造原理是不同的,有的传感器构造原理非常简单,有的则相对复杂,最简单的传感器可由一个敏感元件构成,它在感受被测时直接传递电能,如热电偶传感器。而某些传感器由敏感元件和转换电子元件构成,没有转换回路,如压电式加速度传感器。对于某些传感器,需要若干个转换电子元件,经若干次转换。传感器是一种知识密集型科技,其基本原理各种各样,又和很多专业领域有联系,类型多样,划分方式也很多。在地下工程监测技术中使用的传感器,一般可按被测参数、工作原理以及物理量的转换方式进行划分。

传感器的命名需根据《传感器命名法及代号》(GB/T 7666—2005) 的相关规定进行。传感器产品的名称应由主题词加四级修饰语构成。主题词为传感器;第一级修饰语为 "被测量",如压力、应变、温度等;第二级修饰语为 "转换原理",如电阻式、电容式等;第三级修饰语为 "特征描述",指必须强调的传感器结构、性能、材料特征、敏感元件以及其他必要的性能特征,一般可后续以 "型" 字;第四级修饰语为 "主要技术指标"。在有关传感器的统计表格、图书索引、检索以及计算机汉字处理等特殊场合,示例如下:传感器、温度、电阻式、100 ℃;传感器、压力、压阻式、[单晶] 硅、600 kPa。在技术文件、产品样本、学术论文、教材及书刊的陈述句子中,示例如下:100 ℃ 电阻式温度传感器;600 kPa[单晶] 硅压阻式压力传感器。

1.3.1 电类传感器

1. 电阻式传感器

电阻式传感器是指通过一定的方法把被测量的变化转换成阻值的变化,然后再利用转换器件转变成电压或电流等信息的输出,从而实现非电量的测量。由于组成电阻的材质和类型很多,导致电流发生变化的物理因素也较多,这样便形成了不同的电阻型传感器件以及由这些器件所组成的电阻式感应器,通常根据其特点又可分成电位器式、电阻应变式和热电阻式等。应用较多的是电阻应变式传感器，同时也是目前应用较为广泛的一类感应器，其工作原理是利用金属材料的电阻应变片把机械结构上应变的变化转换为电阻变化的传感单元，由敏感元件、电阻应变计、补偿电阻和外包装壳等构成，电阻应变片是电阻应变式传感器的核心。

1) 电阻应变片的种类

电阻应变片种类众多，根据传感原理的不同可将应变片分为金属式和半导体式两大类；按照应变片的形状可分为丝式、箔式和薄膜型等。

(1) 丝式应变片是利用电阻丝绕成一定形状的敏感栅，再将敏感栅粘贴于基底上制成的。如图 1.7 所示，丝式应变片主要由敏感栅、基底、盖片和引线组成。其中敏感栅是丝式应变片的核心构件，敏感栅的电阻丝直径一般采用 0.015~0.05 mm。敏感栅的纵向轴线称为应变片轴线，l 为栅长，b 为栅宽，根据具体的监测要求，栅长一般为 0.2~200 mm。在测量过程中，为了保持敏感栅的形状和相对位置，通常将敏感栅粘贴于基底上，由于基底的厚度会影响测试的灵敏度和准确性，因此基底的厚度较薄，一般为 0.02~0.4 mm。如果将敏感栅暴露在自然环境中，敏感栅会受到不同程度的腐蚀作用，且易被破坏，因此在敏感栅上加一盖板可以起到防潮、防腐、防损的作用。盖板按制作材料的不同主要可分为两种，一种是利用薄纸制成的盖板，称为纸基；由于纸基易受潮，现在的盖板多采用黏合剂和有机树脂薄膜制成，称为胶基。为了使敏感栅和基底在测试过程中能够变形协调，通常采用黏合剂将其粘贴在一起。

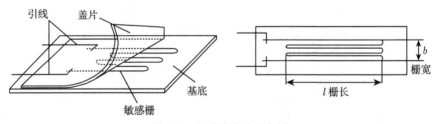

图 1.7　丝式应变片示意图

(2) 箔式应变片是利用照相制版或光刻腐蚀的方法，将电阻箔材 (极薄的康铜或镍铬金属片) 在绝缘基底下制成各种图形而成的应变片 (图 1.8)，箔材厚度较薄，一般为 0.001~0.01 mm。还可以通过适当的热处理，使其线膨胀系数、电阻温度系数以及被粘贴的试件的线胀系数三者相互抵消，从而降低温度的影响。与丝式应变片相比，箔式应变片具有与片基的接触面积大、散热条件好、灵敏度高、使用寿命长、易加工、在长时间测量时的蠕变较小、一致性较好等优点。

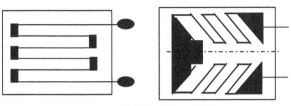

图 1.8 箔式应变片示意图

(3) 薄膜式应变片是采用真空溅射或真空沉积的方法制成敏感栅，能够在制作过程中将敏感栅直接置于弹性元件上，避免使用黏合剂，因此与箔式应变片相比具有较高的灵敏度，以及较小的滞后性，其结构如图 1.9 所示。为了保护敏感栅，通常在其上方覆盖一保护层，以提高敏感栅的抗损能力。由于薄膜式应变片与传感器的弹性体之间只有一层超薄绝缘层 (厚度仅为几纳米)，很容易通过弹性体散热，因此允许通过比其他种类应变片更大的电流，并可以获得更高的输出和更佳的稳定性。

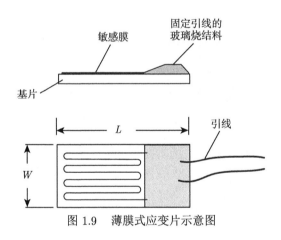

图 1.9 薄膜式应变片示意图

(4) 半导体应变片与电阻应变片相比的工作原理存在一定的差异，半导体应变片是利用半导体单晶硅在某一方向受到力的作用时，半导体材料的电阻率发生变化，通过电阻率变化和受力大小之间的关系，即可得到被测量，结构如图 1.10 所示。半导体应变片由于具有灵敏度系数大、滞后性小、不需要放大器、测试系统简单等诸多优点，在许多测量系统中逐渐替代了金属电阻应变片。但是，与金属电阻应变片相比，半导体应变片在温度变化较大的环境中稳定性较差，而且线性度有待提高，因此不适用于测量精度要求高的监测项目中，只能作为其他类型传感器的辅助元件。随着科学技术的发展和制造工艺的提升，半导体应变片的温度稳定性和线性度都得到了改善，其应用范围也逐渐增大。

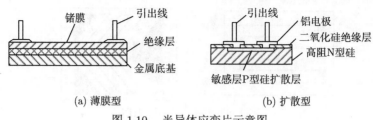

(a) 薄膜型   (b) 扩散型

图 1.10   半导体应变片示意图

2) 电阻应变效应

电阻类传感器的原理即电阻应变效应，利用其阻值与变形之间的线性变化关系，能够得到被测点的应变状态。如图 1.11 所示的金属电阻丝，在初始状态 (不受力状态) 时，假设其初始电阻值为 R，可用式 (1-9) 表示

$$R = \rho l / A \tag{1-9}$$

式中，R 为电阻值；ρ 为电阻率；l 为电阻丝的长度；A 为电阻丝截面积。

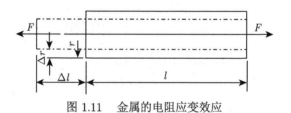

图 1.11   金属的电阻应变效应

当电阻丝在外力的作用下，发生轴向变形时，电阻丝将伸长 $\mathrm{d}l$，横截面积相应减小 $\mathrm{d}A$，此时材料晶格结构发生变化导致电阻率相应改变，变化量为 $\Delta\rho$，从而引起的电阻值相对变化量为式 (1-10)

$$\mathrm{d}R/R = \mathrm{d}l/l - \mathrm{d}A/A + \mathrm{d}\rho/\rho \tag{1-10}$$

令 $\varepsilon = \mathrm{d}l/l$，式中，$\varepsilon$ 称为电阻丝的轴向应变。对于圆形截面电阻丝，截面积 $A = \pi r^2$，$\mathrm{d}A = 2\pi r \mathrm{d}r$，则 $\mathrm{d}A/A = 2\mathrm{d}r/r$，而 $\mathrm{d}r/r$ 为电阻丝径向应变。轴向应变与径向应变的比值为泊松比 μ，代入式 (1-10)，整理得式 (1-11)

$$K_0 = \frac{\mathrm{d}R/R}{\varepsilon} = (1 + 2\mu) + \frac{\mathrm{d}\rho/\rho}{\varepsilon} \tag{1-11}$$

式中，K_0 为金属材料的灵敏系数，其物理意义为单位应变引起的电阻变化。

由式 (1-11) 可知，金属材料的灵敏系数受其泊松比和电阻率的影响，对于金属材料而言，受泊松比的影响较大。通过相关试验发现，在一定范围内，电阻的

变化量与应变变化量呈良好的线性关系, 即两者之间线的斜率 K_0 为常数, 因此式 (1-11) 可表示为式 (1-12)

$$\mathrm{d}R/R = K_0\varepsilon \tag{1-12}$$

由此可知, 将应变片通过一定的黏结剂与被测结构相连, 当外力作用于被测结构上时, 结构被压缩 (或拉伸), 粘贴在结构上的应变片也随之发生相应的压缩应变或拉伸应变, 由电阻应变效应可知, 应变片电阻相应发生变化, 测量电阻可实现压力的测量。

3) 电阻应变片的特性

不同原理、不同类型的电阻应变片的相关参数也不同, 在地下工程监测中应根据工程的实际情况, 选用合适的电阻应变片。当前的金属应变片阻值已经趋于标准化, 主要规格有 60 Ω、120 Ω、350 Ω、600 Ω 和 1000 Ω 等。

(1) 灵敏系数

电阻应变片的灵敏度系数能够反映应变片对应变的灵敏度, 灵敏度系数通常在应变片制造完成后, 由生产厂家通过试验进行标定。由于电阻丝和应变片的形状存在差异, 两者的电阻应变特性也存在一定的差异。因此, 应变片必须按照相关规范, 再进行统一标定。经过标定后可知, 电阻应变片的电阻变化和应变在较大范围内都具有良好的线性关系。但由于电阻应变片横向效应的影响, 所以应变片的灵敏度系数恒小于电阻丝的灵敏度系数。

(2) 横向效应

应变片的性能主要受敏感栅的影响, 敏感栅作为应变片的核心, 其横向效应是难以避免的。将金属电阻丝按一定的形状绕成敏感栅, 虽然长度不变, 但敏感栅弯曲段的应变状态与直线段之间存在差异, 导致其灵敏系数较整长电阻丝的灵敏系数小, 该现象称为横向效应。从应变片的受力角度考虑, 在单面应力、双向应力情形下, 横向应变始终起着对抗纵向应变的作用。而应变片这种材料既对纵向应变敏感, 又受横向应变的影响, 在横向应变影响下, 灵敏度系数及电阻相对变化都减小的现象称为应变片的横向效应。横向灵敏度引起的误差往往是较小的, 只在测量精度要求较高和应变场的情况较复杂时才考虑修正。

(3) 温度误差及补偿

用作测量应变的金属应变片, 在理想状态下其阻值仅随应变变化, 而不受其他因素的影响。实际上应变片的阻值受环境温度 (包括被测试件的温度) 影响很大。由于环境温度变化引起的电阻变化与试件应变所造成的电阻变化几乎有相同的数量级, 从而产生很大的测量误差, 称为应变片的温度误差, 又称热输出。下面对温度误差产生的原因及相应的温度补偿方法进行介绍。

a. 温度误差

由于测量过程中环境温度的变化会影响应变片测量结果的准确性，产生附加误差，称为应变片的环境误差。这是由于电阻的温度系数和线膨胀系数均受温度的影响，敏感栅的电阻丝阻值随温度变化的关系如式 (1-13) 所示

$$R_T = R_0 \left(1 + \alpha \Delta T\right) \tag{1-13}$$

式中，R_T 为温度 T (℃) 时的电阻值；R_0 为温度 T_0 (℃) 时的电阻值；ΔT 为温度变化值；α 为敏感栅材料的电阻温度系数。

当温度变化为 ΔT 时，电阻丝电阻的变化值为式 (1-14)

$$R_{T\alpha} = R_T - R_0 = R_0 \alpha \Delta T \tag{1-14}$$

当试件和电阻丝所用材料的线膨胀系数一样时，无论温度怎样改变，电阻丝的形状都与自由状态相同，没有发生附加变形。但如果试件和电阻丝材料的线膨胀系数不同，则随着温度的改变，电阻丝也会发生附加变形，因此形成了附加电阻。

经以上研究可见，因为环境温度变化所产生的附加电阻会影响测量结果的准确性，误差不但与温度相关，还与应变片本身的性能指标和试件的热膨胀系数相关。

b. 温度补偿方法

温度会产生误差，使测量结果与真实值存在一定的偏差，因此采取合适的温度补偿方法是十分必要的。电阻应变片常用的温度补偿方法主要有电桥补偿和应变片自补偿两种。电桥补偿是利用电桥来修正温度变形引起的误差，原理如图 1.12 所示。

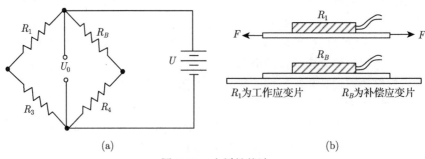

(a)   (b)

图 1.12   电桥补偿法

电桥输出电压 U_0 与桥臂参数的关系为式 (1-15)

$$U_0 = B \left(R_1 R_4 - R_B R_3\right) \tag{1-15}$$

式中，B 为桥臂电阻和电源电压决定的常数。

由式 (1-15) 可见，当电路中的输出电压为 U_0，其中 R_3 和 R_4 不改变时，R_1 和 R_2 的作用方向相反，利用这一基本关系实现温度补偿。在测量过程中需要有如下注意事项，工作应变片通过黏结剂粘贴于被测结构的表面，补偿应变片也同样利用黏结剂粘贴在补偿体上，且补偿应变片应仅受温度变化的影响，不受应变的干扰。

当被测结构也仅受温度变化的影响，且工作应变片和补偿应变片位于同一温度下时，式 (1-15) 达到平衡状态，可得

$$U_0 = B\left(R_1 R_4 - R_B R_3\right) = 0 \tag{1-16}$$

在工程测试中，桥臂电阻一般选为 $R_1 = R_B = R_3 = R_4$，当温度的变化量为 ΔT 时，因温度变化引起的电阻变化量相同，此时桥路处于平衡状态，可得

$$U_0 = B\left[\left(R_1 + \Delta R_{1T}\right) R_4 - \left(R_B + \Delta R_{BT}\right) R_3\right] = 0 \tag{1-17}$$

当被测结构的应变是 ε 时，此时贴于被测结构上工作应变片的电阻 R_1 的增量为 $\Delta R_1 = R_1 K \varepsilon$，由于补偿体不受应变的影响，此时电桥的输出电压为

$$U_0 = B R_1 R_4 K \varepsilon \tag{1-18}$$

由式 (1-18) 可见，电桥的输出电压 U_0 与温度的变化无关，仅与被测结构的应变状态有关，实现了温度补偿。综上可知，电桥补偿法具有原理简单、操作方便等优点，能够对较大范围的温度变化进行有效补偿，是电阻应变片最为常用的温度补偿方法。但是，电桥补偿法也具有一定的要求，例如，要求工作应变片和补偿应变片两者的型号及相关参数必须一致，否则会影响测量结果的准确性；工作应变片和补偿应变片两者所粘贴的材料，即被测结构与补偿体的线膨胀系数必须相等，且两者所处环境温度一致。

应力片的自补偿法。一般有单丝自补偿和双丝联合式补偿两种方法，下面对两种补偿方法进行介绍。

与双丝联合式补偿相比，单丝自补偿的工作原理及其结构简单，具有较好的经济性，但是需要满足一定的使用条件，必须用于有一定的热膨胀系数材料的应变测量中，否则就无法实现温度补偿。双丝联合式补偿的结构较为复杂，是将两个不同电阻温度系数的材料串联组成敏感栅，适用于一定温度范围一定被测结构材料的温度补偿，其适用条件是需要在被测结构上粘贴两段敏感栅，且两段敏感栅的温度灵敏度系数大小相等，符号相反。

4) 电阻应变式传感器的应用

(1) 柱型电阻应变式变力传感器

柱型电阻应变式变力传感器的基本构造如图 1.13 所示，由柱式的弹性敏感元件和贴在其表面上的电阻应变片所构成，为减少偏心和弯矩对测量结果的影响，一般将应变片均匀地贴于一个应力均匀的柱面上的中心区域，同时贴片处的应变与荷载应呈良好的线性关系，并应注意在此处不受其他待测荷载的干扰作用。

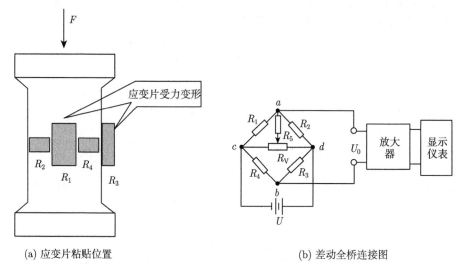

(a) 应变片粘贴位置   (b) 差动全桥连接图

图 1.13   柱型电阻应变式变力传感器

(2) 平面膜片型应变式压力传感器

平面膜片型应变式压力传感器由平面膜片和粘贴在其表面上的电阻应变片构成，通常用于较小的压力测量。在圆形平面膜片的圆心处，径向应变与切向应变都是最大正值，最大负值则位于膜片的边缘处，因此应将应变片贴于膜片圆心和膜片边缘处，如图 1.14(a) 所示。应变片的连接方式为差动全桥，如图 1.14(b) 所示。由于仅在膜片圆心和膜片边缘处粘贴应变片在测量中具有一定的局限性，为了改善这个问题，可以将电阻应变片设计成圆形应变花的形状, 如图 1.14(c) 所示。

(3) 悬臂梁式力传感器

在工程中悬臂梁式结构十分常见，利用悬臂梁原理结合应变片能够得到悬臂梁式力传感器，如图 1.15 所示。当悬臂梁的自由端作用一垂直向下的力 F，悬臂梁发生变形，通过力学的相关知识可知，悬臂梁的上表面呈受拉状态，下表面呈受压状态，且两者的应变大小相等。通过在上表面粘贴应变片 R_1、R_4，下表面粘贴应变片 R_2、R_3，并且将四个应变片连接成差动电桥，则电桥输出电压 U_0 与力 F 成正比。差动电桥如图 1.16 所示。

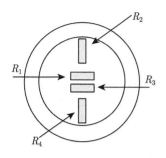

(a) 平面膜片型应变式压力传感器

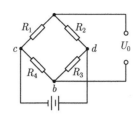

(b) 桥接方式

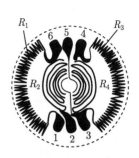

(c) 圆形箔式电阻应变花

图 1.14　平面膜片型应变式压力传感器

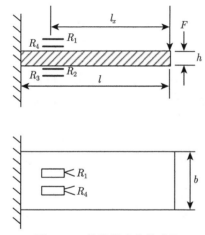

图 1.15　悬臂梁式力传感器

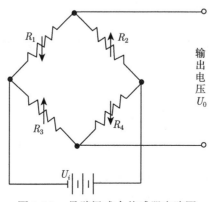

图 1.16　悬臂梁式力传感器电路图

根据弹性元件在悬臂梁上距自由端的距离 l_x，以及输入电压 U_i 及输出电压 U_0，即可测定自由端的受力 F，如式 (1-19) 至式 (1-21) 所示

$$\varepsilon_x = 6l_x F / \left(6h^2 E \right) \tag{1-19}$$

式中，ε_x 为应变片处的应变，$\varepsilon_x = \varepsilon_1 = \varepsilon_4 = -\varepsilon_2 = -\varepsilon_3$；$h$ 为弹性悬臂梁的厚度；E 为弹性悬臂梁的弹性模量。

$$U_0 = \frac{U_i}{4} K \left(\varepsilon_1 - \varepsilon_2 - \varepsilon_3 + \varepsilon_4 \right) = U_i K \frac{6Fl_x}{bh^2 E} \tag{1-20}$$

式中，K 为应变片的灵敏度系数；b 为弹性悬臂梁的宽度。

由式 (1-20)，通过一定的公式变换，即可得到力 F。

(4) 应变式压力传感器

利用薄板结构和应变片能够制成薄板式传感器，适用于气体或液体压力的测量，如图 1.17 所示。此传感器的工作原理为气体或液体压力 P 通过传感器的孔洞作用于薄板上，薄板在压力的作用下产生变形，粘贴于薄板上的电阻应变片随之发生变形，通过监测输出电压的变化，即可得到所受压力。按照传感器中薄板固定方法的不同，可分为嵌固式和一体式两种，如图 1.18 所示。

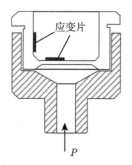

图 1.17　应变式压力传感器

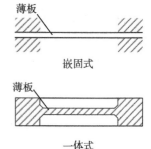

图 1.18　薄板的固定形式

根据力学原理，当薄板受到均匀压力作用时，薄板所受径向应力 σ_r 和切向应力 σ_t 分别如式 (1-21) 和式 (1-22) 所示

$$\sigma_r = \frac{3P}{8h^2} \left[(1+\mu) r^2 - (3+\mu) x^2 \right] \tag{1-21}$$

$$\sigma_t = \frac{3P}{8h^2} \left[(1+\mu) r^2 - (1+3\mu) x^2 \right] \tag{1-22}$$

圆板内任一点的应变值如式 (1-23) 和式 (1-24) 所示

$$\varepsilon_r = \frac{3P}{8Eh^2} \left(1 - \mu^2 \right) \left(r^2 - 3x^2 \right) \tag{1-23}$$

$$\varepsilon_{\mathrm{t}} = \frac{3P}{8Eh^2}\left(1 - \mu^2\right)\left(r^2 - x^2\right) \tag{1-24}$$

式中，ε_{r} 和 ε_{t} 为径向和切向应变；r 为圆板的半径；h 为圆板的厚度；x 为与圆心的径向距离。

2. 电感式传感器

电感式传感器是以电磁感应原理为基础，电磁感应的基本原理为线圈自感和互感的特性。利用位移、压力、流量、振动等物理量与线圈的自感系数 L 或互感系数 M 之间的关系，以及测量电路的转换，从而实现对相关量的测量。电感式传感器核心构件是线圈，目前常用的电感式传感器主要有自感式传感器、互感式传感器和电涡流式传感器等。

1) 自感式传感器

自感式传感器是根据自感现象设计的；基于电磁感应的基本原理可知，在变化电流的作用下，线圈中因此产生的磁通量也随之改变，这种在线圈中产生感应电势的现象为自感现象，产生的感应电势为自感电势。自感式传感器的结构如图 1.19 所示，其中铁芯和衔铁的材质为导磁材料，图中 δ 为衔铁和铁芯之间有空气隙。当衔铁发生位移时，空气隙 δ 发生相应的改变，进而引起线圈电感的变化，由于电感变化量与空气隙 δ 的值之间存在一定的相关关系。因此，如果能测定电感量的变化量，就可以判断衔铁的位移值，实现对被检测物理量的测定。

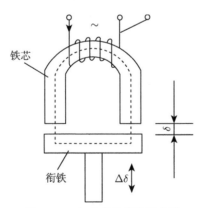

图 1.19　自感式传感器示意图

若电感传感器的线圈匝数为 W，则线圈的电感量 L 为

$$L = W^2/R_M = W^2/(R_f + R_\delta + R_m) \tag{1-25}$$

$$R_\delta = 2\delta/(\mu_0 A) \tag{1-26}$$

式中，R_f 为铁芯磁阻；R_δ 为空气隙磁阻；R_m 为衔铁的磁阻；δ 为气隙长度；A 为气隙截面积；μ_0 为空气磁导率。

由于在工作状态下，空气的磁导率与铁芯和衔铁的磁导率相比明显较小，因此，铁芯磁阻 R_f 和空气隙磁阻 R_δ 相比是非常小的，通常可以忽略不计。把式 (1-25) 代入式 (1-26) 可得式 (1-27)。

$$L = W^2/R_\delta = W^2\mu_0 A/2\delta \tag{1-27}$$

公式 (1-27) 就是电感传感器的基本特性公式，可知线圈的电感量与线圈匝数的平方、空气隙有效导磁截面面积、空气隙的磁路长度之间的相关关系。由于在测量过程中传感器的线圈匝数是一定的，无法改变，可以利用气隙长度 δ 或改变气隙截面积 A 的变化来制成相应的传感器，例如，通过气隙长度的改变制成位移传感器，通过气隙截面积的改变制成角位移传感器。

2) 互感式传感器

互感式传感器是利用被测相关量与线圈互感变化量之间的相关关系制成的传感器。互感式传感器与变压器的基本原理一致，其次级绕组都用差动形式连接，所以又叫差动变压器式传感器，简称差动变压器。这种传感器可以视为一个变压器，通过在变压器中输入稳定交流电压后，次级线圈随之产生各行感应电压，根据感应电压与被测量之间的关系，即可得到被测量的值。动变压器式电感传感器是常用的互感型传感器，目前常用的是螺管形差动变压器式电感传感器 (图 1.20)。

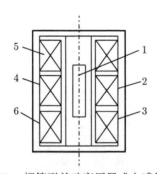

图 1.20   螺管形差动变压器式电感传感器

1. 活动衔铁；2. 导磁外壳；3. 骨架；4. 匝数为 W_1 的初级绕组；5. 匝数为 W_{2a} 的次级绕组；6. 匝数为 W_{2b} 的次级绕组

下面以三节式差动变压器为例，对差动变压器的基本原理进行介绍，将两个匝数相等的次级绕组的同名端反向串联，在初级绕组 W_1 加以激磁电压 $\dot{U}_1$，在两个次级绕组 W_{2a} 和 W_{2b} 中就会产生感应电势 $\dot{E}_{2a}$ 和 $\dot{E}_{2b}$。当变压器结构完全对称时，若活动衔铁处于初始平衡位置，则有

$$\dot{E}_{2a} = \dot{E}_{2b}, \qquad \dot{U}_2 = \dot{E}_{2a} - \dot{E}_{2b} = 0 \tag{1-28}$$

当活动衔铁向一个次级线圈方向移动时，此线圈产生的感应电势增大，差动变压器出现输出电压，电压的数值与活动衔铁的位置存在一定的相关关系。

差动变压器的输出电压是交流电压，通过交流电压的幅值能够知道衔铁的位移量，但是不能显示衔铁的移动方向。为了能够显示衔铁的移动方向，可以通过后接电路的方法进行改善，而且为了使残余电压 E_0 调至最小，需要在电路中设置调零电阻 R_0。当相关被测量改变时，变压器输出的交流电压首先经过放大，经过相敏检波、滤波处理后，输出直流电压，通过直流电压表即可得到衔铁位移的大小和方向，如图 1.21 所示。

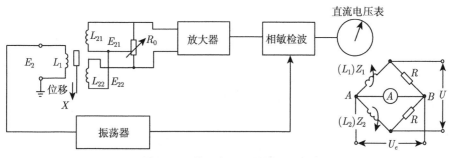

图 1.21　差动变压器的输出电路

差动变压器具有测量精度高、量程大、稳定性高等优点，在地下工程监测中适用于高精度的测量项目，如测量围岩位移量的多点位移计就是根据差动变压传感器的工作原理制成的。

3) 电感式传感器的应用

(1) 变气隙厚度型自感式压力传感器

基于自感式传感器的基本原理，将衔铁与线弹性元件相连，当传感器监测处的压力 p 发生变化时，弹性元件发生变形，带动上面的衔铁发生位移。衔铁与线圈之间的空气隙改变，进而使线圈的电感量 L 发生变化。通过测量电路、相敏整流、滤波等处理后，得到相应的电压值，换算即可得到压力 P，原理如图 1.22 所示。

(2) 差动变压器式加速度传感器

基于差动变压器原理制成的加速度传感器，其结构如图 1.23 所示，此传感器主要由差动变压器、质量块、弹簧片以及外壳组成。当被测结构受到加速度作用时，质量块由于惯性作用推动弹簧片，弹簧片发生变形，随之带动差动变压器的铁芯发生位移，使传感器的输出信号变化与加速度的变化一致。

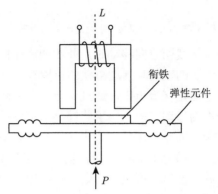

图 1.22　变气隙厚度型自感式压力传感器

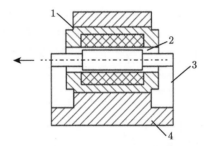

图 1.23　差动变压器式加速度传感器

1. 差动变压器；2. 质量块；3. 弹簧片；4. 外壳

3. 电容式传感器

电容式传感器的主要元件为电容，电容能够将被测物理量转换为电容量的变化，再根据被测量与电容变量之间的相关关系，从而被测量。基于电容的基本原理，能够制成位置、角度、振动、流速、压强、成分分析、溶剂特征检测等电容式传感器。下面对几种常用的电容式传感器进行介绍，分别为变极距型、变面积型、变介质型这三种电容式传感器。

1) 变极距型电容式传感器

变极距型电容式传感器主要由定极板和动极板组成，其中定极板的位置不变，动极板仅进行上下的垂直移动，在移动过程中两个极板之间的遮盖面积 A 和极板间介质 ε 保持不变。将被测物与动极板相连，带动动极板上下移动，从而使传感器的电容 C 随被测量的变化而变化。变极距型电容式传感器主要有两种形式，一种是由定极板和动极板组成如图 1.24(a) 所示，一种是由被测物体直接作为动极板如图 1.24(b) 所示。

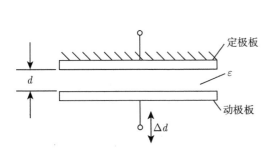
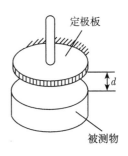

(a) 变极距型电容式传感器　　　　(b) 另一种变极距型电容式传感器

图 1.24　变极距型电容式传感器

变极距型电容式传感器的灵敏度系数为式 (1-29)

$$K_d = \frac{C/C_0}{\Delta d} \approx -\frac{1}{d_0} \tag{1-29}$$

式中，C 为电容；C_0 为极矩为 d_0 时的初始电容值；d_0 为初始极矩。

由式 (1-29) 可知，变极距型电容式传感器的灵敏度系数与初始极矩成反比，当初始极矩减小时，灵敏度系数增大。但是灵敏度系数受电容极板间击穿电压的限制，不能无限提高，为防止击穿，初始极矩一般不小于 0.1 mm，而且初始极矩过小会影响测试结果的准确性，因此在实际测量中，两极板间应使用高介电常数的填充材料。

2) 变面积型电容式传感器

变面积型电容式传感器是保持动极板和定极板之间的极距 d 和极板间介质 ε 不变，通过改变动极板和定极板之间的遮盖面积 A，使电容 C 发生改变，根据电容改变量与遮盖面积之间的相关关系，得到被测量的值。与变极距型电容式传感器相比，变面积型电容式传感器拥有较高的线性度，但是其灵敏度较低，适用于角位移、直线位移的测量。变面积型电容式传感器的结构形式主要有两种，一种是动极板和定极板都为半圆弧形状，用于角位移测量，如图 1.25(a) 所示，另一种是动极板和定极板为矩形，用于直线位移测量，如图 1.25(b) 所示。

角位移式电容传感器的灵敏度系数为

$$K_\theta = \frac{\Delta C}{\Delta \theta} = -\frac{C_0}{\pi} \tag{1-30}$$

直线位移式电容传感器的灵敏度系数为

$$K_x = \frac{\Delta C}{\Delta x} = -\frac{-C_0}{a} = -\frac{\varepsilon b}{d} \tag{1-31}$$

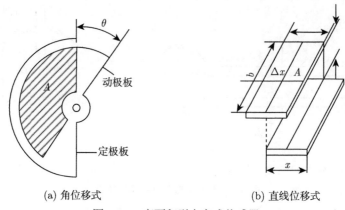

(a) 角位移式   (b) 直线位移式

图 1.25   变面积型电容式传感器

式中，θ 为角位移；x 为直线位移；C_0 为极矩为 d_0 时的初始电容值；ε 为极板间介质的介电常量；d 为极板间的极矩；a 为极板的宽度；b 为极板的长度。

由式 (1-30) 和式 (1-31) 可知，角位移式电容传感器的灵敏度系数与初始电容值成正比，通过增大初始电容值能够提高传感器的灵敏度；直线位移式电容传感器的灵敏度系数与初始电容值、极板的长度和极板的宽度有关，通过增大初始电容值、极板的长度以及减小极板的宽度能够提高灵敏度。但是在实际情况下，d_0 值受电场强度的限制不能无限减小，而 b 值受传感器尺寸的限制也不能过大，因此导致变面积型的灵敏度比变极距型要低，同时，a 值不宜过小，否则会因边缘电场效应的增强而影响线性度。为了避免平板型传感器动极板发生极距方向的移动影响测量精度，通常将变面积型电容式传感器做成圆柱形。

3) 变介质型电容式传感器

变介质型电容式传感器包括变介电常数型和变介质截面积型两种，变介电常数型电容式传感器主要由两个电容极板和非导电固体介质组成，如图 1.26(a) 所示。当电容极板的初始电容量为 C_0，介质的相对介电常数变化值为 $\Delta\varepsilon_r$ 时，此时电容量的相对变化为

$$C = \frac{\varepsilon_0(\varepsilon_r \pm \Delta\varepsilon_r)A}{d_0} = C_0 \pm C_0\frac{\Delta\varepsilon_r}{\varepsilon_r} \tag{1-32}$$

式中，ε_0 为真空介电常数；d_0 为极板间的极距；A 为极板间的遮盖面积。

此传感器的灵敏度系数为

$$K_\varepsilon = \frac{\Delta C}{\Delta\varepsilon_r} = \pm\frac{1}{\varepsilon_r} \tag{1-33}$$

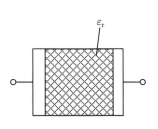

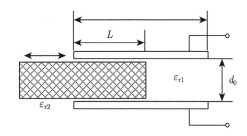

(a) 变介电常数型电容式传感器   (b) 变介质截面积型电容式传感器

图 1.26 变介质型电容式传感器

由式 (1-33) 可知，变介电常数型电容式传感器的灵敏度系数与电容变化量、相对介电常数的变化量呈良好的线性关系，故其灵敏度系数为一常数。但是，对于变介电常数型电容式传感器而言，对两极板之间介质填充效果要求较高，若有气隙，会影响测量结果的准确性。这种传感器适用于对湿度的测量，因为两极板之间湿度的变化会使相对介电常数 ε_r 和电容 C 发生变化，通过电容 C 的变化量即可得到湿度的变化量。

变介质截面积型电容式传感器的两极板处于固定状态，是通过改变两种介质的极板覆盖面积实现测量，将相对介电常数为 ε_{r2} 的电介质以深度 L 插入极板中，控制深度的变化从而改变覆盖面积。当插入深度 $L = 0$ 时，初始电容量为

$$C_0 = \frac{\varepsilon_{r1} L_0 \varepsilon_0 b_0}{d_0} \tag{1-34}$$

式中，L_0 为极板的长度；b_0 为极板的宽度；ε_{r1} 为空气的相对介电常数；ε_0 为真空介电常数；d_0 为极板间的极距。

当电介质插入一定深度 L 时，此时的电容器相当于两个电容器并联，总的电容量为

$$C = C_1 + C_2 = \varepsilon_0 b_0 \frac{L_0 - L + \varepsilon_{r2} L}{d_0} \tag{1-35}$$

因此，相对电容变化量为

$$\frac{\Delta C}{C_0} = \frac{C - C_0}{C_0} = \frac{(\varepsilon_{r2} - 1)L}{L_0} \tag{1-36}$$

由式 (1-36) 可见，电容的变化量与电介质 ε_{r2} 的插入深度 L 成正比，随深度的增加，电容的变化量也增加。但是若被测介质的厚度不等于极距 d_0，则测量会存在非线性关系，影响测量结果的准确性。此类电容式传感器通常用于测量非导电固体介质的厚度以及用于位移和液位的测量。

4) 电容式传感器的应用

(1) 电容式测微仪

电容式测微仪是基于电容原理制成的具有高灵敏度、高精度的一种传感器,在地下工程中常用于对微小位移、微小振动的监测,其原理如图 1.27(a) 所示。电容式测微仪一般采用单电容极板的变极距型电容,被测结构作为另一极板,为了避免圆柱形电容极板边缘效应的影响,常在侧头外加一个等位环,图 1.27(b) 为使用电容式测微仪测量轴的回转精度和轴心动态偏摆的示意图。

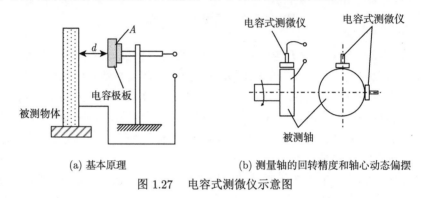

(a) 基本原理　　　　　　　　(b) 测量轴的回转精度和轴心动态偏摆

图 1.27　电容式测微仪示意图

(2) 电容式测厚仪

如图 1.28 所示为可变介电常数型电容式测厚仪的原理图,被测结构首先通过轴辊,而后穿过两个极板之间,测量过程中两个极板的位置保持不变,当被测结构的厚度发生变化时,两极板之间的相对介电常数发生变化,导致此传感器的电容量发生改变。通过传感器的电路将电容量的变化量转换为相应的电压或电流。

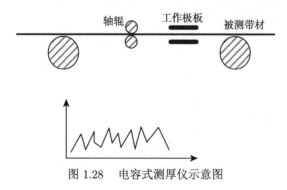

图 1.28　电容式测厚仪示意图

4. 压电式传感器

压电式传感器是基于压电效应制成的传感器,此类传感具有原理简单、性能可靠、尺寸小、易安装等优点,不仅广泛应用于工程领域中,同样在医学、航空等领域中均有应用。

1) 压电效应及压电材料

压电效应是压电式传感器的理论基础，压电效应是指某些介质材料在压力或拉力的作用下，介质材料出现极化现象，其表面上出现一定量的电荷，而且当介质材料再次处于自然状态时，材料表面的电荷会相应消失。由上内容可知，要实现压电效应，首先要使用合适的压电材料，常用的压电材料主要有压电晶体和压电陶瓷两类。

2) 压电式传感器的应用

压电式传感器一般用于力的测量，但是随着传感技术的发展，压电式传感器也用于加速度、位移等物理量的测量，下面分别对压电式加速度传感器和压电式压力传感器的原理进行介绍。

(1) 压电式加速度传感器

根据压电式加速度传感器内部结构的不同，主要可分为纵向、横向和剪切效应型三种，其中应用较为广泛的是纵向效应型传感器，其结构如图 1.29 所示。

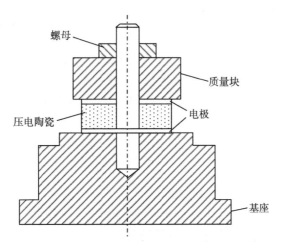

图 1.29 纵向效应型压电式加速度传感器结构图

压电陶瓷和质量块一般采用环型，利用螺栓对质量块施加荷载，将其压紧于压电陶瓷表面。经过检测后，将传感器基座和被测结构牢牢地固定在一起，并且将输出信号通过电极引出。当传感器感受到加速度的作用时，由于传感器质量块的质量远小于被测物件结构的质量，所以质量块受到与感应器底座方位一致的振动，从而出现与加速度方向相反的惯性运动，并且由于惯性力作用于压电陶瓷片上而形成了相应的压电效应，所形成的电荷量可以直观反应加速度的大小。其精度与压电传感材料压电系数和质量块的质量密切相关。为增加传感器的灵敏度，通常选用压电系数值较高的压电陶瓷芯片。另外，提高压电片的数量，并选择适当的接线方式也可以增加传感器的检测灵敏度。

根据材料的极化原理可知，部分晶体受到沿晶轴方向的力时，晶体产生的电荷量与所受力 F 的大小具有良好的线性关系，即为

$$Q = d_x F = d_x \sigma A \tag{1-37}$$

式中，Q 为电荷；d_x 为压电系数；σ 为应力；A 为晶体表面积。

压电材料具有和电容类似的性质，其输出电压为

$$V = Q/C \tag{1-38}$$

式中，C 为压电晶体的内电容。

当传感器受到的加速度为 a 时，则传感器的输出电压为

$$V = Q/C = d_x F/C = d_x ma/C = ka \tag{1-39}$$

由式 (1-39) 可见，传感器的输出电压与振动的加速度成正比。

(2) 压电式压力传感器

基于压电效应除了可以制成加速度传感器，也可以制成压力传感器，根据不同的工况及测试要求，压电式压力传感器的结构形式虽然多种多样，但是其基本原理是一致的。图 1.30 为压电式压力传感器的结构图，可见此传感器主要由引线、壳体、基座、压电晶片、受压膜片以及导电片组成，压力首先作用于传感器的膜片上，膜片推动压电晶片，晶片产生相应的电荷，由于产生的电荷量与所受压力呈良好的线性关系，通过测量产生的电荷量即可得到压力的数值。压电式压力传感器与其他压力传感器相比，具有体积小、耐高温等优点，常用在一些测量环境温度较高，对传感器的热稳定性有要求的测量项目。

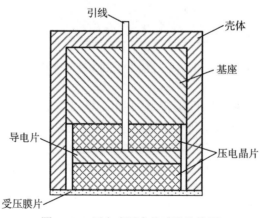

图 1.30　压电式压力传感器结构图

5. 压磁式传感器

1) 压磁效应及工作原理

压磁式传感器是基于压磁效应制成的，压磁效应是指部分铁磁材料在外力的作用下，内部会产生机械应力，从而改变材料的磁导率。除了压磁效应，铁磁材料还受磁致伸缩效应的影响，磁致伸缩效应是指，部分铁磁材料受磁场的作用磁化时，会在磁场的方向伸长或缩短，可分为正磁致伸缩和负磁致伸缩。需要注意的是，只有在一定条件下 (如磁场强度恒定) 压磁效应才有单值特性，而不是线性关系。

铁磁材料的压磁应变灵敏度的表示方法与应变灵敏系数的表示方法相似，即

$$S = \frac{\varepsilon_\mu}{\varepsilon_1} = \frac{\Delta\mu/\mu}{\Delta l/l} \tag{1-40}$$

式中，S 为铁磁材料的压磁应变灵敏度；ε_μ 为磁导率的相对变化；ε_1 为在机械力的作用下铁磁物质的相对变形。

压磁应力灵敏度定义：单位机械应力 σ 所引起的磁导率相对变化，即为式 (1-41)

$$S_\sigma = \frac{\Delta\mu/\mu}{\sigma} \tag{1-41}$$

2) 压磁传感器的应用

基于压磁效应能够制成压磁式测力计，压磁式传感器的主要构件是压磁元件和绕制在压磁元件上的线圈，其中压磁元件是由数层硅钢片通过粘贴或焊接而成，与自感式和互感式传感器相比，此类传感器的磁路是完全闭合的。根据压磁元件上缠绕线圈的不同，可分为自感型压磁传感器和互感型压磁传感器两种。压磁传感器的工作原理如图 1.31(a) 所示，当无外力作用时和有压力 F 作用时的磁场分布分别见图 1.31(b) 和 (c)。

1.3.2 光纤传感技术

光纤传感技术是在 20 世纪 70 年代，伴随着光导纤维和光纤通信技术的蓬勃发展而形成的一门传感技术，是指运用光纤优异的传播性能和独特的传感功能来感知一些特定的物理量。光纤传感器与传统传感器相比，具有灵敏度高、稳定性强、抗干扰能力强、绝缘能力好、质轻柔软等优点，并且可与传统数字通信系统并行，易于与光纤传输系统共同构成传感网络。在工程、军事、医学等应用领域中有着十分广阔的应用前景。因此，光纤类传感器一经出现就受到广泛重视，而且发展迅速。光纤传感技术发展至今，已成功应用于各领域的监测中，且基于光纤传感技术制成了多种传感器。

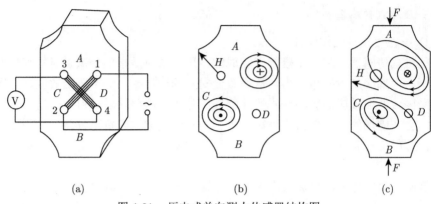

(a)   (b)   (c)

图 1.31　压电式单向测力传感器结构图

　　光纤对一些特定的物理量具有敏感性,通过一定的转换能够对这些特定的物理量进行监测。仪器仪表领域中,光纤最早用于传光及传像,随着光纤技术的发展,逐渐用于多领域中。光纤不仅可以用作光波的传递介质,在一些特定物理量如温度、应力、应变、位移等因素的影响下,光波的波长、振幅、相位等参量也随之发生一定有规律的变化,利用两者之间的变化规律,即可用光纤对这些特定的物理量进行监测,光纤结构如图 1.32 所示。

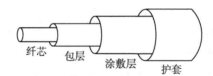

纤芯　　包层　　涂敷层　　护套

图 1.32　光纤结构示意图

1. 光纤光栅传感技术

1) 光纤布拉格光栅传感技术

　　当入射光从一端注入光栅时,满足条件的光被光栅反射,当感测区相关物理量改变时,会引起光栅反射光中心波长的漂移,分析中心波长与感测物理量之间的关系即可得到所需监测信息。光纤光栅传感技术原理如图 1.33 所示。

　　光纤光栅的各参数之间满足如下关系式

$$\lambda_B = 2n_{eff}\Lambda \tag{1-42}$$

式中,λ_B 为光栅所反射的中心波长,n_{eff} 为折射率,Λ 为光栅栅距。

　　温度和应变的变化均会引起中心波长的漂移,当感测区的温度或应变发生变化时,光纤的栅距和有效折射率都会发生变化,则中心波长发生漂移,波长漂移量与温度、应变的关系为

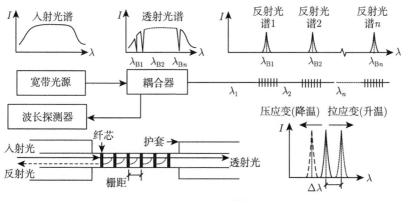

图 1.33 光纤光栅传感技术原理

$$\frac{\Delta\lambda_{\mathrm{B}}}{\lambda_{\mathrm{B}}} = (1 - P_{\mathrm{e}})\varepsilon + (\alpha + \xi)\Delta T \tag{1-43}$$

式中，$\Delta\lambda_{\mathrm{B}}$ 为中心波长的变化量，P_{e} 为有效光弹系数，ε 为光纤轴向应变，ΔT 为温度变化量，α 为光纤的热膨胀系数，ξ 为光纤的热光系数。

由式 (1-43) 可知，通过测量光纤光栅中心波长的漂移量即可得到感测区的温度和应变信息。当测量环境温度变化较小时，温度变化对中心波长的变化影响较小，可以只考虑应变的影响：

$$\frac{\Delta\lambda_{\mathrm{B}}}{\lambda_{\mathrm{B}}} = K_{\varepsilon}\Delta\varepsilon \tag{1-44}$$

式中，K_{ε} 为光栅的应变灵敏度系数。

2) 长周期光纤光栅传感技术

根据光栅周期的长短，可分为短周期光栅和长周期光栅。光纤布拉格光栅为短周期光栅，属于反射型带通滤波器。长周期光栅无后向反射，为透射型带阻滤波器。光纤布拉格光栅和长周期光栅的光传播模式分别如图 1.34 和图 1.35 所示。

长周期光栅是一种透射光栅，带宽较宽，具有对温度、应力、折射率变化的灵敏度高等优点，常用于测量中的光纤传感、掺铒光纤放大器的增益平坦以及放大器自发辐射噪声的抑制。但是，长周期光栅制作工艺较为复杂，制作方法主要有振幅掩模法、电弧感生微弯法、熔融拉锥法、机械感生法、逐点写入法 (CO_2 激光写入和飞秒激光写入) 等，且长周期光栅对温度、应力、折射率交叉敏感，在实际测量中通常需要与其他传感器配合使用。

长周期光纤光栅对温度、应力变化灵敏度高，是一种比较理想的温度或应力敏感元件。长周期光纤光栅的多个损耗峰可以同时进行多轴应力及温度测量，也可作为传感器阵列进行多参数分布式测量。随着研究逐渐深入，长周期光纤光栅应用越来越广。目前，长周期光纤光栅在岩土工程中常用作温度传感、振动测量、磁场传感、载重传感器、液体气体传感器等。

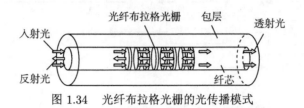

图 1.34　光纤布拉格光栅的光传播模式

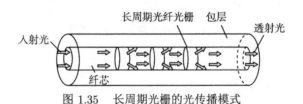

图 1.35　长周期光栅的光传播模式

3) 倾斜光纤光栅传感技术

1990 年，倾斜光纤光栅模型被首次提出，倾斜光纤光栅与普通光纤布拉格光栅传感技术的工作原理类似，不同之处在于光栅平面跟轴向之间倾角的存在，导致倾斜光纤光栅中会有多种模式的耦合，主要包括纤芯导模之间的耦合、纤芯导模与包层模式之间的耦合以及纤芯导模与辐射模之间的耦合。

图 1.36 为倾斜光纤光栅的光传播模式，其中倾角为 θ，光纤轴线方向为 z，光栅的轴线方向为 z'，此时相位匹配条件为

$$\Lambda = \frac{\Lambda_{\mathrm{g}}}{\cos\theta} \tag{1-45}$$

式中，Λ 为沿光纤轴线方向的光栅周期，Λ_{g} 为垂直于光栅平面方向的光栅周期。

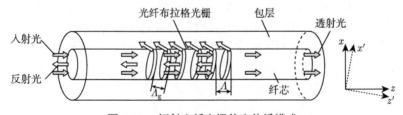

图 1.36　倾斜光纤光栅的光传播模式

倾斜光纤光栅的布拉格谐振表达式为

$$\lambda_{\mathrm{B}} = 2n_{\mathrm{eff}}^{\mathrm{co}}\frac{\Lambda_{\mathrm{g}}}{\cos\theta} \tag{1-46}$$

式中，λ_{B} 为光纤光栅的中心波长，$n_{\mathrm{eff}}^{\mathrm{co}}$ 为纤芯导模的有效折射率。

部分前向传输的纤芯模耦合到反向传输的包层模中，此时谐振波长为

$$\lambda_{\mathrm{cl},i} = (n_{\mathrm{eff}}^{\mathrm{co}} + n_{\mathrm{eff},i}^{\mathrm{cl}}) \frac{\Lambda_{\mathrm{g}}}{\cos\theta} \tag{1-47}$$

式中，$\lambda_{\mathrm{cl},i}$ 为第 i 阶包层模式中心波长，$n_{\mathrm{eff},i}^{\mathrm{cl}}$ 为第 i 阶包层模有效折射率。

倾斜光纤光栅的制作方法有双光束干涉法刻写和相位掩膜法刻写，其中相位掩膜法具有工艺简单、参数变化灵活等特点，应用较为广泛。倾斜光纤光栅在光通信领域可以用作波分复用器、滤波器以及偏振相关器。因为倾斜光纤光栅的结构独特，对外界的温度、应变等物理量灵敏度较高，在岩土工程可用作温度传感器、微弯传感器、振动传感器等。

4) 复用技术与传感网络

复用技术为光纤传感所独有的特点，由于光纤光栅通过波长编码，采用复用技术能够将多个光栅通过一根光纤进行连接，在实际工程测量中能够减少引线的使用量，显著降低测量成本。这种复用技术在一些大型结构如水坝、桥梁、隧洞等工程的安全健康监测中应用十分广泛。

光纤光栅传感是直接测量中心波长的漂移量,最为常用的为波分复用 (WDM),其次是时分复用 (TDM) 和空分复用 (SDM),利用一种或多种复用技术，能够构成传感网络。但是受带宽等因素的影响，每种复用技术对传感器的数量一般有限制。

(1) 波分复用技术

波分复用是将多个不同波段的光栅串联于一根光纤上，每个波段的通道相互独立。通信系统的设计不同，每个波长之间的间隔宽度也有差别，按照通道间隔差异，波分复用可以细分为 W-WDM、M-WDM、D-WDM。波分复用技术示意图如图 1.37 所示。

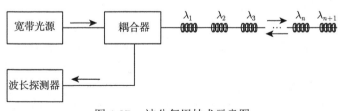

图 1.37　波分复用技术示意图

(2) 时分复用技术

波分复用技术将应用的波长划分为若干个波段,由于光源的带宽并非无限,因此一根光纤中复用的光纤光栅数目是有限的,为了提高传感器的复用数目,提出了时分复用技术。时分复用是利用不同时间段对不同光栅信号进行传输,在接收

端再对信号进行处理，得到不同光栅的原始信号。根据脉冲在相邻光栅往返的延迟时间，对输出脉冲进行反射标记，用于区分不同光栅的波长信号。时分复用技术示意图如图 1.38 所示。

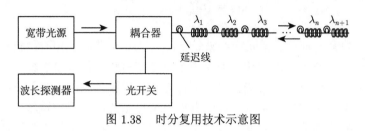

图 1.38   时分复用技术示意图

(3) 空分复用技术

当多个光纤光栅采用波分复用和时分复用技术时，在实际测量过程中，光纤的某点断裂时，会使后面的传感元件失效，且串联于传感网络内的光纤光栅波长不能重复。空分复用由多根光纤组成支路，通过光开关矩阵对支路进行连接，因此各支路之间光栅的波段可以重复利用，能够显著提升传感器数量。但是当支路较多时，开关复杂，速度受限。空分复用技术如图 1.39 所示。

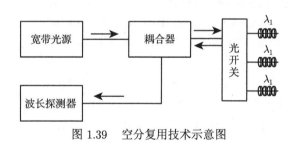

图 1.39   空分复用技术示意图

波分复用、时分复用和空分复用是最常用的三种复用技术，总结三种技术各自的优缺点如下：波分复用技术的拓扑结构为串联，其优点为无串音、信噪比高、光能利用率高；缺点为复用数量受带宽限制，常用于能量资源有限，传感器数目不多的测量项目。时分复用技术的拓扑结构为串联，其优点为复用数量不受带宽的限制，可串联传感器数量多于波分复用技术；缺点为随复用传感器数量的增加，输出信号的质量下降，此外还受光源输出功率和损耗的影响，常用于快速检测项目。空分复用技术的拓扑结构为并联，其优点为串扰小、信噪比高、取样速率高；缺点为调解不同步，常用于各测点独立工作或测量环境较为恶劣的项目。

可见三种基本的复用技术各具特点，对于复杂的测量项目，单一的复用技术无法满足其测量需求，此时需要采用混合复用技术。常见的混合复用技术有波分时分混合复用、波分空分混合复用、时分空分混合复用、波分时分空分混合复用。

(4) 波分时分混合复用技术

时分复用技术允许对一根光纤上的多个传感器进行检测，由于光栅反射率一般低于 10 dBm，仍有大部分的光源能量。若结合波分复用和时分复用技术，则可在传感网络中增加传感器的数量。图 1.40 为波分时分混合复用技术的两种拓扑结构。

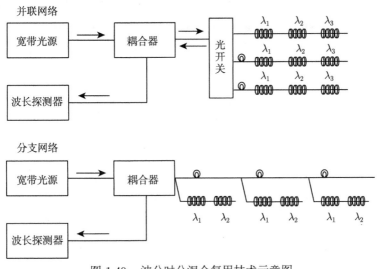

图 1.40 波分时分混合复用技术示意图

(5) 波分空分混合复用技术

结合波分复用技术和空分复用技术能够构成光纤光栅传感网络，即用波分复用技术构成串联网络，再使用空分复用技术构成并联网络，如图 1.41 所示。

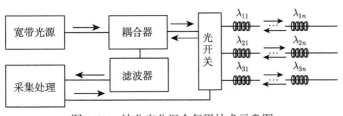

图 1.41 波分空分混合复用技术示意图

(6) 波分时分空分混合复用技术

波分复用技术和时分复用技术串联能够有效提高光源功率，空分复用技术的并联拓扑结构允许传感器可以独立工作并且具有可交换性。利用波分复用、时分复用、空分复用的组合可以构成复杂的光纤传感网络，串联和并联复用的组合可提供一种二维准分布式传感网络。

2. 分布式光纤传感技术

基于瑞利散射、拉曼散射以及布里渊散射的全分布式光纤传感技术，在岩土工程中均有应用，下面将分别对其对基本原理及特点进行介绍。

1) 基于瑞利散射的全分布式光纤传感技术

基于瑞利散射的全分布式光纤传感技术主要可分为光时域反射技术 (optical time-domain reflectometry，OTDR)、光频域反射技术 (optical frequency-domain reflectometry，OFDR)，同时还有在光时域反射技术上改进而来的相干光时域反射技术 (coherent optical time-domain reflectometry，COTDR)、偏振光时域反射技术 (polarization optical time-domain reflectometry，POTDR)。

(1) 光时域反射

光脉冲在传播过程中会产生散射和反射，部分散射和反射光通过光纤在一段时间间隔后返回光脉冲注入端，分析返回光与光脉冲之间的时间间隔，能够对监测点进行定位，其原理如图 1.42 所示。

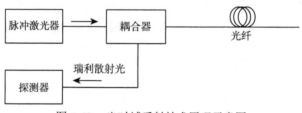

图 1.42　光时域反射技术原理示意图

入射光功率与后向散射光功率之间的关系为

$$P_{\mathrm{BS}}(z_0) = kP(z_0)\exp(-2z\alpha_z) \tag{1-48}$$

式中，$P(z_0)$ 为入射光功率，$P_{\mathrm{BS}}(z_0)$ 为入射端散射光功率，k 为影响系数，其与光纤端面的反射率、光学系统损耗等因素有关，α_z 为光在光纤中传播的衰减系数，z 为测点至入射端的距离。

式 (1-48) 中的 z 可由式 (1-49) 计算所得

$$z = \frac{c\Delta t}{2n} \tag{1-49}$$

式中，c 为光速，n 为光纤的折射率，Δt 为发出的脉冲光与后向散射光的时间间隔。

光时域反射测量曲线图，如图 1.43 所示。通过分析后向散射光强度与距离的变化关系，可见，光纤接头处的后向散射光强度存在一个峰值，线性段表示入射光沿均匀损耗段光纤进行传播，非线性段则表示存在异常损耗，根据测量曲线即可得到感测区的有关信息。此传感技术也存在一定的缺点，即为盲区的存在，在菲涅耳反射的影响下，使测量曲线无法反映盲区段的光纤状态。

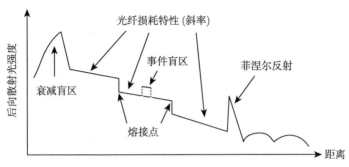

图 1.43 光时域反射测量曲线示意图

基于此传感原理，光时域反射技术常用于岩土工程领域的裂缝监测中，如在公路隧道混凝土裂缝监测、各工况下混凝土梁裂缝监测、桥梁裂缝监测、大坝裂缝监测以及滑坡监测等。

(2) 相干光时域反射

相干光时域反射基于相干探测技术，通过在中频信号处设置一个带通滤波器，就可以滤除绝大部分的噪声功率，从而维持高的动态范围；外差探测使用的光源为单频窄线宽的激光光源，而对波长无特殊限制。因此，探测光波长可以远离通信波长，这有利于在线监测。相干光时域反射技术的原理如图 1.44 所示。

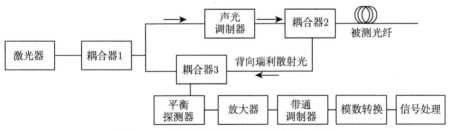

图 1.44 相干光时域反射技术原理示意图

传统的光时域反射不适用于海缆等长距离监测，这主要是因为海底光缆线路使用多个掺铒光纤放大器中继级联而成，掺铒光纤放大器产生的放大器自发辐射噪声混入信号功率之中，会严重降低光时域反射的动态范围，使其不适合超长距离海缆线路监测。且传统光时域反射光源带宽有数十纳米，其必定覆盖部分通信波长，从而对通信信号产生严重的干扰。相干光时域反射技术能够解决上述问题，因此，在海底光缆等长距离监测项目中通常采用相干光时域反射技术。

（3）偏振光时域反射

光时域反射中使用了后向散射光的强度信息，而偏振光时域反射技术是利用后向散射光的偏振态信息进行分布式测量的技术。散射点的偏振信息能够通过散射光传递到光纤的入射段，通过对散射光的信息进行分析，即可对感测区的相关物理量进行监测。偏振光时域反射技术原理如图 1.45 所示。

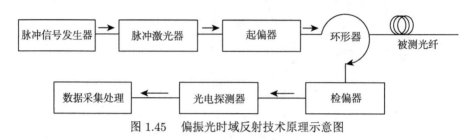

图 1.45　偏振光时域反射技术原理示意图

与光时域反射技术相比，偏振光时域反射技术对脉冲光的要求较高，并且对信号检测装置灵敏度的要求高。偏振态对相关物理量的灵敏度高，能够对传感光纤埋设处的微小变化进行监测，基于偏振光时域反射技术的光纤应力传感器非常适合用于岩土工程中的高精度应力监测。

由于光纤的弹光效应，同样可以对感测区的温度进行监测。在常规实心玻璃光纤中，瑞利后向散射系数对温度变化不敏感，限制了温度测量的范围，因此如何增大温度测量范围为此技术的重点研究方向之一。

（4）光频域反射

光频域反射也是基于瑞利散射的一种传感技术，光源发出入射光通过耦合器注入光纤，在光纤感测区产生散射光，另一部分与参考光进行相干混频。由于感测光纤的感测位置与频率存在一定的相关关系，通过分析频率可得不同位置处的光强，其技术原理如图 1.46 所示。

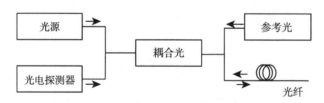

图 1.46　光频域反射技术原理示意图

由于散射信息中有光纤的损耗信息，利用此特性能够对光纤缺陷及传感光纤埋设沿线结构的熔接点、弯曲、断点等问题进行分析。光频域反射技术就是通过上述原理实现光纤线路状态的诊断。同样，也可根据散射光信号的频率对感测区的温度或应变进行监测。

光频域反射技术具有较高的灵敏度和分辨率，但是其测量距离较短，过高的精度和灵敏度会导致大量的噪声出现。因此在岩土工程中，常用于室内模型试验的温度或应变测量。

2) 基于拉曼散射的全分布式光纤传感技术

半导体中的声子对散射光能量的改变有影响，光学声子参与的散射为拉曼散射，拉曼散射主要包括拉曼光时域反射 (ROTDR) 技术和拉曼光频域反射 (ROFDR) 技术。

(1) 拉曼光时域反射技术

拉曼光时域反射技术常用于温度感测，当激光脉冲在光纤中传播时，会发生一定的能量交换，这是激光脉冲光子和光纤分子之间发生热振动所致，从而产生拉曼散射。当光能转换成热振动时，散射出比入射光波长更长的斯托克斯–拉曼散射光；反之，则散射出比入射光波长短的反斯托克斯–拉曼散射光。温度和斯托克斯散射光与反斯托克斯散射光的强度比的关系为

$$R(T) = \frac{I_{as}}{I_s} = \left(\frac{\nu_{as}}{\nu_s}\right)^4 \cdot \exp\left(-\frac{hc\nu_R}{KT}\right) \tag{1-50}$$

式中，$R(T)$ 为待测温度的函数，I_{as}、ν_{as} 分别为反斯托克斯光强度和频率，I_s、ν_s 分别为斯托克斯光强度和频率，c 为真空中的光速，ν_R 为拉曼频率的漂移量，h 为普朗克常量，K 为玻尔兹曼常量，T 为绝对温度。

由于拉曼散射与温度有关，因此可以根据此原理构成 ROTDR 分布式温度传感器。通过检测后向散射光强度，结合式 (1-50) 和 OTDR 技术的定位原理，能够对传感光纤不同位置的温度场进行监测。拉曼光时域反射测温技术的应用最为成熟，可用于岩土工程中的温度监测。其原理如图 1.47 所示。

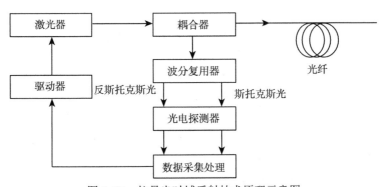

图 1.47 拉曼光时域反射技术原理示意图

(2) 拉曼光频域反射技术

拉曼光频域反射技术与拉曼光时域反射技术的不同在于，拉曼光频域反射采用的是连续频率调制光，然后分别测量出斯托克斯拉曼散射光和反斯托克斯拉曼散射光在不同输入频率下的响应，通过反傅里叶变换计算出系统的脉冲响应，得到时域的斯托克斯拉曼散射和反斯托克斯拉曼散射，再按照拉曼光时域反射的方法计算感测区的温度分布情况。

拉曼光频域反射测试系统能够适用于超长距离的温度监测，最大感测长度可达 70 km (单模纤芯)，空间分辨率可达 0.5 m，精度水平与拉曼光时域反射相当。拉曼光频域反射设备研发慢的原因主要是，拉曼光频域反射对激光器和调制器的要求比较高；测量传递函数的反傅里叶变换和信号处理系统比较复杂；随着高功率的脉冲激光器技术、高频率的数字信号采集卡等的性能不断得到改进，使得拉曼光频域反射技术的优势逐渐显现出来。

3) 基于布里渊散射的全分布式光纤传感技术

布里渊散射分为自发和受激布里渊散射两种。自发布里渊散射是光纤的光子和声学的声子之间非弹性碰撞产生的非线性散射过程，声波会引起光纤折射率的变化，使自发布里渊散射发生布里渊频移。其散射过程也可以从力学经典理论和量子物理学理论两个方面进行解释。入射光的功率较高时，光纤产生电致伸缩效应，在光纤中产生超声波，使入射光发生散射。当散射光的频率满足波场相位匹配时，使光纤内的电致伸缩声波场和相应的散射光波场增强，产生受激布里渊散射过程。

(1) 自发布里渊光时域反射技术

自发布里渊光时域反射 (Brillouin optical time domain reflectometry, BOTDR) 技术，是通过在光纤一端注入泵浦光脉冲，当感测区的温度或应变场发生变化时，在光纤中产生相应的后向散射信号，通过具有滤波作用的仪器对后向散射光信号进行分析，即可得到被测物理量。

BOTDR 应变监测原理为，当感测区段在外力的作用下产生应变时，布里渊频移也随之发生变化，通过频移与应变之间的关系，即可得到光纤沿线的应变值，其原理如图 1.48 所示。

布里渊频移 ν_B 可以表示为

$$\nu_B = 2nV_a/\lambda \tag{1-51}$$

式中，n 为折射率系数，λ 为入射波波长，V_a 为声波速度。

应变会引起折射率和密度的变化，从而引起布里渊散射频移的变化，因此应变和频移有对应关系，由式 (1-51) 以及声波速度计算公式，可得应变与布里渊频移的关系为

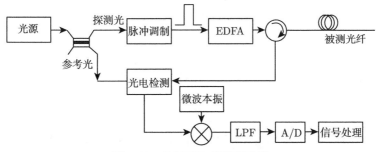

图 1.48 BOTDR 原理示意图

$$\nu_{\mathrm{B}}(\varepsilon) = \frac{2n(\varepsilon)}{\lambda} \sqrt{\frac{(1-\mu(\varepsilon))E(\varepsilon)}{(1+\mu(\varepsilon))(1-2\mu(\varepsilon))\rho(\varepsilon)}} \tag{1-52}$$

式中，E 为光纤的杨氏模量，μ 为光纤的泊松比，ρ 为光纤的密度。

对式 (1-52) 进行泰勒展开 (小应变情况下)，经过变换，可得

$$\nu_{\mathrm{B}}(\varepsilon) = \nu_{\mathrm{B0}} \left[1 + (\Delta n_\varepsilon + \Delta E_\varepsilon + \Delta \mu_\varepsilon + \Delta \rho_\varepsilon)\varepsilon\right] \tag{1-53}$$

式中，ν_{B0} 为初始布里渊频率漂移量，对某一确定的光纤，Δn_ε、ΔE_ε、$\Delta \mu_\varepsilon$、$\Delta \rho_\varepsilon$ 均为常数。令频移--应变系数为 $C_\varepsilon = \Delta n_\varepsilon + \Delta E_\varepsilon + \Delta \mu_\varepsilon + \Delta \rho_\varepsilon$，则式 (1-53) 可记为

$$\nu_{\mathrm{B}}(\varepsilon) = \nu_{\mathrm{B0}} \left(1 + \varepsilon \cdot C_\varepsilon\right) \tag{1-54}$$

温度与布里渊频移存在相关关系，温度变化引起光纤折射率、弹性模量、泊松比、密度的变化。在不考虑应变影响的前提下，ν_{B}、n、E、μ、ρ 为温度的函数，温度与布里渊频移的关系为

$$\nu_{\mathrm{B}}(T) = \frac{2n(T)}{\lambda} \sqrt{\frac{(1-\mu(T))E(T)}{(1+\mu(T))(1-2\mu(T))\rho(T)}} \tag{1-55}$$

当温度变化不明显时，同理可得

$$\nu_{\mathrm{B}}(T) = \nu_{\mathrm{B_0}} \left(1 + T \cdot C_T\right) \tag{1-56}$$

式中，C_T 为频移--温度系数。

当同时考虑应变和温度的影响时，由式 (1-54)、式 (1-55) 可得

$$\nu_{\mathrm{B}}(\varepsilon, T) = \nu_{\mathrm{B_0}} + \frac{\partial \nu_{\mathrm{B}}(\varepsilon)}{\partial \varepsilon}\varepsilon + \frac{\partial \nu_{\mathrm{B}}(T)}{\partial T}T \tag{1-57}$$

式中，$\partial \nu_B / \partial \varepsilon$ 为布里渊频移–应变系数，$\partial \nu_B / \partial T$ 为布里渊频移–温度系数。

(2) 受激布里渊光时域分析技术

受激布里渊光时域分析技术 (Brillouin optical time domain analysis, BOTDA) 于 1989 年首次应用于光纤的无损监测，至今已发展三十余年，被广泛应用于各种工程监测中。BOTDA 的原理是通过分析后向散射光的频移，从而得到感测光纤处温度、应变的信息。将预泵浦脉冲光注入光纤，通过近似洛伦兹型分布的布里渊增益谱分析得到应变信息，称为脉冲预泵浦 BOTDA，即 PPP-BOTDA 技术，其基本原理如图 1.49 所示。

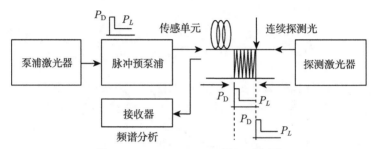

图 1.49　PPP-BOTDA 原理示意图

预泵浦脉冲描述公式为

$$A_P(t) = \begin{cases} A_P + C_P, & D_{\mathrm{pre}} - D \leqslant t \leqslant D \\ C_P, & 0 \leqslant t \leqslant D_{\mathrm{pre}} \\ 0, & \text{其他} \end{cases} \tag{1-58}$$

式中，D 为泵浦脉冲光持续时间，D_{pre} 为脉冲预泵浦光持续时间，C_P 为脉冲光功率，$A_P + C_P$ 为脉冲预泵浦光功率。

通过设置消光系数 R_P，能够降低输出功率

$$R_P = \left(\frac{A_P + C_P}{C_P} \right)^2 \tag{1-59}$$

通过摄动理论可得探测光受激布里渊散射的振幅式

$$E_{\mathrm{CW}}(0, t) = A_{\mathrm{CW}} \left[1 + \beta H(t, \Omega) \right] \tag{1-60}$$

式中，β 为摄动参数，Ω 为声子的频率，t 时间参数，$H(t, \Omega)$ 为受激布里渊散射光谱项。

受激布里渊散射光谱项为

$$H(t,\Omega) = \int_0^L A\left(t - \frac{2z}{v_{\mathrm{g}}}\right) \int_0^\infty h(z,s) A\left(t - s - \frac{2z}{v_{\mathrm{g}}}\right) \mathrm{d}s\mathrm{d}z \tag{1-61}$$

泵浦脉冲光的轮廓形状用阶梯函数表述，式 (1-61) 可划分为

$$H(t,\Omega) = H_1(t,\Omega) + H_2(t,\Omega) + H_3(t,\Omega) + H_4(t,\Omega) \tag{1-62}$$

式中，$H_1(t,\Omega)$ 时间段为泵浦脉冲光，$H_2(t,\Omega)$ 时间段为脉冲光和脉冲预泵浦光交互作用，$H_3(t,\Omega)$ 时间段为脉冲预泵浦光和脉冲光交互作用，$H_4(t,\Omega)$ 时间段为脉冲预泵浦光。

(3) 受激布里渊光频域分析技术

受激布里渊光频域分析技术 (BOFDA) 是在光纤的一端注入连续泵浦光，在另一端注入调幅探测光，通过网路分析仪得到光纤基带传输函数，再利用转换即可得到频移与被测物理量的线性关系，BOFDA 基本原理如图 1.50 所示。

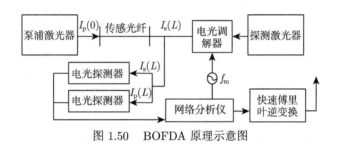

图 1.50 BOFDA 原理示意图

光在光纤中传播时间和空间距离之间的关系为

$$z = \frac{1}{2}\frac{c}{n} \cdot t \tag{1-63}$$

式中，c 为光速，n 为光纤折射率，t 为光从发出到接收所用时间。

光纤中具体空间与频移量的关系 $h(z, f_{\mathrm{m}})$

$$H(jw, f_{\mathrm{m}}) \to h(t, f_{\mathrm{m}}) \to h(z, f_{\mathrm{m}}) \tag{1-64}$$

式中，$H(jw, f_{\mathrm{m}})$ 为基带传输函数，$h(t, f_{\mathrm{m}})$ 为脉冲响应函数。

布里渊散射光的频率漂移 ν_{B} 与光纤应变 ε 之间的关系为

$$\nu_{\mathrm{B}}(\varepsilon) = \nu_{\mathrm{B0}} + \frac{\mathrm{d}\nu_{\mathrm{B}}(\varepsilon)}{\mathrm{d}\varepsilon}\varepsilon \tag{1-65}$$

式中，$\nu_B(\varepsilon)$ 表示应变为 ε 时的频移漂移量，ν_{B0} 为测试环境不变的情况下光纤自由状态时频率漂移量，$d\nu_B(\varepsilon)/d\varepsilon$ 为光纤的应变系数，ε 为光纤的实际应变量。

由于上述传感技术各有其优缺点，通过联合两种或两种以上的传感技术，能够进行优势互补，更好地进行工程监测。例如，受激布里渊光频域分析技术与受激布里渊光时域分析技术相比具有较高的测试精度，而受激布里渊光时域分析技术具有较高的空间分辨率，联合使用这两种传感技术，能够兼顾测试精度和分辨率。拉曼光时域反射能够对光纤布设区的温度分布进行监测，不受应变的影响。布里渊光时域反射技术在环境温度变化较大的应变监测中，需要剔除温度的影响。由于这两种技术均具有全分布、长距离和单端测量的优势，因此将两种传感技术联合使用，能够较好地满足监测需求。

3. 光纤传感技术的特点

准分布式光纤传感技术主要为光纤布拉格光栅，基本原理为相长干涉，通过直接感测波长变化，可以对应变和温度进行监测，利用研发的相关光纤光栅传感器也可以对位移、压强、加速度、频率、振动、土压力、孔隙水压力等参量进行监测。其特点为体积小、重量轻、易安装、可靠性高、抗腐蚀、抗电磁干扰、灵敏度高、分辨率高等，通过一根光纤可以将多个光纤光栅传感器连接起来，利用一种或结合多种复用技术，能够对监测结构进行多点监测，避免安装大量的数据传输线，便于埋线安装，也提高了经济效益。但是光纤光栅在高温下会消退，在受压情况下传感器易啁啾，准分布式监测亦容易造成漏检。

全分布式光纤传感技术主要包括瑞利散射光时域反射技术、拉曼散射光时域反射技术以及布里渊散射的自发布里渊光时域反射技术、受激布里渊光时域分析技术、受激布里渊光频域分析技术等。

瑞利散射光时域反射技术的直接感测参量为光损分布，可用于开裂、弯曲、断点、位移、压力等监测。此技术不需要布置回路、单端测量、直观便捷，能够对光纤的光损点和断点、弯曲位置，以及被测结构的开裂位置进行精确定位。但是，也有监测时受干扰因素多，测量精度较低等缺点。

拉曼散射光时域反射技术的直接感测量为 (反) 斯托克斯拉曼信号强度比值，可用于温度、含水率、渗流、水位等监测。具有不需要布置回路、单端测量、能够进行长距离监测，且仅对温度敏感，不受其他因素影响的优点，在长距离监测工程中较为常用，其缺点为空间分布率较低、监测精度有待进一步提高。

自发布里渊光时域反射技术的直接感测量为自发布里渊散射光功率或频移变化量，可用于应变、温度、位移、变形、挠度等监测。此技术具有单端测量，可测断点、温度和应变的优点，其缺点为测量时间较长，空间分布率较低。

受激布里渊光时域分析技术的直接感测量为受激布里渊散射光功率或频移变

化量,可用于应变、温度、位移、变形、挠度等监测。此技术具有双端测量、动态范围大、精度高、空间分布率高,可测温度和应变等特点,其缺点为不可测断点,双端测量的监测风险较大。

受激布里渊光频域分析技术的直接感测量为受激布里渊散射光功率或频移变化量,可用于应变、温度、位移、变形、挠度等监测。此技术具有动态范围大、信噪比高、精度高、空间分布率高等特点,其缺点为光源相干性要求高,无法对断点进行测量,测量距离短,双端测量的监测风险较大。

1.3.3 声/波式传感器

1. 超声波传感器

超声波的振动频率较高,其频率大于 20 MHz,通常对换能晶片施加电压,使换能晶片发生高频振动,从而产生超声波。与机械波相比,超声波对部分材料的穿透性很强,对于部分固体材料,其穿透深度可达数十米。利用超声波在穿透材料过程中出现的多普勒效应,能够制成多种传感器。

1) 压电式超声波传感器

压电式超声波传感器是基于压电晶体的电致伸缩原理而制成的。在压电材料薄片上施以高频正弦的交流电压,薄片由于高频伸缩而产生超声波,并且向外传播,较常用的压电材料有石英晶体、压电陶瓷锆钛酸铅等。产生的超声波作用在电晶体片上后,使晶片产生伸缩现象,并使在晶片的两个界面上形成交变荷,而这些电荷先被转变成电压,经放大后再送入检测回路,然后记录并显示出结果。

2) 磁致伸缩式超声波传感器

磁致伸缩式超声波传感器是基于磁致伸缩效应而制成的,在交变磁场的作用下,铁磁材料的尺寸发生规律性变化,产生高频振动,从而形成超声波。与压电式超声波传感器比较,磁致伸缩式超声波传感器输出的超声信号的频率较小,但是其功率要大得多。在接收过程中,由于超声对磁性材料的影响,会导致其内部的磁场发生改变,从而产生电磁效应;通过缠绕在磁致元件上的线圈,产生一种感应电动势,然后再把这种电动势进行检测和记录。

3) 超声波传感器的应用

(1) 超声波探伤

超声波探伤是一种检测结构缺陷的方法,超声波能穿透至金属的深层,当其从一个截面进入另一个截面时,在该截面的边缘产生反射,并且在屏幕上生成脉冲波形,通过脉冲信号的波形来判定缺陷的位置和尺寸。图 1.51 为超声波探伤设备的基本结构,是利用超声波在被测结构中的穿透力进行检测,从而判断出其内部的质量。工作时,将发射探头和接收探头分别放置在受试件两侧,若试件内有缺陷,部分超声会在缺陷位置被反射,穿透的超声波在被测结构的底部被接收探头接收。这样，到达接收探头的超声波有所损失，所接收的能量就会减少，在没有缺陷的情况下，超声波可以到达接收探头，接收探头可以获得更多的能量。通过这种方法，可以实现对被测结构的质量进行检测。

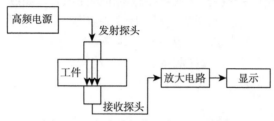

图 1.51　超声波探伤设备基本结构图

(2) 超声波液位测量

超声波液位测量的基本原理是：来自超声波探头的超声波脉冲信号在气体中传播，并在遇到空气和液体之间的界面时反射。接收到回波信号后，计算超声波往返时间，然后转换成距离或液位高度。

按超声波传输方式和探头数量的不同，可分为单探头液介式如图 1.52(a)、单探头气介式如图 1.52(b)、单探头固介式如图 1.52(c) 及双探头液介式如图 1.52(d)。

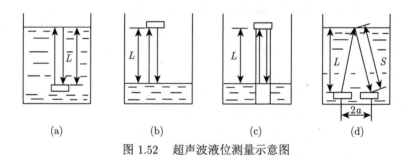

图 1.52　超声波液位测量示意图

2. 声发射传感器

声发射 (AE) 是无损检测的重要手段，它是由材料内部局域源迅速放能而引起的瞬态弹性波现象。它通过对被测介质内部发出或接收到的振动信号进行分析处理来判断被测物体是否存在缺陷及性质，并据此做出正确结论而声发射传感器就是利用了一些材料 (如半导体、陶瓷、压电晶体、强磁性体以及超导体) 随外部待测量作用改变物理特性这一原理。

1) 基本原理

Kaiser 效应：Kaiser 早在 20 世纪 50 年代初期就研究了各种金属材料 (如铜、锌、铝、钢) 形变时的声发射现象，发现材料形变的声发射具有不可逆性，即当材料再加载时，其应力值还没有达到上一次加载时的最大应力，就不会出现声发射信号，把这种不可逆效应称为 Kaiser 效应。在一定条件下，金属材料与岩石之间发生相互作用时，也会出现 Kaiser 效应；新裂纹产生时，由于材料内部发生了可逆声发射机制，Kaiser 效应会消失。其发生的原因是塑性变形时位错密度增大而引起弹性应变能释放，当超过一定限度后就会导致局部区域内出现声压峰值，从而激发出大量声发射事件。这种效应已被广泛地应用于工业中，并成为利用声发射技术进行监测的基础。

Felicity 效应：在材料反复加载过程中，反复荷载在达到原来所加的最大荷载之前就会出现明显的声发射，这也可以看作是反 Kaiser 效应。反复加载过程中声发射起始荷载与原施加最大荷载的比，即 P_{AE}/P_{max}，称为 Felicity 比。而 Felicity 比是一种重要的定量参数，可以用来评估结构缺陷或缺陷严重性。在许多情况下，Felicity 比随循环次数增加而显著增大。在实际工程中，通常采用试验方法确定该比值以控制缺陷的扩展。树脂基复合材料是典型的黏弹性材料，其变形和应变对应力敏感且具有明显的滞后效应。Felicity 比大于 1 表示 Kaiser 效应成立，反之亦然。

压电效应：压电效应可分为正压电效应、逆压电效应。

有些电介质在受到外力作用沿着某一方向发生形变时，它的两表面会出现正负异号的电荷，外力除去以后，它会恢复到未通电状态，这就是正压电效应。正压电效应是一种非常重要的电磁感应现象。电介质的极化方向与外加电场方向相反，当电介质发生机械变形 (即产生机械应力) 时，在外电场的作用下，会使变形和应力发生变化，这种物理现象称为逆压电效应。声发射探测过程一般以压电效应为基础。

声发射检测原理：来自声发射源的弹性波最后传播到材料表面并造成可由声发射传感器检测的表面位移，这类探测器把材料机械振动变成电信号后进行放大，加工并记录下来，如图 1.53 所示。通过对观测声发射信号进行分析和推断，能够认识相关材料的声发射机理。

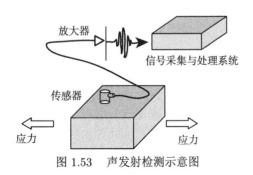

图 1.53 声发射检测示意图

2) 声发射传感器的分类

传感器在声发射检测系统中占有举足轻重的地位，也是影响系统整体性能的一个不可忽视的因素。传感器设计不合理，可能会使接收信号与期望接收声发射信号之间存在很大的差异，从而直接影响所采集数据的真实度以及数据处理结果。因此，需要对现有的声发射传感器进行优化选择。下面对几种常用的声发射传感器进行介绍，并对它们各自的原理及特性做一简单对比。

(1) 谐振响应的传感器：金属材料通常采用频率为 150 kHz 的谐振式窄带传感器，对其声发射信号进行测量，利用计数、幅度、上升数据、持续数据、能量等常规声发射参数进行检测。谐振响应传感器是利用一个简单电路实现了宽频带信号的检测，具有灵敏度高、经济性好、种类多、应用范围广等优点。需要说明的是，谐振式响应传感器并非仅对特定频率的信号具有敏感性，它对特定频率的带具有敏感性，而对其他频率的带具有更小的敏感性。

(2) 宽带响应的传感器：当源相关力学机理未知时，谐振式传感器用于声发射信号测量存在其他限制。为了获得更多的真实声发射信号信息和更好地了解声源特性，人们提出了采用宽带响应传感器进行声发射信号检测的方法，并已成功应用于宽频率范围内。宽带响应类传感器最大的优势在于所采集的声发射信号比较全面，这里面含有噪声信号。因此，为了获得高分辨率的声发射源信息，必须对其进行降噪处理。

(3) 特殊传感器：任何一种能够把物体表面振动声波变成电量的传感器均可以用作声发射传感器，所以那些应用于超声检测领域的各种传感器具有用作声发射传感器的潜力，如利用光学原理测量物体表面微小位移和利用电磁原理测量微小位移的传感器。与传统的超声波传感技术相比，利用声发射传感器进行测量具有很多优点，但是由于声发射信号比较微弱，多数非压电原理传感器灵敏度不足，仅能在特殊场合使用。

另一种是利用压电原理制作的专用声发射传感器，它是改变规定声波的振动量，例如，平行于被测结构表面的振动量以及垂直于被测结构表面的振动量。因为这种传感器的实际应用效果还有待证实，所以现在只在试验研究中使用以及在特殊场合中应用。

3) 声发射传感器的应用

(1) 压力容器无损检测

压力容器属于特种设备，可能会导致爆炸或者中毒这种危害性比较大的事故发生。尤其是埋设在地下的压力容器在设备损坏或者发生爆炸等情况下，不但会对设备自身造成损坏，而且会对周边设施以及建筑物造成损坏，危害到人员生命安全。由此可见，加强对压力容器的管理十分重要。因此，对压力容器进行全面有效的检验对于保证压力容器安全运行具有重要意义。检验主要针对压力容器工作过程中由于介质、压力以及温度的作用所导致的裂纹、腐蚀、冲蚀、应力腐蚀裂纹、疲劳裂纹以及材料劣化缺陷进行研究,所以除了宏观检查之外还需要使用无损检测方法。

压力容器检测是声发射技术运用得最为成功、最为广泛的一个领域。声发射技术主要用于压力试验中对压力容器的检测,但随着我国地下工程数量的增加,对压力容器的检验要求也越来越高,特别是对于一些有活性缺陷的管道或设备,为了避免盲目抽检而影响到产品的安全使用性能,采用声发射传感器对其进行检测已成为趋势。声发射能准确地识别出各种活性缺陷,并通过局部复验达到 100% 的精度,而且不受焊缝长度和检测时间限制,具有明显的经济效益。声发射技术也可对压力容器进行在线监测与评价,判定压力容器安全等级,并给出合理维修计划;在线监测通常应用在背景噪声较低、运行平稳、可变载等工况条件下。压力容器中声发射传感器排列如图 1.54 所示,图中数字为声发射传感器安装位置。

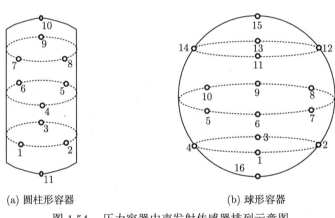

(a) 圆柱形容器   (b) 球形容器

图 1.54　压力容器中声发射传感器排列示意图

(2) 岩石材料的声发射技术

由于声发射能够对脆性物体中微裂纹生成和扩展过程进行持续和实时监测,所以声发射对于脆性材料损伤演化研究来说是一种很好的检测技术,这一点是其他方法所不能实现的。而随着现代测试技术的发展以及工程实践的需要,越来越多的学者开始关注这一问题并开展相关研究工作。岩石作为一种典型的脆性固体材料,具有明显的非均匀性特点,且在岩石破裂失稳过程中,由于应力集中和局部应变引起的裂隙不断萌生和扩展,当应力达到一定程度时,就会激发出弹性波和声发射。岩石中的声发射现象是研究岩石变形破坏过程以及裂纹萌生、扩展及贯通等规律的重要手段之一,也是揭示岩石内部结构损伤与破坏机理的重要途径。我们可以从不同应力状态下声发射信号特征来推测岩石内部结构变化规律,继而有效地反映岩石破坏程度及破坏机制乃至反演岩石破坏及破坏机理。

1.3.4 振弦式传感器

1. 基本原理

地下工程测试中振弦式传感器的应用十分广泛，它的基本原理是通过改变振弦的张拉应力从而改变振弦的振动频率。根据弦的振动微分方程可以推导出钢弦的张拉应力与振动频率的关系，即

$$f = \frac{1}{2L} \times \sqrt{\frac{\sigma}{\rho}} \tag{1-66}$$

式中，f 为振弦的振动频率；L 为振弦的有效长度；σ 为振弦的应力；ρ 为振弦材料的密度。

此类传感器的钢弦振动频率是最为重要的参数，根据传感器振弦振动形式的不同主要分为自激式和他激两种。

如图 1.55(a) 所示为自激式：传感器振弦两侧放有永久磁铁，工作时弦面中通有脉冲电流，脉冲电流在磁场的作用下使弦面产生振动。起振时，弦会以导体的形式在磁场内移动，并感应到交变电动势，通过对感应电动势频率的测量，得到振弦的自由振动频率。

如图 1.55(b) 所示为他激式：将激励线圈和测量线圈分别置于振弦两侧。激励线圈是由软磁铁组成，测量线圈是由永久磁铁或软铁块构成。激励线圈产生的脉冲电流经振弦的一次反射后再进行起振。振弦的振动导致线圈磁路中产生交变电动势，而感应电动势的振动频率和振弦的自由振动频率相等，如果振弦是铁磁材料，软铁块就可以省略。

对于深井井下压力的测量，由于地下空间有限，操作不便，应尽量减少传感器的连线，一般采用间歇振荡电路，可使连线最少。如图 1.55(c) 所示，其输出波形是一个衰减振荡但频率不变，因此可通过频率测量得到被测非电量的数值。

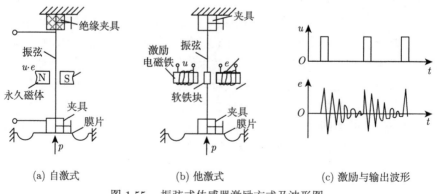

(a) 自激式   (b) 他激式   (c) 激励与输出波形

图 1.55   振弦式传感器激励方式及波形图

2. 振弦式传感器的应用

1) 振弦式土压力盒

振弦式土压力盒的钢弦有效长度 L 和钢弦材料的密度 ρ 为定值,钢弦频率只由张拉应力确定,钢弦的张拉应力又受外来压力 P 的影响,钢弦频率与薄膜所受压力 P 满足式 (1-67)

$$f^2 - f_0^2 = KP \tag{1-67}$$

式中,f 为土压力盒受压后的钢弦振动频率;f_0 为土压力盒未受压时的钢弦振动频率;P 为土压力盒感应膜所受压力;K 为标定系数,与压力和构造等因素有关,各土压力盒的标定系数存在差异。

2) 振弦式扭矩传感器

利用振弦频率特性可以制作振弦式扭矩传感器,其构造如图 1.56 所示。此传感器主要由两个套筒、凸台以及两根振弦组成,当传感器受到扭矩的作用时,两个套筒之间发生相对转动,带动套筒上的凸台发生转动,此时两根振弦 A 和 B 中一根受拉而另一根受压,引起振弦振动频率的变化。弹性形变范围内轴向扭转角与外加扭矩成正比,振弦振动频率平方差与两端承受的应力成正比。由此,可以通过检测来自传感器两根振弦 A 和 B 的频率而得到轴上所受扭矩。

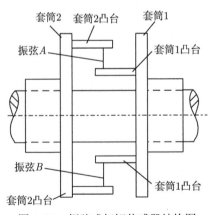

图 1.56 振弦式扭矩传感器结构图

3) 振弦式加速度计

利用振弦频率特性可制得振弦式加速度计,其构造结构如图 1.57 所示。振弦式加速度计由质量块、端盖、振弦、传感器外壳等组成。在两侧端盖上引线通交流电,能引起质量块两侧振弦 A 和 B 振动。交流电经电源调节后,在一定范围内,随着交流电压的增大,上下两端振弦间的谐振频率逐渐减小;当无加速度作用时，两端振弦的谐振频率特性相同；在有加速度情况下，质量块受加速度影响，惯性力使振弦产生强迫振动，振弦两侧频差正比于加速度。

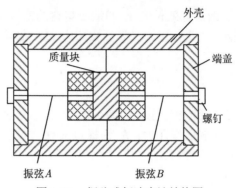

图 1.57   振弦式加速度计结构图

　　为确保该类加速度计正常运行，必须对振弦 A 和 B 的初始张力进行调整，以维持弦丝振荡频率恒定，可以通过对两侧端盖和螺钉进行调整实现。振弦加速度计具有灵敏性好、测量范围广等优点，在多个领域中均有应用，在地下工程中常用作振动监测。

1.4   误差与数据处理

　　地下工程监测是通过相关传感器测得一些变量，进而研究这些变量之间相互变化的规律。由于测量误差的存在，被测量的真值与测量值之间总是存在一定的差异，这类差异主要来源于测试方法的不完善、测试设备的不稳定、周围环境及施工等因素的影响。在实际地下工程监测中，一般是以参考量值或以无系统误差的多次重复测量值的平均值代替真值。为了评定测试数据的误差来源及其影响，需要对测试数据进行分析和研究。

1.4.1   误差的基本性质与处理

1. 误差概念

　　测量值和被测真实值之差叫作误差，测量时误差是不可避免的，但可通过对误差产生的原因进行分析，研究误差的规律，以达到减小误差和提高精度的目的。而经过数据采集之后，能够通过对试验数据的科学处理提高测量精度。

2. 误差分类

　　无论采取什么措施,所观测的数据与被测量真实值之间总存在一定的误差,根据测量误差的性质和产生的原因，主要可分为：系统误差、过失误差、偶然误差三种。

1) 系统误差

系统误差由于方法不当或者受测试环境条件限制等原因造成，分为固定系统误差和可变系统误差。所谓固定系统误差，是指整个监测数据总是有一符号恒定的固定数字偏离，如零点漂移和仪器调试偏差造成的误差即为固定系统误差。可变系统误差是指误差非固定的误差，这些误差可以为规律性累进变化，也可以为周期变化或者按照其他复杂规律发生变化，如温度、湿度及其他环境条件改变所导致系统误差。有些系统误差是可以通过改进仪器性能、改善试验环境及操作方法进行消除的。系统误差大致可以分为：监测系统误差与环境条件误差，它具有恒偏一方、数值大小按照某种规律改变等特征。

(1) 监测系统误差：包括监测传感器，仪表本身的测量特性 (如线性度、重复性及迟滞性等) 所造成的误差，电缆本身的传输特性 (如电阻及频率等)，测量时的绝缘性能所产生的误差，或者其他设备所引入的误差等。

(2) 环境条件误差：因各种环境因素和标准状态不符而导致测量装置或者被测量体自身改变而产生误差，如温度、湿度和振动干扰等。

2) 过失误差

主要是测量人员在工作中的疏忽而产生的失误，例如，错读数据、测点和测读数据的混乱以及数据记录上的差错等，从而导致监测数据出现了不允许出现的差错。当这些误差超过规定时，就会影响到测试数据的正确性和可靠性。对于过失误差，测量工作人员在测量过程中多加注意，是完全可以避免的。

3) 偶然误差

同一种情况下，对同一个量进行多次测量，误差的绝对值并不为定值，但随着测量数量的增多，误差的平均值趋于零，这就是抵偿性误差，这种误差叫做偶然误差或随即误差。测量数据去除过失误差，尽量消除与校正系统误差后，其余以偶然误差为主。它的存在将直接影响到最终测量结果的精度。偶然误差主要是由于偶然因素造成的，例如，电源电压的波动、仪表末位读数的估计不准、环境因素干扰等。

偶然误差具有随机性质，它不能由试验方法来控制，但使用同一种仪器，在同等条件下对某一量作多次测定，其偶然误差在观测数量充足时遵循正态分布这一统计规律，所以又称为随机误差。

如图 1.58 所示曲线称为误差正态分布曲线，曲线的函数为

$$y = \frac{1}{\sqrt{2\pi}\sigma} e^{-\frac{x^2}{2\sigma^2}} \qquad (1\text{-}68)$$

式中，σ 为标准误差。

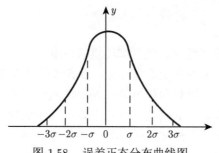

图 1.58　误差正态分布曲线图

由图 1.58 可见，误差小者较误差大者值发生的概率较大，大小一致而符号相反，即正负误差发生的概率则差不多相等。因此误差发生的概率和误差大小有一定关系，在无系统误差情况下，无穷大次数测量结果之平均值可表示真值，反之则可能产生错误结论。通过对误差落入一定范围的测量值发生概率进行计算得知：

误差在 ± σ 内出现的概率为 68.3%；误差在 ± 2σ 内出现的概率为 95.5%；误差在 ± 3σ 内出现的概率为 99.7%。

一般情况下，99.7%可认为代表多次测量的全体，所以 ±3σ 叫做极限误差。误差超过 ± 3σ 时的概率只有 0.3%，因此，在多次重复测量中数据误差的绝对值大于 3σ 的数据，应予以剔除。

3. 误差的表示与计算

1) 平均误差

平均误差是各个测量点的绝对误差的平均值，即

$$\delta_{\text{平均}} = \frac{\Sigma |d_i|}{n} \tag{1-69}$$

式中，n 为测量次数；d_i 为第 i 次的测量误差，$i = 1, 2, \cdots, n$。

2) 标准误差

为消除平均误差带来的弊端，对误差做了平方处理，使大误差体现得更加显著，很好地代表了数据离散程度。所以说标准误差对精密度有良好的指示作用，又把标准误差称为均方根误差，它在统计学中被定义为

$$\sigma = \sqrt{D\left(x\right)} = \lim_{n \to \infty} \sqrt{\frac{1}{n} \sum_{i=1}^{n} \left(x_i - \mu\right)^2} \tag{1-70}$$

式中，μ 是被测量的真值。

由于真值 μ 在测量过程中是不能确定的，在工程中一般以算术平均值 $\overline{X}$ 作为被测量真值的最佳估计值。因此用 $\overline{X}$ 代替 μ，用 s 作为标准误差 σ 的估计值，此时有

$$s = \lim_{n \to \infty} \sqrt{\frac{1}{n} \sum_{i=1}^{n} \left(x_i - \overline{X}\right)^2} \tag{1-71}$$

由于 s^2 不是 σ^2 的无偏估计值，需要把得到的 s^2 乘上 $n/(n-1)$ 才是 σ^2 的无偏估计值，此时有

$$\sigma^2 = \frac{n}{n-1} s^2 = \frac{n}{n-1} \cdot \frac{1}{n} \sum_{i=1}^{n} \left(x_i - \overline{X}\right)^2 = \frac{n}{n-1} \sum_{i=1}^{n} \left(x_i - \overline{X}\right)^2 \tag{1-72}$$

为了区别总标准差，用 s 作为总体标准偏差 σ 的无偏估计值，则有

$$s = \sqrt{\frac{1}{n-1} \sum_{i=1}^{n} \left(x_i - \overline{X}\right)^2} = \sqrt{\frac{1}{n-1} \Sigma d_i^2} \tag{1-73}$$

这就是贝塞尔公式 (Bessel formula)，标准偏差并非特定误差，σ 大小仅能表明特定条件下等精度测量集合下属各观测值分散于各自算术平均值中，若 σ 值较小表明各测量值分散于算术平均值中，则测量精度高，否则精度较差。

3) 相对误差

以上两种误差为绝对误差，为建立绝对误差与被测值之间的关系，引入相对误差的概念，其公式可见式 (1-2) 和式 (1-3)。

4. 精度、精密度和准确度

精度是反映测量结果与被测真实值接近程度的量，其与误差大小相对应，测量的精度越高，测量的误差就越小，精度又包括精密度和准确度两部分。

1) 精密度

所谓精密度，就是同一被测值经过多次反复测定的吻合度，它与真值没有直接关系，可采用偏差进行衡量，偏差愈小则精密度愈高。精密度能反映偶然误差影响的大小，精密度越大说明偶然误差越小。

2) 准确度

准确度指测定值相对于被测真实值偏移程度的大小，它以误差为量度，误差越小说明测定准确度越高。下面用图 1.59 来进一步判别精密度与准确度之间的联系。图 1.59(a) 中，每个黑点都在圆心处，分布比较集中，说明精密度、准确度都比较高，所以精度也比较好；图 1.59(b) 中，尽管每个黑点分布比较集中，但偏离

圆心处，说明精密度不佳，准确度也比较高；图 1.59(c) 中，黑点不仅偏离圆心，且每个黑点分布都比较散，说明精密度与准确度都很低。

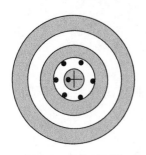 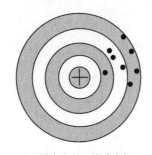 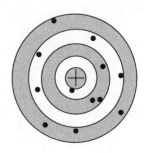

(a) 精密度和准确度均较好　　　　(b) 精密度差、准确度好　　　　(c) 精密度差、准确度差

图 1.59　精密度和准确度的关系

5. 检验误差的方法

寻找错误数据并进行误差分析主要依据系统误差、过失误差以及偶然误差，根据不同种类监测数据的分布情况进行判断。一般是用人工判断与计算机分析结合的办法，用两种办法结合进行检验。

1) 对比检验方法

一致性分析：对相同测点当前实测值和前一次观测值之间的关系进行分析；相关性分析：将相同测次内该测点和前后，左、右、上、下相邻测点的观测值比较，根据仪器监测值之间的相关关系，比较检验方法采用传统的逻辑分析方法。一致性分析是以时间角度为考察对象，相关性分析则是以空间角度为评判对象，再利用数理统计方法考察资料中误差类型，进行误差分析处理。

2) 统计检验方法和步骤

(1) 数据整理：将原始数据以某种方式，例如按照大小排列、以频率分布方式展示一组数据分布、计算其数字特征、权衡离群数据等。

(2) 数据的方差分析：被测物理量按照随机规律受一个或多个不同因子影响，用方差分析方法进行数据处理，判断哪些或哪种因素对被测物理量的影响最为显著。

(3) 数据的曲线拟合：数据拟合就是在一系列实测数据的基础上，找出一个能更好地反映其变化规律及变化趋势的函数关系式，一般都采用最小二乘法。

6. 误差处理方法及不完整数据的处理

1) 减小系统误差的方法

根据具体监测项目的要求，选用合适的监测仪器，为减少系统误差，通常选用精度高、稳定性好的仪器，并且根据系统误差产生的原因对测试数据进行修正。

2) 控制偶然误差

针对不同的检测项目，在检测的全过程中强化监督管理，提升测量作业人员的水平来避免偶然误差。偶然误差一般遵循正态分布原则，在对数据处理时应进行检验。

3) 避免人为错误

可以通过加强对测量作业人员的培训，规范测量流程，强化测量管理的方法，来避免人为错误。在数据处理阶段可以发现，这类误差的值通常是较大的，必须排除此类数据。

4) 不完整 (或缺损) 数据的处理

在测量过程中，如果出现仪器损坏、数据传输线断裂、受停电和施工等情况的影响，会导致采集的数据不完整。为避免此类问题发生，在仪器安装过程中应做好保护措施，应根据具体工程的实际情况选用抗拉抗破坏能力强的数据传输线，加强监测组织管理，协调好监测与施工之间关系。对不完整的数据，可以采用插值法、回归分析法和类比法对缺失数据进行补充。

1.4.2 试验数据的表示方法

在地下工程监测中通常有两个以上的变化物理量，所获得的试验数据需通过某种方法来处理与表达，通常采用的试验数据表达方法主要有以下三种：列表法、作图法和方程式法。这三种试验方法各有优缺点，需根据实际情况选用，下面对三种试验数据表示方法进行介绍。

1. 列表法

列表法是将试验数据中的自变量与因变量的各个数值按一定的形式和顺序对应列出来。列表法是最常用的方法之一，也是最基本的数据表示方法。在前一阶段，需按照测试预期目的与内容合理设计数表规格与格式，做到名称清晰、题旨清楚、能突出重要数据与计算结果，然后按顺序逐项填写，最后将结果以表格形式输出。列表法有许多优点：可以方便地进行各种形式的参考比较；其不足之处在于用同一个表表达多个变量之间的变化时没有作图法那么直观和清晰。

1) 列表法注意事项

表的序号、名称及说明应按其先后顺序排出序号，并写出简明扼要的名称。当需要对表格内容进行补充时，可在表格下方进行补充解释。表中每一行和每一列的第一栏要详细写出名称及单位，并尽量用符号表示。

2) 列表法数据书写规则

数据为零时记为 "0"，数据空缺记为 "–"。同一竖行的数值，小数点要上下对齐，保留位数一致。当数值过大或过小时，用指数的方法表示。表内所有数值，有效数字位数应取舍适当，要与试验要求的精度相对应。

2. 作图法

作图法即在所选坐标系下，以试验数据为基础绘制图形以表示试验结果的一种方法，它实际上是一种以图像表示科学语言的方法，一般以散点图为代表。常用的有直线图，直线图又分为直角坐标系下的直线图与极坐标轴上的直线图两类。作图法具有能够清晰地表现出研究结果中诸如极大值、极小值、转折点、周期性和量的变化速率等奇异性变化的规律与特征，其形式简洁直观易于对比，若作图法曲线够平滑，则可以对变数进行微分与积分处理，有时也可以用图形求出测试中难以得到的数值，应用范围更广。

1) 作图法的用途

在数据处理时采用作图法可以用来：求内差值、求外推值、作切线求函数的微商、求经验方程、求转折点和极值等数值。

2) 作图法的步骤和规则

作图法的步骤主要包括：坐标系的选择、坐标轴的分度、坐标轴的标记、根据数据描点、画出曲线 (散点图不需要连线)、写图名。

坐标轴的分度系指规定坐标轴每一小格所代表的数值，分度时应遵循以下原则。

(1) 使用直角坐标作图时，习惯上以自变量为横轴，因变量为纵轴。

(2) 坐标分度值不一定从零点开始，在任意一组测量数据中，自变量和因变量均有最低值和最高值。

(3) 直线是最易作的图，使用也最为方便。当数据呈非直线关系时，可以采用取对数、倒数等方法，将其变成直线，常用的曲线函数变为直线函数的变换方式如表 1-1 所示。

表 1-1   曲线函数变为直线函数的变换方式

方程式	变换	直线方程式
$y = ax^b$	$Y = \lg y, \quad X = \lg x$	$Y = \lg a + bX$
$y = a + \dfrac{b}{x}$	$X = \dfrac{1}{x}$	$y = a + bX$
$y = \dfrac{1}{a + bx}$	$Y = \dfrac{1}{y}$	$Y = a + bx$
$y = \dfrac{x}{a + bx}$	$Y = \dfrac{x}{y}$	$Y = a + bx$
$x \cdot y = z$	$Y = \lg y, \quad X = \lg x, \quad Z = \lg z$	$Y = Z - X$

当测量数据量较少，图上相应的点数量也较少，不足以反映自变量和因变量的对应关系时，可以将点与点之间通过直线联系起来组成折线图。当数据点很多时，应用平滑连续的曲线连接数据点。

3. 方程式法

将试验结果以数学经验方程式的形式表示出来，不仅途径简便，能为进一步的试验设计与理论探讨提供基础与线索。因此它是一种很有价值的研究手段。数学经验方程可采用图解法求出，如一元线性回归方程、多元线性回归方程及非线性回归等；对多因素作用下函数式可采用正交回归和旋转回归得到。

1) 图解法

将各个测量数据的点，描于坐标上，当自变量和因变量呈线性关系时，数据为一条直线，该直线方程为式 (1-74)

$$y = bx + a \tag{1-74}$$

式中，b 为斜率，a 为截距，斜率和截距可用截距斜率法或端值法求得。

但是在大多数情况下，根据测量数据描点所得图形是曲线，此时可判断经验方程式应有的形式，然后再用试验数据验证。

2) 一元线性回归方程

若自变量与因变量之间为直线关系时，因测量存在误差，基于测试数据做出的线只能为近似直线。对于这种直线来说，若它们之间符合某种数学形式 (如对数或对数变换)，就能用一种方法求得其相应的线性代数方程组。根据以上条件下的试验数据做出的直线要满足每一点与直线偏差平方和最小，所得方程就是一元线性回归方程。

一元线性回归分析就是研究两变量线性变化的问题。当一组测量结果经过数据处理后，利用回归分析发现了两变量之间函数关系近似表达式，即为经验公式。将自变量和因变量在直角坐标系上做成散点图，当这些散点近似在一条直线上，此时可认为自变量和因变量呈良好的线性关系即 $y = f(x)$ 是线性函数，可用 $y = a + bx$ 函数进行回归，用最小二乘法求回归系数 a，b。最小二乘法原理如式 (1-75)

$$M = \sum_{i=1}^{n} (y_i - \overline{y_i})^2 = \sum_{i=1}^{n} (y_i - a - bx_i)^2 \tag{1-75}$$

如果式 (1-75) 取最小值，显然有式 (1-76) 和式 (1-77)

$$\frac{\partial M}{\partial a} = -2 \sum_{i=1}^{n} [y_i - (a + bx_i)] = 0 \tag{1-76}$$

$$\frac{\partial M}{\partial b} = -2 \sum_{i=1}^{n} [y_i - (a + bx_i)] = 0 \tag{1-77}$$

得回归系数 a, b 计算式 (1-78) 和式 (1-79)

$$a = \overline{y} - b\overline{x} \tag{1-78}$$

$$b = \frac{\sum\limits_{i=1}^{n} x_i y_i - \dfrac{1}{n} \sum\limits_{i=1}^{n} x_i \sum\limits_{i=1}^{n} y_i}{\sum\limits_{i=1}^{n} x_i^2 - \dfrac{1}{n} \left(\sum\limits_{i}^{n} x_i\right)^2} \tag{1-79}$$

剩余标准差 s 和相关系数 r 分别通过式 (1-80) 和式 (1-81) 进行计算，通常用相关系数来判断线性关系及其回归精度。

$$s = \sqrt{\frac{1}{n-2} \sum_{i=1}^{n} (y_i - \overline{y_i})^2} \tag{1-80}$$

$$r = b \sqrt{\frac{\sum\limits_{i=1}^{n} (x_i - \overline{x}_i)^2}{\sum\limits_{i=1}^{n} (y_i - \overline{y}_i)^2}} \tag{1-81}$$

3) 多元线性回归方程

多元线性回归中，一个因变量开始由多个自变量来决定，所以它的方程的形式就变成了多元线性回归方程，其数学模型为

$$y = \beta_0 + \beta_1 x_1 + \beta_2 x_2 + \cdots + \beta_m x_m \tag{1-82}$$

通过试验数据求出回归系数只能是 β_i 的近似值 $b_j (j = 1, 2, \cdots, m)$。把估计值 b_j 作为方程的系数，就可得到经验公式，把 n 次测量得到的 $x_{ij} (i = 1, 2, \cdots, n$, 为测量系数; $j = 1, 2, \cdots, m$, 为所含自变量的个数) 代入经验公式，就可以得到 n 个 y 的估计值 $\hat{y}_i$, 即为式 (1-83)

$$\begin{cases} \hat{y}_1 = b_0 + b_1 x_{11} + b_2 x_{12} + \cdots + b_m x_{1m} \\ \hat{y}_2 = b_0 + b_1 x_{21} + b_2 x_{22} + \cdots + b_m x_{2m} \\ \cdots \\ \hat{y}_m = b_0 + b_1 x_{n1} + b_2 x_{n2} + \cdots + b_m x_{nm} \end{cases} \tag{1-83}$$

通过相应的测量得到 n 个 y_i 值，根据剩余误差的定义，得到误差方程式 (1-84)

$$\begin{cases} y_1 = b_0 + b_1 x_{11} + b_2 x_{12} + \cdots + b_m x_{1m} + v_1 \\ y_2 = b_0 + b_1 x_{21} + b_2 x_{22} + \cdots + b_m x_{2m} + v_2 \\ \cdots \\ y_n = b_0 + b_1 x_{n1} + b_2 x_{n2} + \cdots + b_m x_{nm} + v_n \end{cases} \tag{1-84}$$

若想通过 n 次测量得到的数据 y_i 和 x_{ij}，求出经验公式中 $m+1$ 的回归系数。即被求值有 $m+1$ 个，而方程有 n 个，在试验测量中，通常 $n>m+1$，即方程的个数多于未知数个数，可利用最小二乘原理，求出剩余误差平方和为最小的解，即式 (1-85)

$$Q = \sum_{i=1}^{n} v_i^2 = \sum_{i=1}^{n} (y_i - \hat{y})^2 = \sum_{i=1}^{n} (y_i - b_0 - b_1 x_{i1} - b_2 x_{i2} - \cdots - b_m x_{im})^2 \quad (1\text{-}85)$$

根据微分中极值定理，当 Q 对多未知量的偏导为 0 时，Q 才达到其极值，故对 Q 求各未知量 b_j 的偏导并令其为 0，得式 (1-86)

$$\begin{cases} \dfrac{\partial Q}{\partial b_0} = -2 \sum_{i=1}^{n} (y_i - \hat{y}_i) = 0 \\[4mm] \dfrac{\partial Q}{\partial b_j} = -2 \sum_{i=1}^{n} (y_i - \hat{y}_i) x_{ij} = 0 \end{cases} \quad (1\text{-}86)$$

将式 (1-86) 展开得到式 (1-87)

$$\begin{cases} v_1 + v_2 + \cdots + v_n = 0 \\ x_{11}v_1 + x_{21}v_2 + \cdots + x_{n1}v_n = 0, \ j = 1 \\ x_{12}v_1 + x_{22}v_2 + \cdots + x_{n2}v_n = 0, \ j = 2 \\ \cdots \\ x_{1m}v_1 + x_{2m}v_2 + \cdots + x_{nm}v_n = 0, \ j = m \end{cases} \quad (1\text{-}87)$$

误差方程式和式 (1-87) 可用矩阵形式写为式 (1-88) 和式 (1-89)

$$y = bx + v \quad 或 \quad v = y - xb \quad (1\text{-}88)$$

$$x^{\mathrm{T}} v = 0 \quad (1\text{-}89)$$

其中 y、x、v、n 如下

$$y = \begin{pmatrix} y_1 \\ y_2 \\ \vdots \\ y_n \end{pmatrix}, \quad x = \begin{pmatrix} 1 & x_{11} & x_{12} & \cdots & x_{1m} \\ 1 & x_{21} & x_{22} & \cdots & x_{2m} \\ \vdots & \vdots & \vdots & & \vdots \\ 1 & x_{n1} & x_{n2} & \cdots & x_{nm} \end{pmatrix},$$

$$v = \begin{pmatrix} v_1 \\ v_2 \\ \vdots \\ v_n \end{pmatrix}, \quad n = \begin{pmatrix} n_1 \\ n_2 \\ \vdots \\ n_m \end{pmatrix} \quad (1\text{-}90)$$

故将式 (1-89) 代入式 (1-90) 得式 (1-91)

$$x^{\mathrm{T}} (y - xb) = 0 \quad 即 \quad x^{\mathrm{T}}y - x^{\mathrm{T}}xb = 0 \tag{1-91}$$

由式 (1-91) 可得式 (1-92)

$$x^{\mathrm{T}}xb = x^{\mathrm{T}}y \quad 即 \quad b = \left(x^{\mathrm{T}}x\right)^{-1} x^{\mathrm{T}}y \tag{1-92}$$

求解正规方程式或求出矩阵式，即得多元线性回归方程的系数的估计矩阵 b，即经验系数 b_0、b_1、b_2、$\cdots$、b_m。

为了衡量回归效果，还要计算以下四个量。

偏差平方和 Q，即

$$Q = \sum_{i=1}^{n} \left[y_i - (b_0 + b_1x_{1i} + b_2x_{2i} + \cdots + b_mx_{mi})\right]^2 \tag{1-93}$$

平均标准差 s，即

$$s = \sqrt{\frac{g}{n}} \tag{1-94}$$

复相关系数 r，即

$$r = \sqrt{1 - \frac{Q}{d_{yy}}} \tag{1-95}$$

其中，$d_{yy} = \sum_{i=1}^{n} \left(y_i - \bar{Y}\right)^2$，$\bar{Y} = \sum_{i=1}^{n} y_i / n$。

偏相关系数 V_i，即

$$V_i = \sqrt{1 - \frac{Q}{Q_i}}, \quad i = 1, 2, \cdots, m \tag{1-96}$$

其中，Q_i 由式 (1-97) 计算

$$Q_i = \sum_{i=1}^{n} \left[y_i - \left(a_0 + \sum_{\substack{k=1 \\ k=\pm j}}^{n} a_k x_{ki}\right)\right]^2 \tag{1-97}$$

V_i 越大，说明 x_i 对于 y 的作用越显著，此时不可把 x_i 剔除。

4) 非线性回归

当自变量和因变量之间不呈线性关系时，此时属于一元非线性回归问题，其处理步骤为：根据测量数据绘制散点图，根据散点图的分布规律，选取合适的曲线函数进行回归。若函数可以转化为线性函数形式，那么在回归时首先对上述函数经过数学变换使之成为线性函数形式，再通过一元线性回归进行处理。若函数不能变换为线性函数形式，则采用最小二乘法进行迭代法回归。

$$y = f(x, \{b\}) \tag{1-98}$$

式中，x 为变量；$\{b\} = [b_1, b_2, \cdots, b_n]^{\mathrm{T}}$ 为欲求之回归系数。

设 $\{b_0\}$ 为 $\{b\}$ 的初始近似值，将 $y = f(x, \{b\})$ 用泰勒级数展开，并取其近似值。

下面以围岩支护结构的监测数据为例，对进行回归分析时的注意事项进行介绍：

(1) 回归分析的数据量不应过少；

(2) 在传感器安装前，围岩实际已经发生位移，在进行回归分析时，应考虑实际发生位移时间 t_0 的影响；

(3) 若采用爆破的方法进行施工，应考虑爆破对围岩位移的影响。

根据测量数据绘制的围岩支护结构的时间–位移曲线、距离–位移曲线，如图 1.60 所示。由图可见，围岩的位移随时间和距离掌子面距离的增长而逐渐趋于稳定，说明所用围岩支护结构是科学合理的。图中也对反常曲线进行了举例，可见在初期位移首先呈增长的趋势，而后逐渐趋于稳定，随时间和距掌子面的距离的继续增加，位移出现明显的增长，说明此时围岩的支护结构已逐渐趋于不稳定的状态。

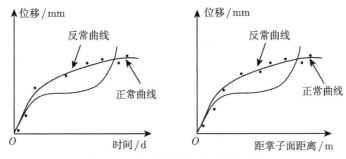

图 1.60　时间 (距离) 和位移曲线图

1.4.3　位移监测数据分析中常用的回归函数

在地下工程位移监测数分析中，常用的位移回归函数进行，主要有以下几种。

1. 地表沉降横向分布规律

通过对不同种类地下工程施工引发地表沉降的大量实测数据进行统计分析，Peck (1969) 提出了地层损失这一概念，即不考虑土体排水固结及蠕变等因素，得到一系列地层相关沉降槽宽度近似回归模型，即 Peck 公式：

$$S(x) = S_{\max} \mathrm{e}^{-\frac{x^2}{2i^2}} \tag{1-99}$$

式中，$S(x)$ 为距隧道中线 x 处的沉降值；$S_{\max}$ 为隧道中线处最大沉降值；x 为从沉降曲线中心到计算点的距离；i 为沉降曲线变曲点。

2. 位移历时回归方程

对地下工程中位移的历时曲线，通常采用如下三种函数模型进行分析。

(1) 指数模型

$$y = a\mathrm{e}^{-\frac{b}{t}} \tag{1-100}$$

(2) 对数模型

$$y = a \lg(1 + t) \tag{1-101}$$

(3) 双曲线模型

$$y = \frac{t}{a + bt} \tag{1-102}$$

式中，t 为监测时间 (单位：天)；y 为 t 时间对应的位移值；a、b 为回归系数。

3. 沉降历程回归方程

在地下工程中部分沉降或位移受时空效应的影响，若采用单个曲线进行分析则不符合实际情况，为解决这个问题，通常采用以拐点为对称点的两条分段指数函数式 (1-103) 或指数函数 (1-104) 进行近似回归分析。

$$\left.\begin{array}{l} S = A\left[1 - \mathrm{e}^{-B(x-x_0)}\right] + U_0 \quad (x > x_0) \\ S = -A\left[1 - \mathrm{e}^{-B(x-x_0)}\right] + U_0 \quad (x \leqslant x_0) \end{array}\right\} \tag{1-103}$$

$$S = A\left(1 - \mathrm{e}^{-Bx}\right) \quad (x \geqslant 0) \tag{1-104}$$

式中，A，B 为回归参数；x 为距开挖面的距离；S 为距开挖面 x 处的地表沉降；U_0 为拐点 x_0 处的沉降值。其中，地表纵向沉降量一般采用式 (1-103) 计算；拱顶下沉、净空收敛量一般采用式 (1-104) 计算。对于式 (1-104)，当 x 较小时，S 趋于 0；若 S 不趋于 0，需考虑监测结果的可靠性。

1.4.4 常用数据处理软件介绍

1. Excel 表格

Excel 是微软公司的一款办公软件，是强大的数据分析软件，被广泛用于工程测量数据处理中。这款软件不仅能进行数据的统计计算，还可以进行图片的绘制。但是，Excel 存在着一些不足之处，无法很高效地处理大规模数据集。Excel 中收录了三百多个函数，主要涉及文本函数、逻辑函数、三角函数、对数函数、统计函数、查询函数等，能够实现数据统计整理、排序检索、大数据分析、随时查询等所有操作，对于大多数应用领域的数据与分析都十分适用，还能够使用宏与 Visual Basic 自定义函数来实现对客户的特殊要求。

2. Origin 软件

Origin 是由美国 OriginLab 有限公司研发的一种具有科研制图、统计分析功能的应用软件，具有简便易懂、使用灵活、功用强劲等优点，既能够解决普通用户的科研制图需求，又能够解决特殊用户对于高级应用分析、函数拟合的问题。Origin 的数据分析功能十分全面，具有数据统计、信号处理、峰值分析和曲线拟合等；在数据分析的基础上，能够根据用户需求绘制各种各样的图形，具有二维、三维等多种绘图模板可供选择；且 Origin 具有对数据格式进行转换的功能，既能直接导入 ASCII、Excel、pClamp 在内的多种数据，也能将数据生成为 JPEG、GIF 等多种形式的图片。

3. Matlab 软件

Matlab 由 MathWorks 公司研发，是一款能够作为大数据研究、信息可视化、统计分析和数字运算的先进设计语言和交互平台，主要分为 Matlab 和 Simulink 两个部分。Matlab 具有数据分析、算法编程、建立模型等多种功能，能够根据用户需要进行数据的快速处理和计算；软件中具有的二维和三维绘图函数，以及立体可视化函数，能够对数据实现可视化的操作；与 Excel 表格、Origin 软件相比，Matlab 语言具有较高的操作难度，需要用计算机语言编写程序。

课 后 习 题

1. 简述现代测试技术的功用。

2. 常用的测试系统有哪些？
3. 测试系统的主要性能指标有哪些？
4. 简述三种电类传感器的特点和应用。
5. 简述光纤传感器的工作原理。
6. 简述误差的产生及其处理方法。

第 2 章　边坡工程监测技术

2.1　边坡工程监测的目的

我国是世界上地质灾害最为严重的国家之一，我国地质灾害类型、成因及分布情况如表 2-1 所示。经相关统计，仅滑坡这一项灾害每年的发生频率就超过数百万次，给国家和人民造成了严重的经济损失。针对此问题，国家也投入了大量的资金进行滑坡的防治工作，仅 2013 年至 2017 年四年间投入就超过 700 亿元人民币。通过对边坡工程进行实时动态的监测，能够实现对滑坡进行有效的预警，对于保护人民群众的生命财产安全具有重要意义。

表 2-1　我国地质灾害类型、成因及分布情况

灾种	成因	分布情况
滑坡	降雨、地震、人为工程活动	云贵川、黄土高原、秦巴山区
泥石流	地形险峻山区暴雨、暴雪或其他灾害	西藏、四川、甘肃、云南
崩塌	地震、融雪、降雨、地表冲刷	中南、西南地区
地裂缝	地质活动、岩土体开裂	广泛分布
地面塌陷	岩溶、人为工程活动	广泛分布

滑坡岩石体通常呈现出非均质性和各向异性，在挖掘、堆载、降水、河道冲击、库水位上升和地震等外界荷载影响下，很容易进入局部或暂态的大变化以及不稳态滑动状态。从岩石力学的视角出发，滑坡治理工程就是利用某些结构人造地给原滑坡岩石体增加一些外力作用，或是经过人造地改变原来滑坡的环境，最后使之获得相应的力学均衡状态。但鉴于滑坡内岩石力学影响的复杂性，从地理勘测到工程设计中都不能够充分考察内部的真实力学效应，因此当前的设计工作基本都是在较大程度的简单计算上完成的。全面反映滑坡岩土体的实际力学效应，以及明确监测方案设计、施工单位的工程安全性和处理后的边坡稳定性状况，对边坡工程检测工作有着至关重要的意义。但这是一项复杂的系统工程，不仅有赖于监测技术本身的可靠性、先进性，也在很大程度上取决于监测队伍对现场工程地质条件及工况掌握得是否准确、充分。

边坡岩土体通常表现出非均质性和各向异性的特点，极易在开挖、堆载、降雨、河流冲刷、库水位上升和下降以及地震等外在荷载的作用下进入局部或者瞬

态的大变形甚至失稳滑动状态。因此，对这些问题必须给予充分重视，目前边坡治理已成为国内外工程界研究的热点问题之一。岩土力学作为边坡治理中最重要的理论之一，其研究目的就是要使边坡岩土体在各种外力作用下能保持相对稳定，从而保证边坡处于一个合理的力学平衡状态之下。边坡在长期运行过程中，由于各种岩土力学作用的影响，会产生一些与地质勘查不相符的现象，这些现象往往不能反映出实际情况下的真实力学效应，这就导致了当前设计工作中存在着很多不合理之处，例如，材料选择不当、工艺不规范以及缺乏必要的监测等问题，从而造成了大量的简化计算。因此，如何有效地获取边坡岩土体中的真实力学效应及其影响因素，以保证其分析结果的可靠性，判断边坡稳定状态，已成为边坡工程监测的重要内容之一。然而，边坡工程是一个复杂的系统工程，它不仅取决于监测技术自身的可靠性和先进性，而且还主要依赖于测量人员能否准确和全面地把握现场的工程地质条件和监测条件。

边坡监测工作的首要任务是对设计的正确性进行检验，保证边坡的安全性，并通过对监测数据进行反演，对其内部力学作用进行分析，在积累大量数据资料为其他边坡设计与施工提供参考信息的同时，对边坡失稳特征信息进行捕捉并发布预警预报信号，边坡工程监测之目的可细分成下列五项。

(1) 为边坡设计及其后期施工提供必要参考数据，如边坡内部的岩土体分布、水文条件等。

(2) 边坡监测可以获取较全面的地质资料 (测斜仪监测及无线边坡监测系统等)，以及边坡变形发育动态信息，以查明边坡不稳定范围，以及崩滑体边界条件、大小等。

(3) 通过边坡监测查明了不稳定边坡滑动，蠕变变形特征和失稳模式。能够根据监测数据研究其发展变化规律，揭示了滑坡的触发机理并对滑移方向及速率，滑坡出现时间及危害性进行了预测预报，同时通过监测可以开展岩土体时效特性的相关研究工作，从而为必要防治措施的实施提供了重要信息。

(4) 评价边坡加固和使用全过程的质量和效果。在此期间，通过监测地下水位、边坡变形、加固荷载和应变，来控制施工速度和流程，对原设计和施工组织方案提供调整和改进意见，并及时为可能出现的危险情况提供预警，监测结果也能够对已经出现的滑坡进行评价和分析。

(5) 为边坡的稳定分析和预测提供重要数据，如位移分析和数值模拟计算。通过有限的取样和室内试验，通常很难获得岩土的各种特征参数。此时，在获取位移等测量数据的基础上建立计算模型，可以获得更合理、更准确的模型参数。

2.2 边坡工程监测内容

2.2.1 边坡工程监测分类

按照监测周期的不同，通常将边坡工程的监测分为施工过程监测、边坡治理效果监测和长期监测三项，其中以前两项的监测为主，下面对边坡工程的三种监测进行介绍。

施工过程监测是在施工过程中，对边坡的变形、应力和地下水进行监测，监测结果可作为指导施工和反馈设计的重要依据，是边坡施工过程中的一个重要环节。施工安全监测会实时监测边坡体的情况，从而掌握边坡因施工扰动和其他因素而产生的变化情况，并及时调整工作布置和合理安排施工进度。当进行施工安全性监测时，应将测量点设于边坡失稳或干扰较大的区域，并通过各种方法互相验证。为了保证监测资料能够及时反映边坡的稳定性，为相关部门提供科学的指导，在边坡稳定、干扰较少的情况下，监测频率控制在 8 至 24 小时进行一次。

边坡治理效果监测，能够对边坡的治理效果进行评价，判断治理后边坡的稳定性。通过边坡监测既能够掌握边坡的变形和失效特点，也能够根据实际工程情况进行监测。通过分析监测数据可以直观地反映出施工的实际情况，能更好地了解项目施工过程中边坡的变形特点，为后期的工程竣工验收工作奠定基础。此类型的监测，通常需要持续一年以上，监测频率通常为 7 至 10 天一次，当外部干扰很大的时候，比如在大雨的期间，需要提高监测频率。

边坡的长期监测是指在边坡治理后，对边坡进行长期的监测，以一类边坡为主。通常是沿着边坡的主剖面进行，监测站的设置数量低于前两种类型的监测。监测频率通常为 10 至 15 天一次，必要时应根据实际情况增大监测频率。

2.2.2 边坡工程监测项目的确定

边坡工程监测内容的确定应从多个方面进行综合考虑，按边坡类型的不同可将其分为一类、二类、三类边坡工程。一类边坡工程的监测要求较高，通常需要建立综合立体监测网，并且采用长期监测；二类边坡工程，建立以群测为主的长期监测点；对于三类边坡工程，建立群测为主的简易长期监测点。常见的边坡监测项目，如表 2-2 所示。

根据边坡失稳后所造成的后果的严重性，将边坡分为三个安全等级如表 2-3 所示，且对于同一边坡工程，可根据具体的工程情况，将其分为不同的安全等级区域。表中对于破坏后果的定义有三类，分别为很严重，即造成重大人员伤亡或财产损失；严重，即可能造成人员伤亡或财产损失；不严重，即可能造成财产损失。

表 2-2   边坡工程监测项目表

监测项目	监测内容	测点布置	方法与工具
变形监测	地表大地变形 地表裂缝位错 边坡深部位移 支护结构变形	边坡表面 裂缝 滑带 支护结构顶部	经纬仪、全站仪 GPS、引伸仪 钻孔测斜仪、测缝计 多点位移计、应变仪等
应力监测	边坡地应力 锚杆 (索) 拉力 支护结构应力	边坡内部 外锚头 锚杆主筋 结构应力最大处	压力传感器 锚杆 (索) 测力计压力盒 钢筋计、应变计等
水文信息监测	孔隙水压力 水流量 动水压力等	出水点 钻孔 滑体与滑面	孔隙水压力传感器 水位自动记录仪等
环境信息监测	雨量 温度 地震等	坡表	雨量计、温度计、 地震检波仪

表 2-3   边坡工程安全等级

边坡类型		边坡高度 H/m	破坏后果	安全等级
岩质边坡	岩体类型为 I 或 II 类	$H \leqslant 30$	很严重	一级
			严重	二级
			不严重	三级
	岩体类型为 III 或 IV 类	$15 < H \leqslant 30$	很严重	一级
			严重	二级
		$H \leqslant 15$	很严重	一级
			严重	二级
			不严重	三级
土质边坡		$10 < H \leqslant 15$	很严重	一级
			严重	二级
		$H \leqslant 10$	很严重	一级
			严重	二级
			不严重	三级

以边坡的安全等级为依据确定边坡工程监测项目,如表 2-4 所示,表中 H 为边坡高度。

表 2-4   边坡工程监测项目选择

测试项目	测点布置位置	边坡工程安全等级		
		一级	二级	三级
坡顶水平位移和垂直位移	支护结构顶部或预估支护结构变形最大处	应测	应测	应测
地表裂缝	墙顶背后 1.0H (岩质) ~1.5H (土质) 范围内		应测	选测
坡顶建 (构) 筑物变形	边坡坡顶建筑物基础、墙面和整体倾斜	应测	应测	选测
降雨、洪水与时间关系	—	应测	应测	选测
锚杆 (索) 拉力	外锚头或锚杆主筋	应测	选测	可不测
支护结构变形	主要受力构件	应测	选测	可不测
支护结构应力	应力最大处	选测	选测	可不测
地下水、渗水与降雨关系	出水点	应测	选测	可不测

2.2.3 测点布点原则及监测频率

在边坡工程的监测设计中，先根据监测计划的需要，确定其主要的监测项目，并根据其主要滑动方向及滑移面的大小，选择典型的监测断面，然后根据断面的具体情况布置监测点。

1. 监测断面布置

监测断面一般选择在地质条件较差，变形较大和可能发生破坏的地段，例如存在断层、裂隙和危岩体的地段，或者边坡坡度较大和稳定性较差的部位，或者构造具有代表性的地段。主要断面与次要断面应该按地质条件优劣，边坡坡度高低，构造是否具有代表性来划分，主、次断面可分二至三级。重要断面设置监测项目及仪器应多于次要监测项目，相同监测项目应并行设置，确保结果可靠并互相验证。考虑到平面上和空间上的延伸，各测线需按照一定的规律组成监测网，既可以一次建成，又可以根据不同时间、不同需要分期组建。十字形布置最适用于主滑方向和变形范围明确的边坡，在主滑方向上布设地下位移监测孔，具有较好的经济性；放射形布置适合边坡中主滑方向及变形范围无法清晰预估的边坡，测线布设时可以采用不同走向的交叉布置，能以有限工作量满足监测要求。

2. 监测网点的布置

监测网不仅要在平面上，还要在主要滑面和可能滑面等空间分布中加以反映。在岩性和地层的交界面处、不同风化区均设有观测站，以便在不同时期进行科学合理的监测。

1) 大地测量变形监测的布置

监测网点是高程工作的基础点，它是进行横向和纵向变形观测的基础点，监测网点必须设置在相对稳定的区域内，并与滑坡区域相隔足够的安全距离。在满足滑坡监测的要求下，监控点数目不宜太多；滑坡上的监控点应首先突出重点、兼顾全局，尽量设置于滑坡前后缘、裂缝及地质边界等部位。对于边坡上存在的地层位移，要尽可能在地下位移测点的周围设置点，以便相互比较和验证。监测网点必须设置在稳固的地基上，尽可能地不设在软弱表面，且为减少观测工作量，监测点数量不宜太多；对垂向位移进行监控的水平点，应当设置在滑坡体外，并与监控网点的高程体系一致。

(1) 变形监测网的布置

在保证坐标精度的前提下，建立满足点位高程精度要求的精密水准网；当达到边坡整体的控制要求时，监测点数目不宜太多；为了保证监测网络中坐标的精度，监控网络的图形强度应该尽量高。当地形变化大、交通条件不便，进行精密观测有难度时，应构建立体监测网络。

(2) 水平位移测点垂直位移监测点的布置

常用的水平位移测点布置的方法有视准线法、联合交会法、边交会法、角前方交会法等，在实际工程监测中，应根据具体情况选择适用的方法。

视准线法适用于能在两边均能设置监测点的边坡，并且测点间无遮挡的情况，所有测点均可以在视准线上观测到，而对于大范围狭长或测点间存在遮挡的滑坡，则不能采用这种方法。

联合交会法是通过在监测点上设站观测，即可实现对同一边坡面上的多个测点的同步观测，具有较高的监测精度。在受地形制约的情况下，可以利用角侧方交会法来进行辅助测量，以达到更好的测量效果。

边交会法是指以两个或更多的监控点为基准，通过观测得到基准点与监测点之间的距离和高差。这种方法观测方便，精度高，可以实现自动观测，但是对监测网点的交通条件具有一定的要求。

角前方交会法是指在两个以上的监测网点设置一个站点，对一个特定的测点进行观测，并获取相应的坐标数据。这种方法的优势在于仅在监测网点上设置站点，适用于滑坡即将发生、不便进行近距离滑坡测量的场合。

垂直位移监测点的布置，通常采用水准测量法或测距高程导线法等大地测量法布置。

2) 边坡裂缝监测点布置

边坡裂缝监测仪器一般安装于裂缝易发生的地方，如断层、夹层、层面，以及边坡马道、斜坡或滑坡的地表等位置。

3) 边坡地面倾斜监测点布置

对于滑坡特征部位的确定，如滑坡前后缘、滑出口、主轴等特征部位，均要在前期地质调查的基础上进行；可在马道、排水洞、监测支洞等位置设置人工边坡测点；边坡采用加固措施后，抗滑挡墙、抗滑桩等结构物的顶部或侧面布置测点。

4) 地下位移监测点布置

在确定了滑动平面后，可以在滑动面上和下分别安装固定式测斜仪，对边坡的倾斜状态进行监测。对于天然边坡，在边坡前、后缘至少设置一处监测点，监测点的位置应根据地质分析和理论计算等结果进行确定，应特别注意岩土体易破坏、易滑坡的区域；对于人工边坡，则宜布置在边坡各级马道上。监测钻孔必须穿越可能发生滑动的滑动面，且与地面上的水平位移监测点之间的间距不宜过大，以便进行对比。

5) 地下水位和孔隙水压力监测点布置

地下水位监测所用钻孔位置，应选取在边坡上的峰顶或不同高度的马道上。孔隙水压力的监测点宜布置在边坡监测断面与排水洞交汇处，当边坡中布置有钻孔测斜仪时，可以对钻孔孔底的孔隙水压力进行监测。

3. 监测频率

对于不同类型和不同阶段的边坡, 其监测的时间和频率取决于工程阶段、工程规模和坡体的变化速度等。监测频率受限于边坡的规模和监测的工作量, 针对特定的项目, 在建设的前期和大规模的爆破阶段, 监测频率应根据具体的情况进行调整。

对于不同状态下的边坡, 监测频率存在一定的差异, 在初期和稳定蠕变条件下, 主要进行地表和地下的位移监测, 监测频率为初测时每日或两日一次, 施工阶段 3~7 日一次, 后期运营阶段 (边坡的变形及变形速率在允许范围内时) 每两个月左右监测一次, 雨季时监测频率应适当增加。当边坡的变形及变形速率增加时, 也应及时增大监测频率。

2.2.4 边坡工程监测计划与实施

边坡工程监测计划的科学性和合理性直接影响监测效果, 由于边坡工程的监测计划的制定过程涉及地质勘查、前期设计和后期施工等多个方面, 所以在制定过程中应综合全面考虑具体边坡工程的实际情况, 监测计划一般应包括下列内容:

(1) 选择监测项目和方法, 确定监测测点或监测网络的位置, 选择符合监测要求的监测仪器和传感器, 并确定各个仪器的安装方法及监测频率;

(2) 监测数据的采集及记录方法;

(3) 监测数据的处理方法;

(4) 监测数据的大致控制范围, 以作为预警的依据;

(5) 利用前期监测数据, 对后期数据进行预测;

(6) 监测过程中的具体管理方法及面对特殊情况应对措施;

(7) 通过分析监测数据修正设计的方法;

(8) 测网布置图和文字说明;

(9) 监测设计说明书。

计划实施须解决如下三个关键问题:

(1) 通过监测过程, 得到可靠的监测数据;

(2) 利用监测数据, 对边坡稳定性进行预测;

(3) 建立健全科学的监测管理体系, 规范日常监测。

2.3 边坡工程监测方法

边坡工程监测常用的方法主要有四种, 分别为简易观测法、设站观测法、仪表观测法和远程监测法。通过对边坡的监测, 能够全面认识滑坡的变形机制, 对地质灾害预防与加固措施进行科学合理的指导, 并利用监测数据对边坡进行综合评价，获得边坡的各项特性，并对滑坡的动力特性进行分析，对滑坡进行有效的预警，为今后的防灾、减灾工作奠定基础。

2.3.1 简易观测法

简易观测法是指对滑坡、沉降、地面隆起、地表裂缝等现象进行人工观测的一种方法，可用于对坍塌、滑坡等宏观变形征兆进行实时监控，以宏观上把握边坡的变化及发展规律。简易观测法的常用方法为在边坡的岩石和陡壁裂缝上用红色颜料画出观察标志，在陡坎薄弱夹层等易发生破坏的部位，安装简单的观察标桩，并定时测量裂缝的长度、宽度和深度的变化情况，以及裂缝的形态和延伸趋势。简易观测法的原理简单、易于操作，非常适用于对变化速率较大的边坡进行宏观变形监测。

2.3.2 设站观测法

设站观测法是根据对边坡的勘探结果，在易发生重大危险的滑坡变形区建立起一种线性或网格状的变形观测点，并在变形区之外的稳定性区域内建立一个固定的观测站。采用经纬仪、水准仪、测距仪、摄影仪、全站式电子速测仪、GPS接收机等对形变区域的立体位移进行实时监控。设站观测法又主要可分为：大地测量法、近景摄影测量法、GPS(全球定位系统) 测量法等测量方法。

1. 大地测量法

大地测量法是利用变形范围以外的稳定观测点作为参考，可以直接监控边坡面的位移量，且不受限于量程，可以监测整个边坡变形过程，为边坡的稳定性评价提供依据。目前已知的测量方法有：两方向前方交会法、双边距离交会法、视准线法、小角法、测距法、三角网法、导线法、边角网、几何水准测量法、精密三角高程测量法等。对于不同测量项目，应选取适用的方法。例如，二维水平位移的监测通常采用前方交会法、距离交会法，单向水平位移的监测采用视准线法、小角法、测距法，竖向位移则采用几何水准测量法、精密三角高程测量法。

2. 近景摄影测量法

近景摄影测量法是一种根据 300 米范围内拍摄到的影像来确定物体形态、几何位置和尺寸的技术。一般将近景摄影仪置于两个不同的测点上，以监控各个测点的空间坐标，适用于危岩临空面上的裂隙变形和坡面变形的监测。

3. GPS (全球定位系统) 测量法

GPS 是基于卫星的无线导航系统，其原理如图 2.1 所示。该方案具有全天候、连续性和实时定位的功能。利用其优点，可将其用于对边坡面三维坐标、变形速率、时间的实时监控。GPS 技术在边坡的变形监控中具有不受选点限制、不会受到气候条件的影响、能够全天候测量观察点的立体坐标和移动观测点的速度等特点；该技术尤其适用于对地形复杂，建筑物密集，通视条件较差的滑坡进行立体位移检测。目前，在我国 GPS 技术已成功应用于边坡监测中，如三峡水库滑坡变形、川口滑坡变形监测。

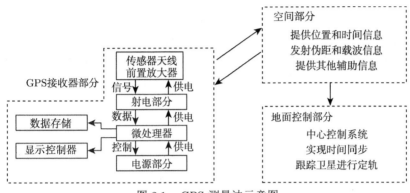

图 2.1　GPS 测量法示意图

以上三种设站观测法各有优缺点，对于不同类型的边坡工程，应根据工程实际情况选择合适的测量方法。三种测量方法的优缺点如表 2-5 所示。

表 2-5　三种测量方法的优缺点

测量方法	优点	缺点
大地测量法	能确定边坡地表变形范围； 测量量程不受限制； 能观测到边坡体的绝对位移量	受到地形通视条件限制和气象条件的影响； 工作量大，周期长，连续观测能力较差
近景摄影测量法	具有周期性重复摄影方便；外业省时省力； 可同时测定多点在某一瞬间的空间位置， 像片资料可随时进行比较	在观测的绝对精度有待提高， 精度不及某些传统的测量方法
GPS 测量法	观测点之间无需通视，选点方便； 观测不受天气条件的限制； 观测点的三维坐标可以同时测定， 对于运动的观测点能精确测出它的速度； 测量精度高	GPS 接收机价格较昂贵， 会极大增加边坡工程的监测成本

2.3.3　仪表观测法

仪表观测法是边坡工程监测中最为常用的监测方法，顾名思义此方法是利用各种仪表传感器对边坡的各项物理量进行监测。按照所用仪表的原理的不同，可分为机测法和电测法两大类。由于仪表的种类多种多样，每种仪表的量程、精度等参数也存在差异，所以应根据实际边坡工程的具体监测要求，选用合适的仪器。而且由于边坡工程监测的环境较为恶劣，应选用稳定性和耐久性好的仪表，所选的仪器应遵循以下原则。

(1) 所用仪表具有较好的耐久性和可靠性；

(2) 仪表的各项参数能够满足监测的要求；

(3) 根据监测环境的具体情况，仪表应满足防水、防潮、耐高温等性能；

(4) 仪表应配套合理的数据转换、数据采集、数据传输、数据存储设备；

(5) 仪表应符合国家相关规范，并且具有相关的检验报告；

(6) 仪表应采用较为先进的传感技术，提高监测性能；

(7) 仪表监测数据采集应尽量采用自动采集的方法，配合相关数据处理系统，能够及时处理监测数据，通过滑坡预警模型，实现险情的及时预警。

2.3.4　远程监测法

长距离无线通信是这种技术的根本特征，远程监测法具有高度的自动化、24小时不间断监测、省时省力及安全性高等优点，是未来监测领域的一个发展趋势。它的不足之处在于：仪表质量会严重影响监测效果，因此对仪表的装配工艺及长时间工作的稳定性要求较高。若在边坡工程监测中，仪器故障率较高，数据传输时可能出现中断，影响监测数据的采集，且后期维护成本较高。

2.4　边坡工程变形、应力、地下水监测

边坡工程监测按监测的参数主要可以分为边坡变形监测、边坡应力监测、边坡地下水监测，下面对这三种边坡监测的常用仪器进行介绍。

2.4.1　边坡变形监测

变形监测是边坡监测中一种常用的监测项目，常用的方法有两种：一种是利用红外仪、经纬仪、水准仪、全站仪、GPS 等测量仪器进行测量；另一种是通过裂缝计、钢带和标桩、地面位移计等进行监测。边坡变形监测主要包括地面变形、地表裂缝和地下深部变形监测。

1. 地面变形监测

滑坡通常不是突然发生的，在其破坏之前，往往存在较长的变形发育阶段。通过对边坡岩土进行变形的监测，不仅能对滑坡进行预测，而且还能根据其动态的变化情况来监测边坡的稳定性。在进行监测时，需要结合边坡工程的实际情况，确定相应的监测项目和监测点。

1) 大地变形监测

在边坡监测中，大地变形监测是一种常用的监测手段。大地变形监测主要是在一个相对稳定的区域内设立一个基准点，并在被测区域内布置监测点或安装相关传感器的监测点，从而定期对被测区域的变形情况进行监测。

主要监测内容为边坡体水平位移、垂直位移以及变化速率。点位误差要求不超过 ± (2~5) mm,水准测量中误差小于 ± (1.0~1.5) mm/km。对于土质边坡,精度可适当降低,但要求水准测量中误差不超过 ±3.0 mm/km。边坡表面位移观测网按照布设方法的不同,主要可分为三类如图 2.2 所示,其中十字交叉网法适用于面积较小,且狭长的边坡;放射状网法适用于地势开阔、面积较小,且有测点处可以通视整个网络覆盖的地貌的情况;对于情况复杂的大型边坡,则采用任意观测网法。

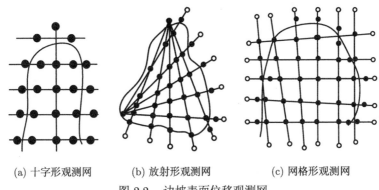

(a) 十字形观测网	(b) 放射形观测网	(c) 网格形观测网

图 2.2 边坡表面位移观测网

2) 仪器地面变形监测

在边坡地面变形监测中常用的仪器为位移计,下面对几种常用的位移计,如引张线式水平位移计、钢弦式土体位移计、滑动电阻式土体位移计进行介绍。

(1) 引张线式水平位移计

引张线式水平位移计主要由外水平保护管、外伸缩节、钢丝锚固点、钢丝、导向轮等构件组成,如图 2.3 所示。从设计的测点处引出钢丝线,所用钢丝线的线膨胀系数应尽量小,为保护钢丝线,其外套有保护管,钢丝线一直引到观测房内,通过引导带轮,将重物悬挂于引出线的一端。当测点处发生水平位移时,带动钢丝线发生移动,通过测量钢丝线的位移量,即可得到测点处的水平位移。

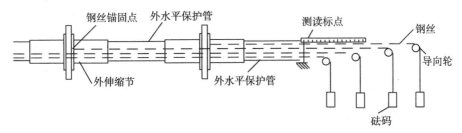

图 2.3 引张线式水平位移计示意图

(2) 钢弦式土体位移计

钢弦式土体位移计是基于振弦原理制成的传感器，其主要构件为振弦式传感器、滑动杆、弹簧线圈以及外壳，如图 2.4 所示。在测量过程中，滑动杆等传力构件会受到相应的力，为提高测试精度要求这些传力构件在长期监测过程中不能发生较大的变形。且所用弹簧线圈的变形量与所受力的大小应呈良好的线性关系。在监测前，先将土体位移计的两端安装于被测土体中，当土体发生相对位移时，带动端头法兰移动，位移计中的传力构件和弹簧线圈随之发生变化，最终位移信号被传递杆传至传感器由读数装置测得读数。

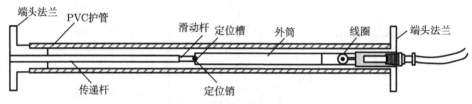

图 2.4   钢弦式土体位移计示意图

(3) 滑动电阻式土体位移计

滑动电阻式土体位移计也称 TS 变位计，因其具有稳定性高、易安装等优势，在边坡工程监测中应用较为广泛。滑动电阻式土体位移计主要由左端盖、法兰、传感元件、连接杆以及内外护管组成，如图 2.5 所示。在监测前，先将位移计的两端与被测土体相连，当被测土体发生位移时，由法兰带动连接杆移动，使电位器产生电压的变化，根据位移量与电压之间的线性关系，即可得到土体的位移量。滑动电阻式土体位移计使用的注意事项如下。

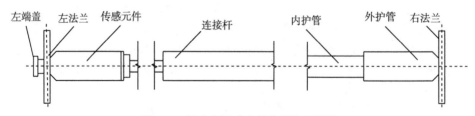

图 2.5   滑动电阻式土体位移计示意图

为了确保监测的精度，滑动电阻式土体位移计在安装时，必须确保法兰与被测土体之间不会发生较大的相对位移。根据具体工程的监测需求，既可以使用单支位移计进行测量，也可以将多支位移计串联使用。

2. 地表裂缝监测

张性裂缝的产生与发展常常是岩土发生不稳定的先兆，因而在发生此类裂缝时，应及时对边坡状态进行监测。监测的主要指标有：裂缝的张开速率及裂缝两侧的扩展状况，若裂缝张开速度骤增或在裂口外侧有明显的垂直下降或转动，则表明边坡已处于不稳定状态。

1) 地表裂缝简易监测

地表裂缝简易监测是指在裂缝出现位置安装简易的监测装置，常用的简易监测装置如图 2.6 所示，再通过伸缩仪、位错仪对装置进行测量即可得到裂缝的位移量。此方法适用于规模较小、地层分布简单的边坡裂缝监测，量测精度 ±(0.1～1.0) mm。

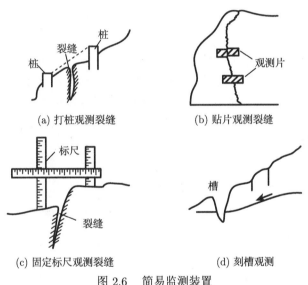

(a) 打桩观测裂缝   (b) 贴片观测裂缝

(c) 固定标尺观测裂缝   (d) 刻槽观测

图 2.6 简易监测装置

2) 地表裂缝仪器监测

目前，测缝计是测量边坡表面裂缝最为常用的传感器，该传感器能够对岩体与岩体之间的相对位移量、岩体间的裂隙、岩体的变形与错动、断层破碎带的变形等进行监测。单支使用为单向测缝计，将多支测缝仪联合使用，即为双向测缝计和三向测缝计。

(1) 单向测缝计

单向测缝计适用于施工现场或其他结构表层的裂缝监测，能在恶劣的工作环境下对结构的裂缝和接缝进行长时间的监测。为避免裂缝间剪切变形对测量结果的影响，测缝计的两端通常安装有万向节，部分测缝计中带有温度传感器，能够对环境温度进行同步监测。按照工作原理的不同测缝计主要可分为振弦式和光纤光栅式两种。

振弦式测缝计是基于振弦原理制成的传感器，如图 2.7 所示。当被测结构发生变形时，带动测缝计中的传递杆发生位移，使测缝计的振弦频率发生变化。根据振弦频率和变形之间的线性关系，即可得到被测结构的变形量。

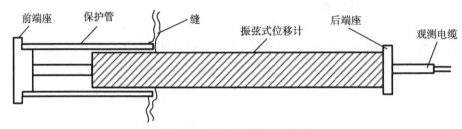

图 2.7   振弦式测缝计示意图

光纤布拉格光栅测缝计是基于光纤光栅传感技术制成的传感器，如图 2.8 所示。此传感器主要由内部的光纤光栅传感器、连接杆、外筒等构件组成，当被测结构发生变形时，带动连接杆发生位移，使光纤光栅传感器的中心波长发生相应的变化，通过光纤光栅解调仪采集中心波长的变化，再经过换算即可得到被测结构的裂缝发展情况。

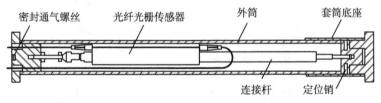

图 2.8   光纤布拉格光栅测缝计示意图

(2) 双向测缝计

双向测缝计是以单向测缝计为基础，将两只测缝计组合使用，分别对水平方向和竖直方向的裂缝进行同步监测。在安装过程中，需要配合支架来使用，如图 2.9 所示。

(3) 三向测缝计

三向测缝计由三支测缝计组成，主要是在双向测缝计的基础上，外加一支横跨方向 (水平) 的传感器，测量水平方向测量缝的开合情况，三向测缝计的结构如图 2.10 所示。

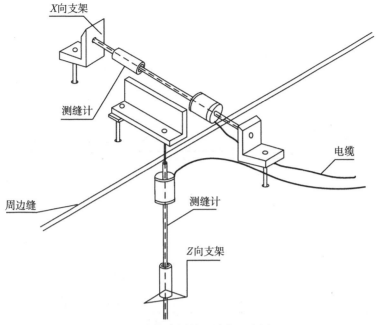

图 2.9 双向测缝计结构示意图

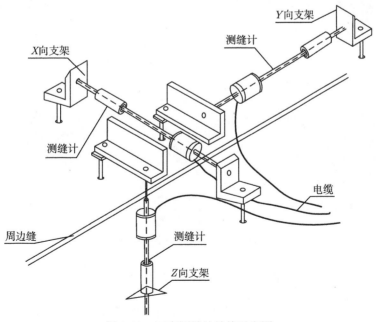

图 2.10 三向测缝计结构示意图

　　将测缝计安装于监测点，可用于监测测点的裂缝发展情况，测缝计不仅能够
应用于边坡工程中，在建筑、桥梁、管道等工程的裂缝监测中也较为常用。测缝
计与测点之间通常采用锚头进行连接，按照锚头种类的不同，主要可分为焊接锚
头安装、灌浆锚头安装以及膨胀锚头安装，如图 2.11 所示。在边坡工程地表裂缝
监测中，通常采用膨胀锚头安装和灌浆锚头安装。

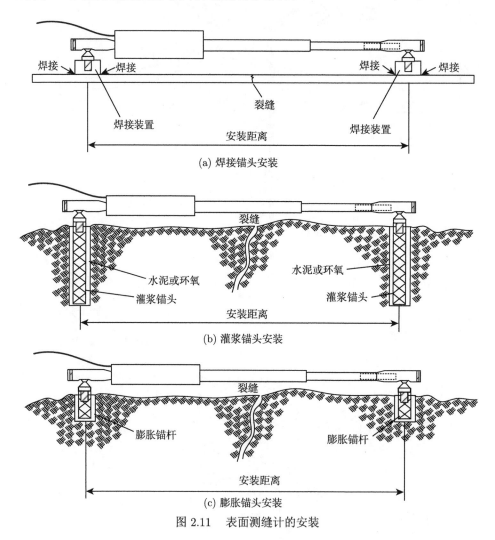

(a) 焊接锚头安装

(b) 灌浆锚头安装

(c) 膨胀锚头安装

图 2.11　表面测缝计的安装

3. 地下深部变形监测

　　边坡位移监测是监测边坡整体变形的一种主要手段，它将直接影响到治理项
目的执行和效果的检测。传统的变形测量方法具有覆盖范围广、精度高、直观性

好、易操作等优点，在边坡工程监测中的应用十分广泛。但是这些方法也存在着难以解决的缺点，如不能监控岩土体的蠕动情况，因而不能预测边坡的滑移位置。地下深部变形监测则可以有效地解决这个问题，更好地反映出边坡的深层变形，尤其是滑动面的变形。常用于边坡地下深部变形监测的传感器主要有钻孔引伸仪、钻孔测斜仪和分布式光纤传感器三大类。

1) 钻孔引伸仪

钻孔引伸仪是地下工程中常用的位移传感器，主要应用于位移量较大的边坡监测中。此仪器具有工作稳定、成本低廉的优点，但当钻孔深度过大时，难以进行安装，在钻孔中的布置比较烦琐，而且它的最大缺陷在于无法精确地定位滑动面的位置。钻孔引伸仪按照安装方法的不同，可分为埋设型和移动型，其中埋设型在安装后无法再次利用，经济性较差。

2) 钻孔测斜仪

钻孔测斜仪的工作原理如图 2.12 所示。将钻孔测斜仪的探头沿着测斜管，从下至上对每段深度处的倾角变化进行测量，根据每段的倾角值变化和每段的测读间距即可得到该段处的水平位移量。

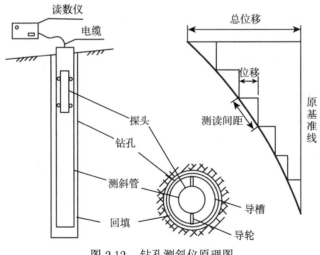

图 2.12 钻孔测斜仪原理图

在用钻孔测斜仪进行倾斜测量时，应进行两次测量，即在位移正方向和在测量头转动 180° 之后的反方向分别进行一次测量，以避免或减小测斜仪的零漂和安装偏差，用正、负两个方向测量值的代数平均值作为倾斜测量值。在边坡地下深部变形监测中，钻孔测斜仪具有较高的稳定性和精度，其工作范围可以达到 100 m，能够对不同深度下的岩土体变形进行连续的检测。钻孔测斜仪是一种用于监测边坡深层位移、判断潜在滑动面、分析其变形特征的仪器，目前已被广泛应用于边坡检测中。

3) 分布式光纤传感器

分布式光纤传感技术是 20 世纪 90 年代兴起的一种前沿监测技术。与常规传感器相比，光纤类传感器具有质量轻、体积小、防水、耐腐蚀、抗电磁干扰、灵敏度高，能实现大容量、长距离信息的实时检测等诸多优点。在边坡工程监测中，利用分布式光纤传感技术，能够实时采集到边坡中各个点的应变、温度等信息，从而减少了数据漏检的概率，可以用于监测边坡的深层位移，判断滑动面的位置、变形模式和破坏机理，以及边坡稳定性。这项技术已成功应用于长江三峡库区和抚顺西露天矿等滑坡治理工程中

4. 边坡变形监测资料的处理与分析

通过周期性的反复测量，可以得到边坡中岩土体的变形程度及方向。通过分析变形与深度的关系，可以确定滑动面的位置，并估算其变形量和速度。对监测所得坡体变形数据进行及时处理和核对，并绘出相应的实测数据图表。通过对变形数据的整理与分析，可以识别或判断边坡的局部移动、滑带变形、滑动周界等，从而对滑坡进行及时预警。在对测斜仪结果进行分析时，必须将边坡区域内的地质数据、水文降雨情况进行综合分析，若位移–深度曲线上的斜率突变处恰好与地质上的构造相吻合，则可以将此视为滑坡的控制区。

边坡的实测位移和实际位移存在着一些偏差，产生这种偏差的原因主要有两方面：一是所用仪器自身存在一定的误差，这是无法避免的；二是在数据处理过程中，做了两种假定：① 孔底处不发生位移；② 导管沿孔深不发生扭转。对于这两种假定，与实际情况存在一定的差异，尤其是第二种假定很难满足。受制造商的加工精度和安装技术等因素的影响，以铝管为例，在钻孔内的扭转可达到 $1(°)/3\ m$，因此导槽沿着深度所形成的表面不是一个平面，而是一个扭转的曲面，通过测量得到的位移，也并非同一方向的位移。为了消除导管扭转带来的误差，通常采用测扭转的仪器对测试结果进行修正。

边坡变形监测数据的处理和分析是边坡监测资料管理的一个主要内容，它可以预测和预警边坡的变形情况。边坡的变形资料处理可以分成两个步骤，第一步是对监测到的资料进行处理，通过对实测资料进行去噪处理，从而获得真实有效的变形数据；第二步是通过坡体的变形测量数据，对其进行研究，并对其变形规律进行预测和预警。

1) 边坡变形量测数据的预处理

在边坡工程监测中，通过各种仪器仪表监测所得变形数据，通常并非标准的平滑曲线。这是由于现场监测受到误差、开挖爆破、天气等诸多因素的影响，所绘出的曲线常呈现出波动、起伏和突变的特点，从而使得整个观察曲线的整体规律被掩盖，特别是对于位移变化速度低的变形体，振荡型的测量结果会影响后期

的数据分析。所以，消除扰动因素，将振荡型曲线转变成平滑的等效曲线，对于判断滑坡区域，建立其失稳预报模型具有重要意义。在边坡变形数据的预处理中，最常用的是滤波技术。

当绘制监测点的时间–位移曲线时，通常反复利用离散数据的邻点中值做平滑处理，将原有的振荡型曲线变成一条平滑的曲线。平滑滤波过程是先用每次监测的原始值算出每次的绝对位移量，并作出时间–位移过程曲线，该曲线一般为震荡曲线，然后对位移数据做六次平滑处理后，可以获得有规律的光滑曲线。如图2.13 所示，点 1'、2'、3'、4' 为点 1、2、3、4、5 中值平滑处理后得到的新点。

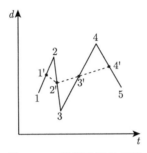

图 2.13　数据平滑处理图

2) 边坡变形状态的判定

通常可以根据边坡的时间–位移曲线，将边坡的变形状态分为三个阶段，如图 2.14 所示。

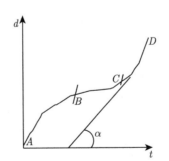

图 2.14　边坡变形的典型曲线形状

第一阶段为 AB 段的初始阶段，此阶段边坡的变形速率随时间的推移呈减小的趋势，位移时程曲线由陡变缓，曲线的切线角逐渐增大。

第二阶段为 BC 段的稳定状态，此阶段又叫作等速变形阶段，边坡的变形速率逐渐减小，趋于一个定值，位移时程曲线基本呈直线状态，切线角近似恒值。

第三阶段为 CD 段的非稳定阶段，此阶段又称为加速变形阶段，随时间的推移边坡的变形速率逐渐增大，位移时程曲线由缓变陡，曲线的切线角逐渐增大。

由上可见：位移历时曲线切线角的变化可以反映边坡变形速度。如果切线角持续增加，则表示其变形速度也在持续增加，也就是加速变形；反之，则在减速变形；当切线角恒定时，变形速度是恒定的。因此，根据切线角可以对边坡的变形状况进行判断。具体步骤如下。

对测量数据进行滤波处理后，得到时间–位移曲线，将曲线上各点的切线角分别计算出来，分别以时间和切线角作为横纵坐标，绘制直角坐标系，如图 2.15 所示。对这些离散点作一元线性回归，求出能反映其变化趋势的线性方程，即

$$\alpha = At + B \tag{2-1}$$

式中：α 为切线角；A、B 为待定系数。

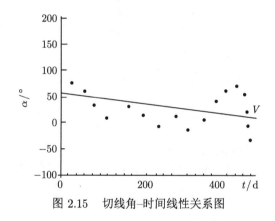

图 2.15　切线角–时间线性关系图

当 $A<0$ 时，式 (2-1) 为减函数，α 随 t 的增大而变小，变形处于减速状态；当 $A=0$，α 为一常数，变形处于等速状态；当且 $A>0$，式 (2-1) 为增函数，α 随 t 的增大而增大，变形处于加速状态。

A 值由一元线性回归中的最小二乘法得到，即

$$A = \frac{\sum_{i=1}^{n}(t_i - t)(\alpha_i - \alpha)}{\sum_{i=1}^{n}(t_i - t)^2} \tag{2-2}$$

式中，i 为时间序数，$i=1,2,3,\cdots,n$；t_i 为第 i 点的累积时间；t 为各点积累时间的平均值 $\left(\bar{t} = \dfrac{1}{n}\sum_{i=1}^{n} t_i\right)$；$\alpha_i$ 为滤波曲线上第 i 个点的切线角；α 为各切线角的平均值 $\left(\alpha = \dfrac{1}{n}\sum_{i=1}^{n}\alpha_i\right)$。

3) 边坡变形的预测分析

由于边坡滑动受水文地质条件、施工情况、降雨等多种因素的影响，其滑动过程较为复杂，确定性模型无法对其进行预测。目前，通常采用传统的统计分析模型进行预测分析。统计分析模型主要分为两种，一种是多元回归模型，另一种是非线性回归模型。两种模型各有优点，其中多元回归模型能够筛选回归因子，对时间因素的分析较为适用；而非线性回归模型与监测数据的拟合度较高，但是其最重要的问题是选取合适的非线性模型和参数。

对于多元线性回归，即

$$y = \alpha_0 + \sum \alpha_i t^i \qquad (2\text{-}3)$$

式中，α_i 为待定参数。

在进行非线性回归时，必须结合边坡工程的具体条件选取最优的回归模型。通过对各个观测点的数据进行回归，得到各个参数后，可以对整体的边坡进行定量分析和预测。在一般的情况下，非线性回归能够较好地反映边坡失稳的变化规律，而且在大部分情况下，这种方法更适合全面地进行滑坡的综合分析和预报。

2.4.2 边坡应力监测

在边坡工程监测中的应力监测主要有三类，分别为边坡内部应力监测，边坡岩体应力监测，边坡锚固应力监测。

1. 边坡内部应力监测

内部应力常用的传感器为液压式和电测式压力盒。其中，液压式的优点是原理简单、性能可靠，现场可以直接读数，使用比较方便，如图 2.16 所示。电测式的优点是精度高、稳定性高、能够实现远距离监测。

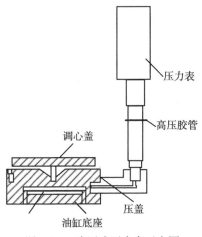

图 2.16　液压式压力盒示意图

在现场测量中,可采取传压囊来增加接触面积,防止因安装不当造成压力箱损坏或测量结果较小。囊中的介质通常是液压油,可以将负载以静水压力的形式传递给压力盒,不会造成囊内的腐蚀。钢弦式压力盒结构如图 2.17 所示。

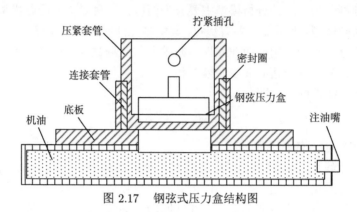

图 2.17　钢弦式压力盒结构图

压力盒的工作特性直接关系到测试结果的准确性和可靠性。对于钢弦压力盒,必须确保其工作频率,尤其是起始频率的稳定。所以,在压力盒使用之前,必须对其进行各项性能测试,稳定性测试,重复性测试,并对压箱进行标定和校准。在压力盒安装时,必须根据测量目的、测量对象等因素综合考虑后再进行安装。尽管压力盒的埋设流程十分简单,但是由于其体积大、重量大,安装过程中存在一定的困难。

表 2-6 是边坡内部应力监测常用的压力盒类型及使用特点,通过此表对边坡工程中常用的压力盒的工作原理、结构材料、使用条件以及其各自的优缺点进行了归纳总结。

表 2-6　边坡内部应力监测常用压力盒的类型及使用特点

工作原理	结构材料	使用条件	优缺点
单线圈激振型	钢丝卧式、钢丝立式	测岩土压力	构造简单;输出间歇非等幅衰减波,不适用动态监测和连续测量,难于自动化
双线圈激振型	钢丝卧式	测岩土压力、水压力	输出等幅波、稳定,电势大;抗干扰能力强,便于自动化;精度高,便于长期使用
钨丝压力盒	钢丝立式	测土压力、水压力	刚度大,精度高,线性好;温度补偿好,耐高温;便于自动化记录
钢弦摩擦压力盒	钢丝卧式	测井壁与土层间摩擦力	只能测与钢筋同方向的摩擦力

2. 边坡岩体应力监测

边坡岩体应力监测是指在大规模的边坡工程中,通过对边坡岩体应力的观测和分析,以确定其在施工中的应力变形规律。在边坡开挖之前,可以在地质勘探平洞中安装应力传感器，用来监测施工过程中的地应力变化。在我国绝对应力测试方法，一般采用钻孔、地下开挖和暴露面上刻槽造成岩体中应力变化，再利用各类探测器对应力变化进行监测。绝对应力的测试方法主要可分为两种，一种是直接测量法，另一种是间接测量法。直接测量是通过对已记录的补偿应力、平衡应力或其他应力的测定，不用考虑岩石的物理力学性质，扁千斤顶法、水压致裂法、刚性圆筒应力计以及声发射法都是这一类型。间接测量法是指通过监测一些与应力相关的物理量，然后利用公式计算应力值，如应力解除法、局部应力解除法、应变解除法、应用地球物理方法等都属于这种方法。

对于边坡岩体应力监测，通常采用钢弦式应力计、光弹应力计、锥形塞应力计等。由于要在整个施工过程中实施连续测量，因此测量所用传感器需要长期埋设在量测点上。

1) 钢弦式应力计

在边坡应力监测中，钢弦式应力计是较为常见的传感器，其中单轴钢弦式应力计最为常用。钢弦应力计主要由钢弦、线圈、钢筒组成，如图 2.18 所示。安装时，将钢弦应力计置于钻孔内，为了使应力计的钢筒与钻孔紧密接触，需采用压板和楔子进行固定。最常用的安装方式是钢弦与楔子在同一条直线上，当钢筒受到钢弦方向的压力时，钢弦张力降低；另一种安装方法是钢弦与楔子垂直，钢筒受压时，钢弦张力会增加。

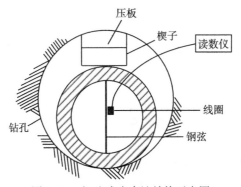

图 2.18　钢弦式应力计结构示意图

2) 光弹应力计

光弹应力计是一种新型的应力测试仪器。这是一种由空心玻璃制成的空心圆筒，将其埋入岩层或水泥层，在围岩或外部荷载的作用下，产生人工双折射现象，通过测量双折射条纹即可得到岩体的应力变化状态。按原理不同光弹应力计可分为透射式光弹应力计、反射式光弹应力计、双倍程反射式光弹应力计。为进一步提高监测精度，扩大反射式光弹应力计的观测距离，常采用双倍程观测系统，如图 2.19 所示。

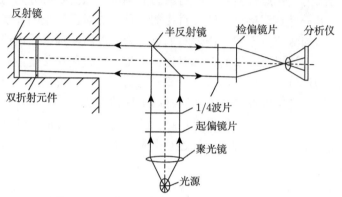

图 2.19   双倍程反射式光弹应力计结构示意图

3. 边坡锚固应力监测

边坡锚杆 (索) 是岩土体锚固工程中主要的受力构件，广泛应用于边坡的支护工程中。对边坡锚固力进行监测具有重要的现实意义，不仅能够确定锚固体与岩土层间黏结强度极限标准值、锚杆 (索) 设计参数和施工工艺，而且能够为锚杆 (索) 的正式施工提供参考和依据。

1) 锚杆轴力测量

锚杆锚固技术在边坡工程中应用广泛，锚杆轴力是评价锚杆工作状态的重要依据，按工作原理的不同测力锚杆主要可分为电阻应变式、机械式、钢弦式三类。

(1) 电阻应变式测力锚杆

电阻应变式测力锚杆是采用刻槽法，在锚杆表面刻出一浅槽 (沿轴向方向)，将电阻应变片通过黏结剂按一定间隔固定在浅槽内，待应变片安装完成后再用环氧树脂填充浅槽，如图 2.20 所示。在进行施工时，将电阻应变式测力锚杆固定在岩体的锚孔中，利用采集仪对应变片的应变状态进行数据采集，通过计算即可得到不同位置处的锚杆轴力。

(2) 机械式测力锚杆

机械式测力锚杆的原理较为简单，是通过在锚杆内部的不同位置安装不同长度的变形传递杆，其一端安装于相应的测孔中，而另一端则被固定在锚杆内部的不同位置，如图 2.21 所示。将机械式测力锚杆安装于锚孔中，在测量过程中，用千分表等位移测量仪表对传递杆的位移进行监测，通过换算即可得到锚杆所受的轴向应力的大小。

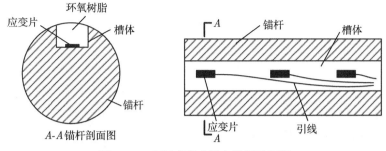

图 2.20 电阻应变式测力锚杆示意图

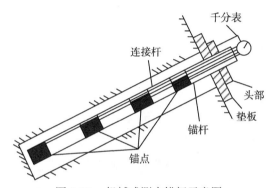

图 2.21 机械式测力锚杆示意图

(3) 钢弦式测力锚杆

钢弦式测力锚杆是通过焊接的方法将钢弦式应力计安装于锚杆上，再将各个应力计的测量线引出锚孔。此类型的锚杆结构简单，制作方便，造价低廉，已被广泛用于边坡监测中，然而，也存在一些不可避免的缺点，即应力计与锚杆的轴线不能很好地保持一致，从而会造成附加弯矩，对测试的精度造成一定的影响。

CD 型钢弦式测力锚杆如图 2.22 所示，是由多个钢筋应力计小单元组成的，通过螺栓能够将多个单元组合起来，每个应力计上留有一个引线孔，各应力计的导线可以连接在一起，能够有效减少测线的数量。

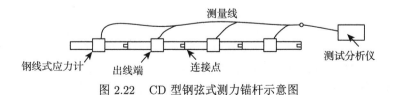

图 2.22 CD 型钢弦式测力锚杆示意图

2) 锚索预应力的量测

锚索测力计是测量锚索应力最常用的传感器, 其中振弦式锚索测力计不仅能测锚索轴力, 还能够对监测点的温度进行同步测量, 因此其应用最为广泛。锚索测力计的安装应根据设计要求进行, 测力计与被测结构之间应有锚固垫板、钢绞线或锚索从测力计中心孔中穿过, 测力计置于钢垫座和工作锚之间。上、下承载锚固垫座应可靠地压在测力筒上, 锚固垫座与测力筒之间不应有间隙。锚索测力计的安装示意图如图 2.23 所示。

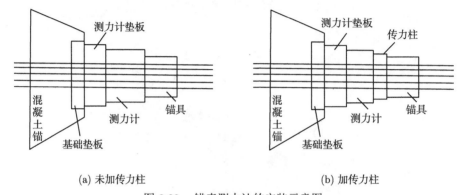

(a) 未加传力柱　　　　　　　　　　　　　　(b) 加传力柱

图 2.23　锚索测力计的安装示意图

如果采用其他类型的传感器, 传感器必须性能稳定、精度可靠。一般轮辐式传感器较为可靠, 其安装示意图如图 2.24 所示。

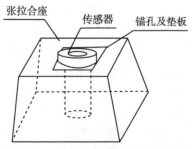

图 2.24　轮辐式传感器埋设示意图

当前, 对锚索预应力的量测主要是通过埋置传感器来实现, 但是此方法存在一定的缺点, 如埋设传感器的成本较高, 往往仅限于将传感器埋置到单个测点, 从而导致了以点代面的缺点。而且监测周期长, 这对传感器的性能、稳定性和施工中的埋入技术提出了较高要求。若在监测过程中传感器受损, 将会严重地影响整个边坡工程的稳定评估。为了解决这一问题, 国内外学者提出了采用声测技术对锚索进行监测, 但是这种方法还不是很成熟, 有待进一步研究。

2.4.3 地下水监测

由于地下水会对边坡的稳定产生影响，所以在降雨季节，边坡的地下水位波动大，对地下水进行监测是十分必要的。在地下水监测中，以地表水位监测为主，根据不同工程的监测要求，可以进行孔隙水压力、动水压力、地下水水质的监测等。

1. 孔隙水压力监测

在边坡工程中，孔隙水压力是影响边坡岩体稳定的重要因素之一，由于孔隙水压的增加，很容易导致边坡失稳，因此对施工过程中边坡的孔隙水压力进行实时监控，对确保工程的安全是十分重要的。按照孔隙水压力传感器工作原理的不同，所用传感器主要可分为四类。

(1) 液压式孔隙水压力仪：孔隙水压力作用在传压管的液体上，液体将压力变化传递到测压计，即可得到测点处的孔隙水压力。

(2) 电子式孔隙水压力仪：此类孔隙水压力仪又能细分为电阻、电感和差动电阻式三种。当孔隙水压力作用在压力仪的膜片上，膜片发生相应的变形其电阻发生改变，从而引起电流的变化。通过电流与压力之间的线性关系，即可得到孔隙水压力值。

(3) 气压式孔隙水压力仪：当孔隙水压力作用在仪器的膜片上，膜片变形使接触钮接触电路，空气进入薄膜内气压增大，当内气压与外部孔隙水压平衡薄膜恢复原状时，进气停止，根据气压值的变化即可得到孔隙水压力值。

(4) 钢弦式孔隙水压力仪：孔隙水压力作用于膜片上，膜片变形引起钢弦频率的变化，根据钢弦频率和孔隙水压力之间的线性关系，即可得到测点处的孔隙水压力。

应根据边坡的实际情况，设计孔隙水压力的测点位置，一般是将若干个孔隙水压力仪安装于不同测点的不同深度处，构成一个孔隙水压力的测量截面。仪器的埋设方法主要有钻孔法和压入法，其中压入法的使用有一定的限制，仅适用于软土层，因此以钻孔法较为常用。钻孔法的操作流程如下：先进行钻孔，成孔后在孔底放入少量沙，将孔隙水压力仪放入设计位置，并在四周用沙进行填充，最后再用膨胀黏土填充钻孔。

由于这两种方法都不可避免地改变土体中的应力和孔隙水压力的平衡条件，需要一定时间才能使这种改变恢复原来状态，所以应提前埋设仪器。

在工程观测中，测点的孔隙水压力计算公式为

$$u = \gamma_w h + p \tag{2-4}$$

式中：γ_w 为水的密度；h 为观测点与测压计基准面之间的高差；p 为测压计读数。

2. 地表水位监测

地表水位监测指对某一区域内的水位、水量进行实时动态的监测，地表水监测的常用仪器为水尺、浮子式水位计，下面对两种仪器的工作原理进行介绍。

1) 水尺

水尺是一种能够直接测读河流、湖泊等水位的一种标尺，水尺具有结构简单、易于观测等优点，在水位监测领域的应用十分广泛。常用的水尺类型主要有四种，如图 2.25 所示。

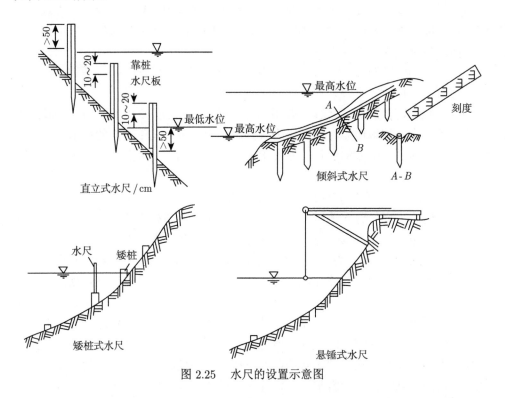

图 2.25   水尺的设置示意图

(1) 直立式水尺：通常由靠桩和水尺板组成，其中靠桩按材质可分为木质桩、混凝土桩、钢桩，水尺板由木板、搪瓷板、高分子板或不锈钢板做成，其尺度刻划一般至 1 cm。

(2) 倾斜式水尺：通常将倾斜式水尺安装在岸坡或水工建筑上，或者直接斜面上涂绘水尺刻度，刻度的尺寸应能表示垂直高度。

(3) 矮桩式水尺：若河道漫滩宽阔，不易使用斜度尺，或因流冰、航运、浮运等原因而无法使用直立式水尺时，则应使用矮桩式水尺。矮桩式水尺主要由矮桩和安装于矮桩上的水尺组成。

(4) 悬锤式水尺：当河道比较陡，其他水尺安装较为困难时，应采用悬锤式水尺。悬锤式水尺是利用带重锤的悬索来测量水位的变化情况。

2) 浮子式水位计

浮子式水位计的浮子能够随水位的变化上下移动，随之带动悬索的移动，从而记录水位的变化情况，原理如图 2.26 所示。虽然浮子式水位计在水位监测领域应用广泛，但是此水位计有一定的限制条件，如需要配套测井设备，且不适用于岸坡不稳定、河床冲淤较大的地区。

图 2.26 浮子式水位计的示意图

浮子式水位传感器是在水位测量台上安装一个可以用来感知水面变动的浮动装置 (浮子)，由钢丝绳索连接浮子和配重，并与对应的齿轮装置与轴角编码器相连。在水面变动的时候，浮子对水面的波动情况做出了相应的上下浮动，由钢丝绳将水面的变化情况传递给水位轮。此时，水位的升降的变化能够转化为轴角编码器的角度变化，由单片机进行数据处理并计算水位的变化。

2.4.4 边坡工程监测实例一

1. 监测设计

龙滩电站航道出口边坡大坝右岸下游 1~1.4 km 处，桩号为 1+016~1+374，最大开挖高度为 102 m (高程 260~362 m)。上游主坡走向为 302°，而在下游为 272°。右岸 ② 和 ④ 高速公路从这里经过，110 kV 变电站也处于边坡影响范围内。边坡的稳定性关系到工程整体的安全与进度，所以对其进行综合的稳定性监控是非常必要的。

根据此边坡的具体情况，在综合考虑多种因素的基础上，制定了如下监测方案：边坡表层水平和垂直位移监测点布置于高程 345 m、330 m 和 300 m 处，各 11 个，使用水准仪和 TCA2003 全站仪进行二等变形观测。监测断面选在航 1+196 和航 1+266，布置了 4 点式基岩变位计 6 套、锚杆应力计 6 套、锚索测力计 7 套、地下水位孔 5 个和一些进行排水量监测的项目或设施；在变电站附近布置了 6 个变形监测点和 2 组位移计、1 组多点岩石变位计。根据监测数据及实际施工情况，于 2003 年初又增设了 4 个监测断面。整个边坡的监测布置如图 2.27 所示。

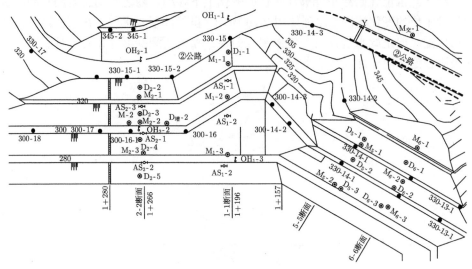

图 2.27   右岸航道出口边坡监测布置

2. 监测成果分析与边坡开挖加固处理

根据边坡体的内外观测资料并结合地质情况，以下对开挖支护过程中各段边坡的变形和稳定状况分三段进行论述和分析，即航 1+016～ 航 1+150 段 (包括②公路上方变电站边坡)、航 1+150～ 航 1+230 I 号松散堆积体上游开挖坡和 ② 公路以下的非开挖区、航道二级塔楼航 1+230～ 航 1+374 开挖高边坡段。

1) 航 1+150～ 航 1+230 边坡段

I 号松散堆积体上游的开挖坡和 ② 公路以下的非开挖区冲沟部位，开挖边坡呈 "凹" 形，坡脚走向 NNE 和 NEE 或 NWW 向陡倾角断层和层间错动发育，致使边坡岩体揉皱强烈，破碎，顺层坡有溃屈变形，堆积体和构造带中存有丰富的地下水。这些因素导致了边坡稳定性较差，变形较大。

边坡的外部观测结果，如图 2.28 所示：330-15 点处位移随时间的推移，呈缓慢增长的趋势，累计水平位移 45.9 mm，位移速率 0.09 mm/d，沉降速率 0.05 mm/d，与其他测点相比明显较小，这是因为此处边坡变形主要为堆积体和顺层坡的位移。在 2002 年 5 月初至 12 月底期间，边坡的变形和应力均出现较大范围的增长，分析其原因为雨季降雨冲刷对边坡的稳定性产生了影响，开挖导致边坡岩土体应力状态发生变化，也受支护结构滞后的影响。AS1-1、AS2-1、AS2-2 三点的锚杆应力随时间推移,缓慢增长。在监测断面航 1+196 m 上,M1-1、M1-2 两测点处的轴向相对位移如图 2.29、图 2.30 所示,两点的累计位移量分别为 12.4 mm(速率 1.5 mm/30 d)、15.9 mm(速率 2 mm/30 d),位移随深度的增加逐渐减小。从 2001 年 9 月至 2002 年 12 月为边坡的开挖阶段,在此阶段边坡的位移、锚杆应力均呈增长的趋势,但是到 2003 年 1 月时,随着锚索加强支护的施工,边坡逐渐趋于稳定。

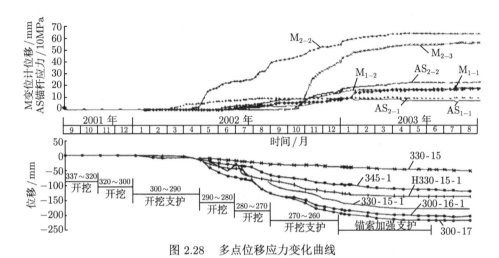

图 2.28　多点位移应力变化曲线

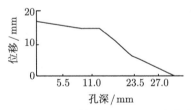

图 2.29　M1-1 轴向相对位移分布曲线

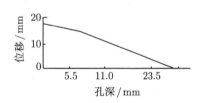

图 2.30　M1-2 轴向相对位移分布曲线

2) 航 1+230～ 航 1+374 开挖高边坡段

航 1+230～ 航 1+374 开挖高边坡段由于地层间错动,与边坡走向平行的断层与边坡近于正交的 S-N 向陡倾角断层切割的影响,岩体呈棱块状或镶嵌状,沿断层和黏土板岩及泥质细沙岩而形成的层状和楔状风化强烈,在 260 m 处,大部分为强风化岩,边坡处于临界稳定状态。外观观测点 300-16-1、300-17、330-15-1 和 330-16 的位移方向为向临空方向 (顺岩层走向) 变形,外观观测点 330-15、330-15-2、300-16、345-1 和 345-2 的位移方向与边坡走向近于垂直 (相当于层面与 NNE 或 NS 向结构面所形成交线的倾伏向),高程 300～330 m 变形量最大。

2003 年 3 月底，外观观测点 300-17 和 330-15-1 的水平位移量分别达 210 m 和 172.4 mm，位移速率分别为 0.6 mm/d 和 0.48 mm/d；垂直位移为 133 mm，沉降速率为 0.37 mm/d。2003 年 3 月后，位移逐渐减小并收敛 (图 2.28)。

由航 1+266 监测断面附近的锚杆锚索监测数据可见，不同位置处的锚杆应力存在一定的差异，其中高程 317 m 和 298 m 锚杆应力变化较为稳定，278 m 的锚杆呈缓慢增长的趋势，最大应力值达 183 MPa。附近的三根锚索的锚固力变化趋势基本一致，呈现出较为稳定的状态。高程 322 m、301 m 和 281 m 处变位计的位移主要发生在开挖后期及支护阶段，且位移量大小受岩土体性质的影响。其中高程 281 m 处的位移如图 2.31 所示，在深度小于 23.5 m 的范围内，变化较为明显，边坡表面位移接近 60 mm。2003 年 3 月中旬至 7 月，边坡锚索加固施工结束，变形被有效控制，边坡基本趋向稳定。

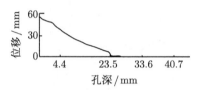

图 2.31　M2-31 轴向相对位移分布曲线

3) 航 1+016 ～ 航 1+150 边坡段

航 1+016 ～ 航 1+150 坡段的岩层与边坡走向夹角约 50°，为斜交顺向坡，层间错动发育，高程 280 m 以上的坡面主要为全强风化岩土体。在航 1+016 ～ 航 1+080，高程在 275～343 m 的边坡段，是由 F_{2093}、F_{2083} 和上游冲沟分布区的层间错动组合 (交线未切脚)、后缘被 F_{2059} 切割 (或切断全风化土体)、前缘受陡倾角断层 F_{2113} 斜切构成的复合块体。

早期在 ② 公路外侧空压机房中出现了 3～10 cm 宽、18 m 长的裂缝，② 公路下方 330-14 监测点的累计沉降值为 75.2 mm，平均沉降速度为 0.72 mm/d；I 段堆积体上游河道的水平位移主要是沿着岩层的倾向和开挖临空方向，并且有持续增大的趋势。110 kV 变电站附近的边坡累计位移量及位移速率均较小，说明边坡处于相对稳定的状态。但是为了防止意外事故的发生，在 2002 年 12 月对空压机和附属设施进行了移位，并且对 ② 号公路边坡进行了加固处理，安装了锚索监测和多点变位计观测 (5-5 监测断面、6-6 监测断面)，停止了高程 280 m 下方开挖。

在 2003 年 4 月中旬边坡加固工作完成，开始对高程 280 m 下方的边坡进行开挖施工，但是随施工的进行，发现边坡上的原有裂缝存在发展的趋势，且岩体内部出现了一定的位移量，如图 2.32 所示。在进行爆破施工后，原有裂缝发展迅速，此时岩体内部的位移速率迅速增长，D6-2 锚索锚固力的增长速率达到 454 kN/d。为避免发生安全事故，施工人员及机械设备及时撤离，并设立了警戒区。随后于 2003 年 4 月 15 日 5:50，此处边坡发生座滑，表 2-7 为该处边坡所监测到的边坡内外位移及锚索锚固力。

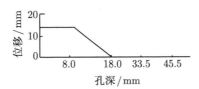

图 2.32 M6-1 轴向相对位移分布曲线

表 2-7 航 1+016 ~ 航 1+150 段边坡的位移计锚索锚固力监测结果 (2003)

时间/(月-日.时:分)	锚固力/kN		位移/mm		
	D6-1	D6-2	变位计	330-14	300-14
3-28	1745	—	0	12.2	74.4
4-3	1736	—	1.9		
4-12	1732	1998	3.1	—	—
4-13	—	1968		125.4	—
4-14.16:40	1603	2422	10.1	172.4	133.6
4-14.18:50	1633	2834	11.3	—	
4-14.19:50	1569	2812	11.6	—	
4-14.22:40	1544	2887	12.1	—	
4-15.00:20	1525	2949	12.6	—	
4-15.05:50			座滑		
4-15.15:25	1036	197.25	15.0	—	
4-16.11:30	1034	失效	15.1		

通过分析监测数据可知，边坡岩体座滑过程是一个渐进发展的过程，根据座滑发展的特征，能够分为三个阶段。

(1) 小变形累积阶段：此阶段的特征是，边坡地表位移随时间的推移呈缓慢增长的趋势，在岩体内部出现一定的位移，由于锚索对小变形的敏感度较低，此时锚索的锚固力无明显变化。

(2) 变形速率迅速加大阶段：在外力的影响下，也就是在开挖施工的影响下，边坡表面的位移快速增加，裂纹扩展迅速，岩石的应力发生了很大的变化，使其内的位移速度增加。同时，锚索的受力也呈增大的趋势，说明加固后的岩体已经发生了较大的变形，支护结构开始发挥作用。

(3) 座滑阶段：座滑体在外界挠动很小的情况下已处于缓慢变形阶段，当锚索等加固支护体和阻滑力提供的力超过极限时，复合块体座滑就发生了。

4) 边坡加固处理效果评价

在施工过程中，因其地质环境的复杂性，部分区域发生了较大变形，并且及时采取了加固措施。具体措施如下：挖除部分 I 号堆积体，采用了有效的排水降水措施；采用喷锚支护加固；对软弱层进行了混凝土置换处理；在边坡的部分区域布设了预应力锚索，用以提高边坡的稳定性。对于 (2) 公路处的边坡，也同样采取了多项加固措施，随着 (2) 公路以下的主坡的开挖，边坡变形呈增大的趋势，因此进行了锚索和垂直锚筋桩的加固施工；随开挖的进行，边坡变形仍未稳定，故又采用了挂网喷混凝土和锚杆支护的加固措施，这些措施明显提高了边坡的稳定性。但是，在进行高程 260~280 m 段边坡的开挖时，由于开挖速度过快，支护结构未及时施工，且正值雨季，在雨水的表面冲刷下，边坡的变形再次增大。为避免滑坡，施工方及时增加了锚索，并且采取了有效的排水措施，并于 2002 年 12 月，对边坡进行了以系统锚索、钢筋桩和钢筋混凝土框格梁为主的系统加固处理，随后边坡逐渐趋于稳定。由上可见，在边坡施工过程中，进行科学合理的监测，能够及时了解并判断边坡的稳定状态，在必要时及时采取相应的措施。

2.4.5　边坡工程监测实例二

目前，对边坡工程监测的技术已由传统的单点监测向分布式、自动化、高精度、远距离监测发展。传统传感器由于其抗干扰、耐久性、长时间稳定性低等缺陷，很难满足边坡工程的监测需求。新型的光纤传感技术具有防水、耐腐蚀、抗干扰能力强、监测距离远等优点，十分适用于边坡工程监测。

其中，分布式光纤传感技术中的 BOTDR 技术能够对光纤沿线的应变、温度信息进行动态实时的监测，且不需要设置回路，已成功应用在边坡工程的监测中。下面通过一实际监测案例，对此技术的安装方法及监测成果进行介绍。

1. 边坡工程变形传感光纤的布设

在边坡上布置感测光纤的方法，如图 2.33 所示。将光纤按一定的间距在边坡表层土体下方一定深度处或与岩石的表面相结合，从而达到与岩石的变形一致的目的。通过光纤组成的监测网络，对边坡的变形进行监测。为排除温度变化对应

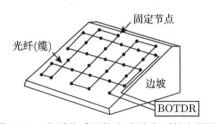

图 2.33　光纤传感网络在边坡表面的布置图

变监测的影响，可以将光纤放置于一圆管内，以避免其受到应变的作用，从而实现温度补偿。边坡表面出现滑移时，将带动光纤同时出现移动，使光纤在拉力的作用下产生轴向应变，利用监测数据即可得到光纤埋设沿线的边坡状态。

2. 光纤传感器网络的监测案例及成果

1) 案例概况

本案例位于宁淮高速一处人工填筑的边坡，此边坡土体为弱膨胀土，坡高 8.0 m，坡率为 1:2，局部为人工填土，施工过程中未夯实。传感光纤的固定间隔距离为 5.0 m，埋置深度为 10 cm，布置成如图 2.34 的监测网络。为了进行温度补偿，在 3 线、4 线的传感光纤旁，再设置一段装于圆管内的光纤，用于监测温度的变化。边坡土壤较为均匀，且监测时间较短，气温波动很小，因此利用该方法所获得的监测数据基本能够达到监控要求。

2) 监测成果

此案例利用 BOTDR 技术成功对边坡的状态进行了监测，如图 2.35 和图 2.36 所示为降雨后埋设于边坡中的光纤的应变状态。由图 2.35 可见，a-b-c 段的应变高达 10000 $\mu\varepsilon$，除了 A 线传感光纤 a-b-c 段，其余部分的应变波动均较小，将此段光纤位置定位在图 2.34 中，即可确定边坡的异常区域。由图 2.35 可见，i-j-k-l 段也存在异常的波动，也同样将此段光纤位置定位在图 2.34 中，图中阴影区域边坡表层土体可能发生滑动。通过对测试数据分析发现，BOTDR 的监测结果与实际滑坡区域相比较大，这是因为边坡土体的移动会带动光纤固定点移动，从而导致光纤的应变区域增大，例如，节点 b 的移动，会使 ab 和 bc 段光纤受拉，节点 k 移动造成 jk 和 kl 段同时拉伸。

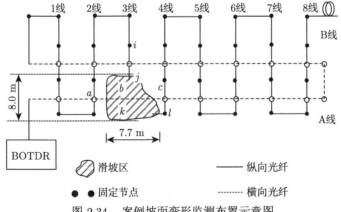

图 2.34 案例坡面变形监测布置示意图

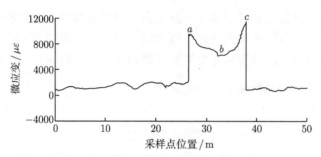

图 2.35　案例坡面变形监测布置图一

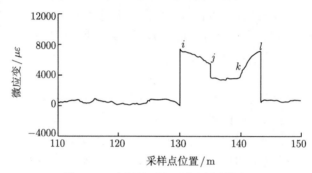

图 2.36　案例坡面变形监测布置图二

通过对现场实测数据的分析，发现光纤传感技术对边坡土体位移的变化具有较高的灵敏度，利用 BOTDR 技术可以实时监控边坡的变形，并对其进行空间位置的定位，从而对滑坡进行及时预警。

3) 监测效果评价

实例监测数据表明，采用 BOTDR 的光纤分布监测技术在监测边坡变形、应变等方面是切实可行且行之有效的。此技术不仅能实现远程、实时监测，全天候实时在线监测，而且省时、省力、安全，是未来边坡监测工作的主要发展趋势。另外，在较大规模的边坡工程监测中，可以联合使用其他传感器对边坡的多项参数进行综合监测。

课 后 习 题

1. 边坡工程的主要监测项目有哪些？
2. 边坡工程的测点布点原则？
3. 边坡地面变形的监测方法及常用仪器有哪些？
4. 边坡应力的监测方法及常用仪器有哪些？
5. 边坡地下水监测有哪些方法？

第 3 章 软土地基 (路基) 监测技术

3.1 软土地基 (路基) 监测内容

饱和软黏土在长时间的压力作用下，会发生一定的变形，一般可划分成主固结变形和次固结变形。当主固结过程较为短暂时，一般认为土体不会产生蠕变，而当软黏土的厚度较大时，其主固结持续的时间很长，那么这种变形是存在着次固结变形的。软土路基由于软土存在长期的蠕变特性，具有变形周期长、变形量大的特点。并且由于现场软土土层的多样性和土体参数的不均匀性，使得软土路基的长期变形理论计算较难反映现场实际情况，因此，软土路基的监测显得尤为重要。软土地基 (路基) 施工监测的主要目的是：

(1) 在施工过程中，对软土地基和路基进行全程监测，并将监测数据进行及时处理分析，以便于对施工提供指导和建议，保证项目的质量符合设计的要求，最大限度地提高项目的经济性。

(2) 基于实测数据，运用科学的方法对软土地基 (路基) 的变形情况进行分析和评估，从而对地基或路基的情况进行全面的了解。

(3) 以保证路堤的变形稳定性为前提，确定合理的施工速度及相应的施工方法，以提高建设速度尽可能缩短施工工期；通过对实测的沉降量进行分析，计算出预压合理的卸载时间；按照预估的残余沉降量计算填方预留沉降量。

对于软土路基监测项目的确定，需要综合考虑施工方法、设计要求、周边环境等多方面的因素，既要满足监测需求，又要考虑经济性。软土路基的监测主要分为变形监测、压力监测、环境监测三个方面，软土地基 (路基) 施工监测的主要项目如表 3-1 所示。

(1) 变形监测：软土地基的变形即地面位移和沉降监测是公路软基监测的主要内容，包含路基表面和路基内部的沉降和位移。路基表面变形常用的仪表为静力水准仪、全站仪、GPS/北斗系统、液位计、光纤光栅沉降仪和 MEMS 沉降仪等。地基 (路基) 土体内部的变形监测常用的仪表为分层沉降仪、光纤光栅沉降仪和 MEMS 沉降仪等。

(2) 压力监测：软土路基内部的压力的监测主要包含：土压力、孔隙水压力等。土压力监测的常用仪表为土压力计，如振弦式土压力计、光纤光栅土压力计等。孔隙水压力监测常用的仪表为孔压计，如振弦式孔压计、光纤光栅孔压计以及基于压电陶瓷传感的孔压计等。

表 3-1　软土地基 (路基) 监测项目

监测项目		监测仪器和元件	监测目的
沉降	地表沉降	沉降板、水准仪	监测地表沉降，控制加载速率；预测沉降趋势，确定预压时间；提高施工期间沉降土方量的计算依据
	深层沉降	深层沉降标	地基 (路基) 某一层以下的沉降量
	分层沉降	导管、磁环、分层沉降仪	地基 (路基) 不同深度、不同土层的沉降变化和影响深度和量测；为控制施工速率提供依据
水平位移	地表水平位移	水平位移桩、测距仪、经纬仪、钢尺	地基 (路基) 表层土侧向位移、控制施工速率、建筑物纠倾与施工对周边环境的影响和稳定性控制提供参数和依据
	地基深层水平位移	测斜管、测斜仪	地基 (路基) 深层土体的侧向位移，判定土体剪切破坏的位置；掌握潜在滑动面发展变化，评价和控制地基稳定性
压力	孔隙水压力	孔隙水压力计	测定地基 (路基) 中孔隙水压力，分析地基土层的排水固结特性及其对地基变形、强度变化和地基稳定性的影响
	土压力	土压力盒	测定地基 (路基) 的土压力，根据压力分布情况评价复合地基处理效果；也可用于土拱效应的研究
	承载力	加载体、千斤顶、承载板	测定地基 (路基) 或桩基的承载力，用于在构造物位移复合地基的监测
环境监测	地下水位 (辅助监测)	水位监测管	监测地下水位变化，测定稳定水位，配合其他监测项目综合判定地基 (路基) 施工过程中的稳定性及超孔隙水压力
	出水量 (辅助监测)	单孔出水量监测井	监测单个竖井排水井的排水量，了解其排水性能，分析地基排水固结效果

(3) 环境监测：软土路基的环境监测主要包含测量地基 (路基) 的水位、出水量、温度、土壤含水率等。

3.2　软土地区地基 (路基) 监测方法

软土地区地基 (路基) 监测主要内容可分为变形监测、压力监测、环境监测三个方面。下面分别对软土地区地基 (路基) 监测项目的相关监测方法及所用仪表进行介绍。

3.2.1　变形监测

1. 地表沉降监测

地表沉降监测的常用方法为：首先在土体稳定处设置沉降控制点，再在地基中设置观测点，在控制点对设置的观测点进行高程测量，即可得到观测点处地基的沉降量。对于沉降观测点位置的选取,当地基规模不大时,一般设置在四个角点及中心位置;当地基规模较大时,则应布置方格网络,数量不宜少于 6 个点。

沉降观测点的材质通常采用钢材等不易发生形变的金属材料,一端埋于地基下一定深度,以确保随地基沉降而发生竖直方向的位移变化,一端在地基上,以便于观测。按规定的监测频率,对观测点的高程进行测量,两次测量的高程差,即为此阶段的地基沉降量。控制点的选取位置,应保证此位移不易发生沉降,常选在坚实地基或基岩上。沉降板是地表沉降监测最常用的装置,其构造如图 3.1 所示。沉降板的底板尺寸应根据具体工程的实际监测需求进行确定,金属测杆垂直安装于底板上,在金属测管的外表应套装一根 PVC 护管。随着填土的增高,金属测杆和 PVC 护管也应进行接高,且测杆上端应高出护管。为防止填土进入管内,影响沉降观测,平时应在护管上端加装一封盖。测量时以沉降板安装完成后的首次测量值作为初始值。

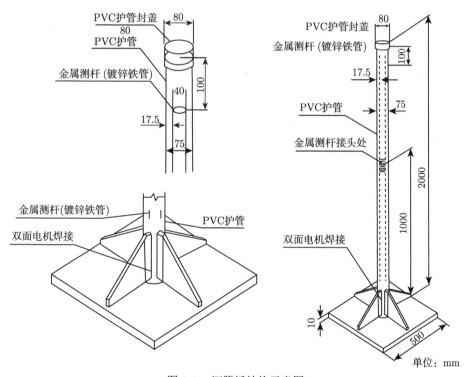

图 3.1 沉降板结构示意图

应根据地表沉降监测结果,及时绘制沉降–时间曲线,当沉降速率或沉降量超过控制值时,应及时采用相应的措施,避免出现工程事故。沉降观测通常采用水准仪,应针对不同观测要求,合理选择 S1 水准仪或 S3 水准仪。

2. 深层土体沉降监测

深层土体沉降监测是指对某一深度以下的土体压缩量进行监测, 常用的方法为深标点水准仪和磁环式沉降仪。

1) 深标点水准仪

深标点水准仪的安装方法主要有两种, 一种是通过钻机在设计位置进行钻孔, 将带有沉降盘的测杆放入钻孔内部, 在测量控制点对测杆的沉降量进行观测, 其精度可达 ±1.0 mm。另一种方法也是首先通过钻机在设计位置进行钻孔, 待钻孔完成后将保护管放入钻孔中, 在孔底安装磁锤式回弹标, 将钢尺与孔底回弹标相连, 再进行沉降观测。

2) 磁环式沉降仪

磁环式沉降仪是深层土体沉降监测的常用仪器, 其安装流程为: 待钻孔完成后, 将沉降仪的磁环按测点位置安装在导管上, 将导管放入钻孔内设计深度, 然后打开固定爪使土体和沉降仪变形一致, 前期安装工作完成后, 采用测头对内部沉降进行监测, 其精度可达 1~2 mm。磁环式沉降仪的导管主要可分为可压缩软管和硬管两种, 应根据工程的实际情况进行选择, 同时为了降低监测成本, 可以采用铁环代替磁环。

3. 土体分层沉降监测

土体分层沉降监测是地基 (路基) 监测的重要内容, 通过监测能够得到不同深度、不同性质土体沉降情况, 通常采用分层沉降计进行监测。分层沉降计基于磁通量的变化的原理, 在不同深度处设置多个沉降监测单元, 能够对土体的沉降情况进行长期动态的监测。

下面对分层沉降计安装方法及要点进行介绍。

(1) 标志加工: 根据监测点深度确定标志长度, 应能使标志顶端露出地面, 将标志埋设于设计的监测位置。

(2) 钻孔施工: 根据监测点位置确定钻孔深度, 且钻孔直径应满足设计要求, 钻孔施工时应保证孔壁垂直, 必要时采用泥浆护壁等措施防止塌孔。

(3) 分层沉降计安装: 将测标、保护管与套管放入钻孔中, 当测点位置较深时, 需要使用固定滑轮, 提高测标的稳定性。

(4) 检查: 待设备放入钻孔后, 将保护管提高 0.3~0.5 m, 对孔壁进行灌砂处理。

由于地基的土层分布和沉降状况十分复杂, 不仅不同区域的地层分布存在差异, 而且同一区域内不同土层之间的沉降量也相差较大, 例如, 在部分地区基础大部分沉降均由浅土层产生, 深处土层的沉降量则较小, 因此对观测精度的要求较高。采用深标点水准仪观测时, 应该在不同土层分别钻孔埋设标点, 通过测量各标点的沉降量, 再计算得到各土层的沉降量。采用分层沉降计时, 一个钻孔内只能埋设一组分层沉降计分别测量各土层的压缩量。

4. 水平位移监测

水平位移监测包括地表水平位移监测和土体深层水平位移监测。土体深层水平位移监测是通过在土体中埋设测斜仪进行监测, 其监测原理和方法参见第 2 章。下面对地表水平位移的监测方法进行介绍。

地表水平位移的监测主要步骤可以分为测点布设、位移观测边桩的埋设与观测、地面水平位移观测三个方面。

(1) 测点布设。为提高地表水平位移监测的效率, 水平位移观测断面的选取应与沉降观测断面一致。边桩的设置位置应满足: 对于普通路段观测断面的间隔应为 100~200 m, 桥头路段应设置 2~3 个监测断面, 对于稳定性不良的路段, 应根据情况增加监测点。

(2) 位移观测边桩的埋设与观测。边桩应埋设于路堤两侧趾部, 边沟外缘与外线以外 10 m 的地方, 并在趾部以外设置 3~4 个位移边桩。边桩的材质一般为混凝土, 标号不小于 C25, 其长度和直径应根据工程实际情况确定。为避免磨损影响, 边桩上部应安装有耐磨的测量头。为确保边桩位移与土体变形协调统一, 边桩的埋深应大于 1.2 m, 且桩顶应便于观测。边桩作为预制桩, 常用的沉桩方法主要为打入法和开挖埋设法, 应保证边桩与桩周土体接触紧密, 桩上部 50 cm 处浇筑混凝土进行加固。应根据工程实际情况选择合适的观测方法, 对于水平位移观测, 在地形平坦、通视好的地区, 应采用视准线法; 在地形起伏较大或水网地区, 应采用单三角前方交会法。对于地表隆起观测, 则通常采用高程观测法。视准线法和单三角前方交会法的点位布置应严格根据测量要求进行。

(3) 地面水平位移观测。待边桩安装完成后, 进行观测工作。通过分析许多工程的监测数据可以发现, 部分工程的水平位移值很小, 因此对观测精度的要求较高。当采用单三角前方交会法观测时, 建议采用 J1 型或 J2 型等精度较高的经纬仪。

3.2.2 压力监测

压力监测是软土地基 (路基) 监测的重要组成部分, 压力监测主要可分为孔隙水压力和土压力的监测。

1. 孔隙水压力监测

孔隙水压力监测是在地基 (路基) 土中的设计位置安装孔隙水压力传感器, 用来监测土体的孔隙水压力变化规律, 利用监测数据分析地基土在不同工况下的固结状态, 从而判断地基处理效果, 并根据实际情况及时调整施工方案。一般选用振弦式孔隙水压力传感器和振弦式频率读数仪，观测仪读数精度 ±1 Hz，量程一般宜选 0.2~0.3 MPa。孔隙水压力传感器的类型与工作原理参见第 2 章。

2. 土压力监测

土压力监测是在地基 (路基) 土中的设计位置安装土压力传感器，可以对不同深度处的土压力进行监测。由于地基不同位置处的土压力相差较大，应根据不同测点处的具体情况并考虑经济性的前提下，选用量程合适的土压力传感器。土压力传感器埋设在土体深处，若出现损坏，传感器的更换工作十分不便，因此在埋设前应对传感器进行检查，采用抗拉、抗腐蚀能力强的电缆，并在电缆上做好传感器标号。为了确保土压力计的承压面与被测土体之间接触紧密，通常在土压力计四周用细砂填实，填实范围约 200 mm，细砂外再用人工分层夯实的方法回填土料，如图 3.2 所示。

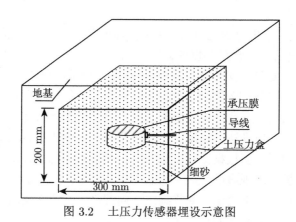

图 3.2　土压力传感器埋设示意图

3.2.3　环境监测

1. 地下水位监测

地下水位监测是地基监测的重要内容，能够对地下水位的高度进行实时监测，所用仪器及具体监测方法参见第 2 章。

2. 单孔出水量

路基土在固结过程中会排出水，水需要通过排水井排出，通过监测单孔排水井的出水量即可得到单孔出水量。单孔排水井应布置在监测点顶端，长度应大于 0.5 m，将出水井管加固稳定并隔离路基渗水进入，外引排气管和排水管至路基外的集水井。

3.3 软土地区高速公路路基监测

进行软土地区高速公路路基的监测之前，需要明确软土路基的地质条件、需要监测的变量、路基是否稳定以及公路路基是否安全等四个方面的问题。在解决这四个方面的问题后，再确定现场路基监测的布置方案，因此，本节首先讨论如何确定这四个方面的问题。

3.3.1 确定高速公路路基现场地质情况

通常采用传统的勘察的方法，例如，进行钻孔取样、实验室力学参数试验以及 CPT 试验等确定现场的地质条件，摸清楚现场软土层的厚度、软土层的分布以及地质的剖面图和地下水位的分布情况等，为后期的监测方案的布置提供基本的信息。例如，地下水位的变化通常是通过地下水位计测量得到的，地下水位的基本情况以及水位的变化为后期的施工和监测布置提供了非常重要的信息。通常，我们可以埋设水位计对地下水位进行连续测量，从而获取地下水位的信息。另外，软土层的分布，特别是在我国的长三角、珠三角和京津冀地区，存在大量的深厚软黏土层，掌握软黏土层的分布对于后期监测传感器的布置有很好的指导作用。

3.3.2 确定软土高速公路路基监测的主要信息

高速公路路基的监测通常除了能够直接地反映高速公路路基的安全状况外，还能为高速公路的施工提供反馈数据，从而为施工参数的优化提供指导。通常，高速公路路基监测的目的是监控高速公路路基的早期破坏以及健康状况，当出现早期破坏情况时，进行加固维修，从而能避免后期严重的破坏造成的严重的伤亡。另外，通过路基的监控，能够判断软土地区路基的固结沉降变形情况，从而为后期最终的沉降变形预测提供数据和验证。测量得到的数据可以用来进行反分析和参数反演，从而为土体的不确定性分析 (如前所述，路基以下的土体，其参数存在空间的不确定性) 提供帮助。在各种情况中，软土地区高速公路路基监测最为重要的参数为变形 (包含垂直方向和水平方向的变形以及不同深度的变形) 和孔压。

根据不同的工程背景，不同的工程等级，其监测的内容和手段会有所不同。如图 3.3 所示，展示了一个典型的公路路基的监测布置图。实际的工程根据现场情况的不同与示意图有一些差异，这里仅仅是给出一个典型的例子。

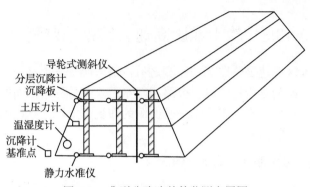

导轮式测斜仪
分层沉降计
沉降板
土压力计
温湿度计
沉降计
基准点
静力水准仪

图 3.3　典型公路路基的监测布置图

3.3.3　观测断面及观测点的设置原则

高速公路路基的沉陷监测,应当着重于路面沉降和地基沉降观测。观测断面的选取要依据地质情况、构造位置等情况综合确定,测点的位置要符合设计的规定,同时还要综合考虑到场地的地质、地形等多种因素。

为了方便测点的埋设和集中监测,同时也有利于数据之间的相互验证和对比,路面沉降和地基沉降的观测断面应在统一横断面上。

观测断面之间的间距一般不大于 50 m,也应根据工程的实际情况,在地质条件变化较大的区域适当减小断面间距。

观测点的设置和传感器的选择要满足监测的需要,在安装传感器前,应首先对传感器的完整性进行检查,安装过程中应避免传感器受到损坏,并做好保护措施。

3.3.4　沉降监测基准网复测与维护标准

一般高程基准网每年复测一次,并提交复测成果报告,如发现有被扰动或不稳定的基准点,应放弃使用,并重新布设新的基准。工作基点稳定性判断详见表3-2。

表 3-2　工作基点稳定性判断和高程改正要求汇总表

序号	高程判断标准	稳定性评定	高程是否改正
1	$\vert \Delta H \vert \leqslant m_1$	稳定	不改正
2	$m_1 < \vert \Delta H \vert \leqslant \sqrt{m_1^2 + m_2^2}$	较稳定	不改正
3	$\sqrt{m_1^2 + m_2^2} < \vert \Delta H \vert \leqslant 2\sqrt{m_1^2 + m_2^2}$	有可能沉降	改正
4	$2\sqrt{m_1^2 + m_2^2} < \vert \Delta H \vert$	有沉降	改正

注:$\Delta H = H_2 - H_1$ 为高程变化值,正值表示上升,负值表示下沉,m_1 为上一期观测高程中误差,m_2 为本期观测高程中误差。

在整个监测过程中,除了进行例行复测外,还应根据工程的实际情况加强巡查工作,检查监测点、基准点的情况,如存在问题及时进行维护工作,以保证在长周期监测中所得监测数据的可靠性。在进行复测时，其观测方法、技术要求及观测路径应与初次观测时相符合，对于复测阶段的方法、要求等应与首测一致。并且每次复测后，要对基准点的情况进行评价，结构长期变形监测基本服务工作流程图见图3.4。

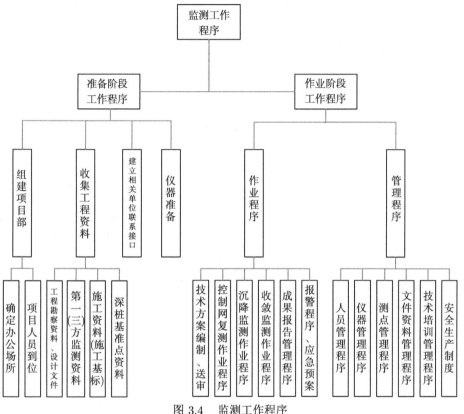

图 3.4　监测工作程序

3.3.5　监测资料的整理与分析

监测资料的整理和分析应遵循下面一些原则。

(1) 监测数据应及时地进行记录和保存，并且对数据进行处理和分析，根据数据对工程的情况进行判断，在记录观测数据时应同时记录当时的施工情况、天气状况等相关信息；

(2) 由于所得监测数据具有时效性，当天监测数据应进行及时计算汇总，如果数据处理不及时，难以在第一时间发现工程中存在的问题，并采取适当的对策；

(3) 根据传感器类型及所得监测数据，在数据处理后，及时绘制相应的曲线，如沉降、水平位移、孔隙水压力、土压力等曲线。

3.3.6　制作监测报告

根据监测数据制作监测报告，监测报告可分为阶段报告和最终成果报告，最终成果报告应包括以下几项内容。

(1) 地基地质勘查报告；

(2) 材料试验成果；

(3) 路堤工程施工计划；

(4) 施工质量管理情况报告；

(5) 动态观测报告；

(6) 试验工作的阶段报告；

(7) 监测研究工作报告。

3.4　软土地区地基 (路基) 沉降预测方法

由于软土具有压缩性高、天然含水量高等特点，软土地基 (路基) 沉降过程较为复杂，在我国软土分布十分广泛，因此研究软土地基 (路基) 的沉降特征是十分重要的。软土地区地基 (路基) 沉降预测方法主要可分为数学模型法、人工神经网络法以及遗传算法。

3.4.1　数学模型法

1. 双曲线法

通过假定沉降的平均速度符合双曲线模型，从填土开始到任意时间 t 的沉降量 S_t 可采用式 (3-1) 计算

$$S_t = S_0 + \frac{t}{\alpha + \beta} \tag{3-1}$$

式中，S_t 为 t 时刻的沉降量；S_0 为初始沉降量；α、β 为实测求得的系数。

变换式 (3-1) 可得

$$\frac{t}{S_t - S_0} = \alpha + \beta \tag{3-2}$$

通过转换由图 3.5 可得图 3.6，由图 3.6 可得此直线的截距和斜率，分别记为 α、β，将 α、β 代入式 (3-1) 即可得到任意时刻的沉降量。

当 $t = \infty$ 时，最终沉降量 S_∞ 可由式 (3-3) 求得

$$S_\infty = S_0 + \frac{1}{\beta} \tag{3-3}$$

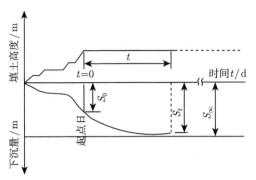

图 3.5 双曲线法推导沉降图示

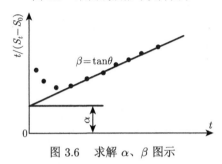

图 3.6 求解 α、β 图示

经过时间 t 后的残余沉降量 ΔS 可由式 (3-4) 求得

$$\Delta S = S_\infty - S_t \tag{3-4}$$

用双曲线法预测沉降量虽然较为简单, 但是此方法有一定的条件, 即要求有足够的原始监测数据, 若监测数据过少时, 预测结果与实际情况可能出现较大的偏差。

2. 沉降速率法

$$\begin{cases} S = mS_c \\ S_t = \dfrac{(m-1)p_t}{p_0 + U_t} S_c \\ U_t = 1 - \alpha e^{-\beta t} \end{cases} \tag{3-5}$$

式中, m 为综合修正系数; S_c 为主固结沉降; p_t 为 t 时间的累计荷载; p_0 为总的累计荷载; U_t 为 t 时刻的固结度; S_t 为 t 时刻的沉降速率。

在恒荷载条件下, 沉降速率为

$$S_t = AS_c e^{-\beta t} \tag{3-6}$$

式中，$A = \dfrac{8}{p_0\pi^2}\sum q_n\left(\mathrm{e}^{\beta t_n} - \mathrm{e}^{\beta t_{n-1}}\right)$，$q_n$ 为第 n 级的加载速率；t_n、t_{n-1} 为第 n 级荷载的终点和始点时间。

绘制 $\ln S_t - t$ 关系曲线，其截距 AS_c，斜率为 β。从而，可以求得沉降速率 S_c、最终沉降 S_∞、C_{V} 和 C_{H} 等参数。根据不同的地基条件，由式 (3-7) 计算地基的固结系数 C_{V} 和 C_{H}。

$$\begin{cases} \beta = \dfrac{\pi^2 C_{\mathrm{V}}}{4H^2}, & \text{不考虑水平向固结} \\[3mm] \beta = \dfrac{\pi^2 C_{\mathrm{V}}}{4H^2} + \dfrac{8C_{\mathrm{H}}}{F(n)\,d_e^2}, & \text{考虑水平向固结} \end{cases} \tag{3-7}$$

式中，H 为最大排水距离；C_{V}、C_{H} 分别为竖向、水平向的固结系数；$F(n)$ 为与 n 有关的系数；n 为井径比。

3. 三点法

根据固结理论，在不同条件、不同时间下固结度可表示为

$$\overline{U}_t = 1 - \alpha\mathrm{e}^{-\beta t} \tag{3-8}$$

在时间 t 的沉降为

$$S_t = S_d + \bar{U}_t S_c = S_\infty - \alpha\mathrm{e}^{-\beta t}S_c \tag{3-9}$$

其中 S_∞ 为

$$S_\infty = S_d + S_c \tag{3-10}$$

式中，α 为常数；β 为系数；S_∞ 为最终沉降；S_d 为瞬时沉降；S_c 为固结沉降。

从实测早期停荷以后的 3 个时间 t_1、t_2、t_3，使 t_2 与 t_1 的差值等于 t_3 与 t_2 的差值，记为 Δt，且使 Δt 尽可能大一些，则有

$$S_{t1} = S_\infty - \alpha S_c\mathrm{e}^{-\beta(t_2 - \Delta t)} \tag{3-11}$$

$$S_{t2} = S_\infty - \alpha S_c\mathrm{e}^{-\beta t_2} \tag{3-12}$$

$$S_{t3} = S_\infty - \alpha S_c\mathrm{e}^{-\beta(t_2 + \Delta t)} \tag{3-13}$$

由式 (3-11) ～ 式 (3-13) 可求得式 (3-14) ～ 式 (3-16)

$$S_\infty = \frac{S_{t3}\left(S_{t2} - S_{t1}\right) - S_{t2}\left(S_{t3} - S_{t2}\right)}{\left(S_{t2} - S_{t1}\right) - \left(S_{t3} - S_{t2}\right)} \tag{3-14}$$

$$\beta = \frac{1}{\Delta t}\frac{S_{t1} - S_{t2}}{S_{t3} - S_{t2}} \tag{3-15}$$

$$S_c = \frac{S_\infty - S_{t3}}{\alpha\mathrm{e}^{-\beta t_3}} \tag{3-16}$$

4. 简化理论分析法

根据固结和蠕变耦合理论, 基于固结度可计算长期沉降为

$$S_{\text{totalB}} = U_a S_f + S_{\text{creep}}$$

$$= U_a S_f + (\alpha S_{\text{creep},f} + (1-\alpha) S_{\text{creep},d}) \tag{3-17}$$

式中, α 为耦合系数; S_f 为最终固结沉降; S_{creep} 为蠕变沉降; U_a 为固结度; $S_{\text{creep},f}$ 为基于最终荷载不考虑孔压消散影响的蠕变沉降; $S_{\text{creep},d}$ 为考虑孔压消散而延迟的蠕变沉降。

3.4.2 人工神经网络法

神经网络是一种利用可实体化的、模拟人脑神经细胞的组织与机能的系统, 其本质是一种非线性动态系统。并且此系统具有较好的容错性能, 少数的节点间的错误不会对系统的总体预测能力造成很大的影响。该系统还具备较好的适应性, 能够根据外界的变化进行自我学习和相应的调整。特别是在处理信息复杂、背景模糊、规则不明确等问题时, 更能体现出它的优势。

当前, BP 模型已成功应用在岩土工程变形预测领域, 运用神经网络非线性映射能力的优势, 取得了较为理想的效果。基于实测数据, 采用神经网络建立模型, 并且对沉降值进行了预测, 表 3-3 为通过观测资料建立神经网络模型、灰度预测模型对沉降结果进行预测的实例。可见, 预测结果与实测结果较为一致, 说明用人工神经网络法预测沉降是可行的。

表 3-3　沉降观测及神经网络预测

时间	实测/mm	BP 模型		GM 模型	
		预测值/mm	误差/%	预测值/mm	误差/%
1	27.9	—	—	27.9	—
2	43.4	—	—	42.6	1.86
3	51.7	—	—	55.2	−6.79
4	69.7	—	—	66.0	5.29
5	76.3	76.32	−0.026	75.3	1.35
6	84.0	83.69	0.369	83.2	0.95
7	91.3	91.33	−0.033	90.0	1.42
8	97.4	96.56	0.862	95.8	1.61
9	100.9	101.00	−0.099	100.8	0.10
10	104.6	103.33	1.214	105.1	−0.48
11	107.4	106.35	0.978	108.8	−1.28
12	109.3	111.62	−2.122	111.9	−2.38
13	115.7	114.53	1.011	114.6	0.95
14	116.0	115.54	0.397	116.0	−0.78
15	—	121.11	—	118.9	—

3.4.3　遗传算法

遗传算法 (genetic algorithm) 是利用自然界的演化规律来寻找最佳方案的方法, 其基本思想是模仿生物体的进化历程, 而生物进化是染色体之间复制、杂交、变异、竞争和不断的筛选的结果。简而言之, 就是通过模仿生物进化过程, 利用复制、杂交、变异、竞争和不断的筛选等方法来解决这个问题。

遗传算法是一种预测地基沉降的新方法, 可以有效解决以往的预测方法的缺点。与传统的最优方法比较, 该方法的主要特征是: 在不改变参数自身的情况下, 对其进行编码处理; 在一个可求解的空间中, 在多个初始位置同时进行搜索, 这是一种高效的计算方法, 能够有效避免搜索过程收敛于局部最优解; 且具有并行计算的特点可通过大规模并行计算来提高计算速度。

3.5　软土地区路基施工监测实例

通过本章前几节内容对软土地区地基 (路基) 的监测项目、监测方法以及沉降预测方法进行了介绍, 下面通过两个软土地区路基的实际工程监测案例, 对监测的具体实施方法及要点进行介绍。

3.5.1　软土地区高速路基施工监测实例一

此实例为某高速公路, 此路全长 145 km, 途经软土地区。为研究软土地基的强度及变形特征, 选取软土段路基为典型路段进行监测, 监测项目主要包括分层沉降、地表沉降、深层沉降、测斜、边桩、土压力、孔隙水压力、单孔出水量、地下水位进行了监测。下面主要对三个典型断面的监测情况进行介绍 (IV、V、VI 断面)。

1. 工程概况

三个监测断面的地层详细情况如下: 第一层为粉质黏土, 厚度 26.0 m, 其中在 13.2~17.2 m 含砂较多; 第二层为淤泥质粉质黏土, 含腐殖质和贝壳, 厚度 4.4 m; 第三层为淤泥质粉质黏土, 厚度 11.2 m; 第四层为淤泥质黏土, 厚度 16.8 m; 第五层、第六层为粉质黏土; 第七层为砂砾石层。

IV、V、VI 三个监测断面的路基处理方法是不同的, 其中 IV 断面 (K34+330) 为在深度 15.0 m 处埋设塑料排水板, 梅花形布桩, 间距为 1.5 m; V 断面 (K34+410) 为袋装砂井法, 砂井呈梅花形布置, 深度和间距分别为 15.0 m、2.0 m; VI 断面 (K34+490) 同样采用袋装砂井法, 并在砂井上铺设一层复合土工布。路堤填筑: 在原来的地面铲除 20 cm 耕土后, 回填压实做主拱坡, 上铺 60 cm 砂砾石, 然后填筑直到预定标高, 填筑高度约 3.5 m, 路基底面宽约 37.0 m, 顶面宽约 26.0 m。

2. 监测项目及传感器布置

各试验段的具体监测项目如表 3-4 所示，埋设平面布置图如图 3.7～ 图 3.10
所示。

表 3-4　各试验段监测项目及传感器布置情况

序号	监测项目	符号	各断面测点布设数量/个			总数/个
			断面 IV	断面 V	断面 VI	3
1	分层沉降	①/D	1	1	1	9
2	地表沉降	○/S	3	3	3	3
3	深层沉降	⊙/I	1	1	1	8
4	测斜	⊖/L	2	3	3	20
5	边桩	·/B	6	6	8	14
6	土压力	P	0	7	7	36
7	孔隙水压力	+/U	12	12	12	36
8	单孔出水量	⊕/W	2	0	2	4
9	地下水位	#	1	2	1	4

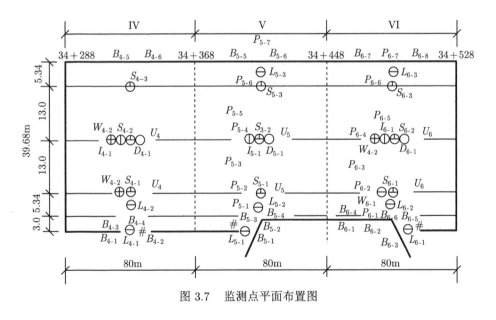

图 3.7　监测点平面布置图

3. 监测结果分析

1) 加载过程与基底反力

监测所得荷载与基底反力随时间变化曲线以及各测点的基底反力如图 3.11
和图 3.12 所示。由图 3.11 和图 3.12 可见，荷载和基底反力均随时间的增加，呈
上升的趋势，但是基底反力与上部荷载的变化情况存在一定的差异。

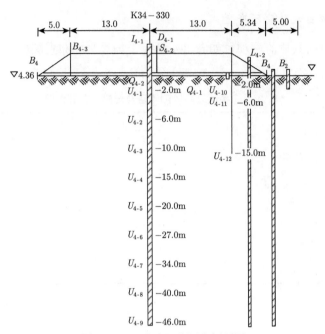

图 3.8 Ⅳ 试验段监测点剖面图

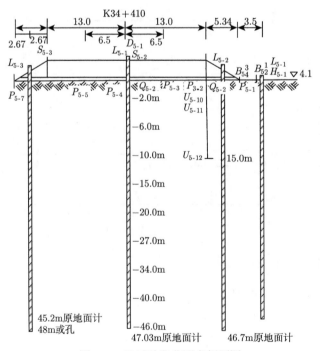

图 3.9 Ⅴ 试验段监测点剖面图

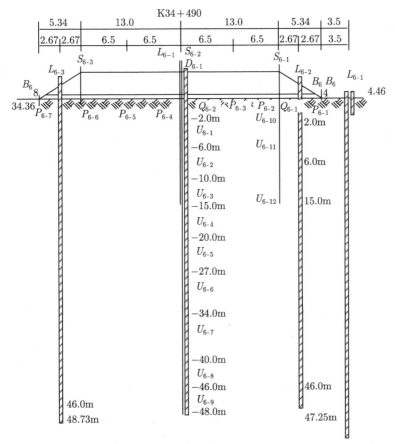

图 3.10　Ⅵ 试验段监测点剖面图

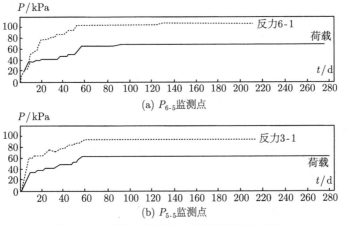

图 3.11　荷载与基底反力随时间变化曲线图

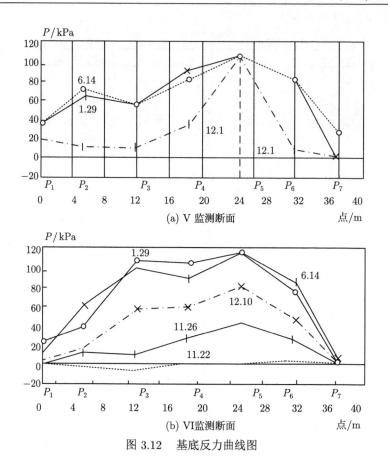

图 3.12   基底反力曲线图

2) 表面沉降

各监测断面主要时间点地表沉降以及加载完成时地表沉降速率分别如表 3-5 和表 3-6 所示。可见，在加载过程中，地表沉降随时间的推移而逐渐增大，且各监测断面以及各监测点之间的沉降存在较大的差异。在 9 月 20 日，S_{4-2} 和 S_{6-3} 的沉降量最大，高达 81.0 cm，而 S_{4-3} 和 S_{6-4} 仅为 24 cm。各断面的沉降速率，随时间的增加迅速减小，且各测点的沉降速率存在差异，S_{5-2} 的沉降速率最大，高达 19 mm/d。

表 3-5   主要时间点地表沉降   (单位：cm)

时间/月.日	IV 断面				V 断面				VI 断面			
	S_{4-1}	S_{4-2}	S_{4-3}	S_{4-4}	S_{5-1}	S_{5-2}	S_{5-3}	S_{5-4}	S_{6-1}	S_{6-2}	S_{6-3}	S_{6-4}
加载完成	30.5	43.8	24.0	33.7	38.6	17.9	12.2	13.5	7.6	30.5	43.8	24.0
6.30	58.6	78.1	48.4	50.1	72.4	41.0	28.7	32.8	17.7	58.6	78.1	48.4
9.20	60.8	81.0	24.0	52.3	75.0	43.7	30.9	35.3	19.2	60.8	81.0	24.0

表 3-6 加载完成时地表沉降及速率

断面编号			IV				V				VI			
			S_{4-1}	S_{4-2}	S_{4-3}	D_{4-1}	S_{5-1}	S_{5-2}	S_{5-3}	D_{5-1}	S_{6-1}	S_{6-2}	S_{6-3}	D_{6-1}
加载过程	沉降/cm		30.5	43.8	24	3	22.7	38.6	17.9	5.7	12.2	13.5	7.6	4.8
	速率/(mm/d)	最大	14	17	11	3	11	19	13	3.5	8.7	10.7	7.3	4.0
		平均	6.8	9.7	5.3	0.67	5.0	8.6	4.0	1.27	2.7	3.0	1.7	1.07
加载完成 ~5.10	沉降/cm		24.5	30.2	20.9	8.7	23.8	29.4	19.2	7.3	14.6	16.8	8.5	3.4
	速率/(mm/d)	最大	8.5	10.5	5.5	3.0	6.0	7.5	8.5	2.0	7.0	8.0	5.0	3.0
		平均	2.22	2.75	1.9	0.79	2.16	2.67	1.75	0.66	1.33	1.53	0.77	0.31
5.10~6.30	沉降/cm		3.6	4.5	3.5	1.9	3.6	4.4	3.9	1.8	1.9	2.5	1.5	0.8
	速率/(mm/d)	最大	1	1.33	1.3	0.83	1	1.33	1.3	1	1.1	2	0.75	1
		平均	0.72	0.9	0.7	0.38	0.72	0.88	0.78	0.36	0.38	0.5	0.3	0.16
7.1~9.20	沉降/cm		2.2	2.9	2.8	1	2.2	2.6	2.7	0.9	2.2	2.5	1.5	0.3
	速率/(mm/d)	最大	0.5	0.82	0.73	0.4	0.58	0.64	0.58	0.25	0.63	0.67	0.33	0.25
		平均	0.29	0.38	0.36	0.13	0.29	0.34	0.35	0.12	0.29	0.33	0.2	0.04

3) 深层水平位移及分层沉降

深层水平位移及速率如表 3-7 所示。典型的深层水平位移分布图如图 3.13 所示。可见,深层水平位移的大小受深度的影响,当深度较小时在 0~20 m 时,水平位移变化明显;当超过 20 m 时,水平位移不再发生显著变化。且深层水平位移的变化速率,随时间的推移而减小,也存在一定的回缩现象。通过对比分析可见,VI 段断面复合土工布的约束作用抑制了深层水平变形的发展。表 3-8 是加载结束后及不同时间的分层沉降监测结果。

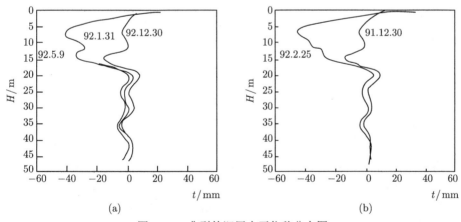

图 3.13 典型的深层水平位移分布图

(a) L_{4-1-1} 监测点; (b) L_{4-1-2} 监测点

4) 边桩位移监测

1992 年 6 月 15 日边桩监测结果如表 3-9 所示。

表 3-7　深层水平位移及速率

	编号		L_{4-1}	L_{4-2}	L_{5-1}	L_{5-2}	L_{5-3}	L_{6-1}	L_{6-2}
最大侧向位移	时间 (1992 年)		5.27	5.27	9.20	9.20	9.20	5.27	9.20
	深度/m		7.5	4.5	7	6	5.5	6	3
	位移值/mm		58.3	146.5	73.2	163	91.3	17.4	106.3
侧向位移及速率	数值/mm		20.5	15.5	14.5	15.5	15.5	15.5	14.5
	加载过程	数值/mm	44	125.3	55.5	132.9	72.8	13.5	77.5
		速率/(mm/d)	0.5	1.4	0.6	1.3	0.7	0.1	0.9
	加载结束 (1.20~6.30)	数值/mm	14	14.3	15.5	25.1	15.2	0.5	22.5
		速率/(mm/d)	0.088	0.089	0.097	0.157	0.1	0.003	0.141
	加载结束 (7.1~9.20)	数值/mm	0.15	3.81	2.22	5.02	3.3	2.6	6.34
		速率/(mm/d)	0.002	0.048	0.028	0.063	0.041	0.033	0.079

表 3-8　监测断面分层沉降监测结果

时间		加载结束			6 月 30 日			9 月 20 日		
编号		I_{4-1}	I_{5-1}	I_{6-1}	I_{4-1}	I_{5-1}	I_{6-1}	I_{4-1}	I_{5-1}	I_{6-1}
总沉降量/cm		33.5	23.6	9.6	83	71.6	45	86.6	75.8	46.9
砂井排水板范围	压缩量/cm	29.5	20.5	8.4	70.6	59.2	39.1	72.5	61.4	40.7
	百分率/%	88	89	87.5	85	83	87	83.7	81	86.8
砂井口下淤泥质黏土	压缩量/cm	2.5	1.65	0.7	6.4	6.8	3.1	7.4	8	3.3
	百分率/%	7.5	7	7	7.7	9.5	7	8.5	10.5	7
下卧黏土层	压缩量/cm	1.5	1.45	0.5	6	5.6	2.8	6.7	6.4	2.9
	百分率/%	4.5	6	5.5	7.3	7.8	6	7.8	8.5	6.2

表 3-9　1992 年 6 月 15 日边桩位移监测结果

编号	B_{4-1}	B_{4-2}	B_{4-3}	B_{4-4}	B_{4-5}	B_{4-6}	B_{5-1}	B_{5-2}	B_{5-3}	B_{5-4}
位移/mm	−14	−17	−22	−29	2	5	2	24	14	−3
两次测量的位移变化量/mm	−0.23	−0.23	0.15	−0.38	−0.85	−0.31	0.23	0.38	0.08	−0.07

编号	B_{5-5}	B_{5-6}	B_{6-1}	B_{6-2}	B_{6-3}	B_{6-4}	B_{6-5}	B_{6-6}	B_{6-7}	B_{6-8}
位移/mm	−4	−19	—	31	2	30	5	8	−9	35
两次测量的位移变化量/mm	−1.17	−0.5	—	−0.54	−0.62	−0.92	−0.54	−0.85	0	−0.23

5) 沉降推算和固结度分析

以实测数据为基础，根据三点法推算最终沉降量 (不考虑次固结) 如表 3-10 所示，根据沉降速率法推算最终沉降量 (不考虑次固结) 如表 3-11 所示。对比分析表 3-10 和表 3-11 的沉降推算值，可见用两种方法求得的最终固结沉降基本一致，可用于沉降预测。

根据地质资料，按经验系数可求得蠕变沉降如表 3-12 所示。

假设使用期为 15 年，施工期为 1 年，主固结度达到 90% 时开始蠕变沉降，根据沉降监测推算蠕变沉降值如表 3-13 所示。

表 3-10 三点法求沉降值

编号	断面 IV				断面 V				断面 VI			
	S_{4-1}	S_{4-2}	S_{4-3}	D_{4-1}	S_{5-1}	S_{5-2}	S_{5-3}	D_{5-1}	S_{6-1}	S_{6-2}	S_{6-3}	D_{6-1}
S_{∞}/cm	64.6	87.1	55.9	20.9	56.2	86.5	51.8	20	34	40.9	19.9	9.3
S_d/cm	29.4	40.3	24.2	0.6	19.6	36.4	12.8	4.8	13.6	8.6	6.4	2.2
S_c/cm	35.2	46.8	31.7	20.3	36.6	50.2	39	15.2	20.4	32.3	13.5	7.1
$\beta/(\mathrm{d}^{-1}\cdot10^{-3})$	860	768	693	430	920	561	573	479	624	755	894	191
$\bar{U}/\mathrm{a}^{-1}$	96.5	95.1	93.5	83.1	97.2	89.5	89.9	85.8	91.7	94.5	96.9	99.9
经验系数	1.79				1.41				1.39			

表 3-11 沉降速率法求沉降

编号	断面 IV				断面 V				断面 VI			
	S_{4-1}	S_{4-2}	S_{4-3}	D_{4-1}	S_{5-1}	S_{5-2}	S_{5-3}	D_{5-1}	S_{6-1}	S_{6-2}	S_{6-3}	D_{6-1}
S_{∞}/cm	63.7	83.9	56.9	18.9	68	79.9	50.8	19.4	31.9	42.3	20.1	9.4
S_d/cm	26.5	47	6.3	1.7	21.4	27.7	10.1	2.4	9.2	9.4	6.5	0.1
S_c/cm	37.2	36.9	50.6	17.2	46.6	52.2	40.7	17	22.7	32.9	13.6	9.3
$\beta/(\mathrm{d}^{-1}\cdot10^{-3})$	950	857	857	511	396	896	644	567	946	652	825	179
$\bar{U}/\mathrm{a}^{-1}$	97.5	96.4	96.4	87.4	80.9	96.9	92.3	89.8	97.4	92.5	96.0	99.9
经验系数	1.79				1.41				1.39			

表 3-12 按地质资料求蠕变沉降

编号		土层	厚度/m	W/%	C_0	$C_a=0.018W$	t_1/d	ΔS_{II}/cm	ΔS_I/cm
	1	粉质黏土	1.90	32.6	0.87	0.058680	400.9	0.76	
	2	淤粉质黏土	17.10	44.0	1.24	0.007920	400.9	7.75	
IV	3	淤粉质黏土	7.00	51.8	1.40	0.009324	46244.6	—	20.7
	4	淤粉质黏土	10.00	43.5	1.19	0.007830	46244.6	—	
	5	粉质黏土	5.10	33.8	0.97	0.006084	5780.6	0.19	
	6	粉质黏土	4.60	32.5	0.93	0.005850	5780.6	0.17	
	1	粉质黏土	0.90	33.3	0.90	0.005994	64.6	0.59	
	2	淤粉质黏土	4.40	36.9	1.01	0.006642	79.3	2.89	
V	3	淤粉质黏土	10.20	44.5	1.19	0.008010	79.3	7.41	22.6
	4	淤粉质黏土	16.90	47.8	1.30	0.008604	7979.6	—	
	5	粉质黏土	18.70	35.0	0.90	0.006300	19505.7	—	
	1	粉质黏土	1.70	33.3	0.900	0.005994	120.3	0.59	
	2	粉质黏土	0.95	29.4	0.830	0.005292	120.3	0.50	
	3	淤质黏土	7.55	45.4	1.270	0.008127	290.6	4.37	
VI	4	淤粉质黏土	8.80	42.3	1.220	0.007614	290.6	2.44	28.3
	5	淤质黏土	7.50	48.8	1.370	0.008784	3032.1	—	
	6	黏土	6.00	42.3	1.220	0.007614	30327.1	—	
	7	粉质黏土	20.00	32.9	0.936	0.005922	11028	—	

表 3-13   按实测推算蠕变沉降

编号		土层	厚度/m	$W/\%$	C_0	$C_a=0.018W$	t_1/d	ΔS_{II}/cm	ΔS_I/cm
IV	1	粉质黏土	1.90	32.6	0.87	0.058680	166.1	0.99	
	2	淤粉质黏土	17.10	44.0	1.24	0.007920	166.1	10.06	
	3	淤粉质黏土	7.00	51.8	1.40	0.009324	475.6	3.28	20.7
	4	淤粉质黏土	10.00	43.5	1.19	0.007830	475.6	4.32	
	5	粉质黏土	5.10	33.8	0.97	0.006084	475.6	1.90	
	6	粉质黏土	4.60	32.5	0.93	0.005850	475.6	1.68	
V	1	粉质黏土	0.90	33.3	0.90	0.005994	256.1	0.42	
	2	淤粉质黏土	4.40	36.9	1.01	0.006642	256.1	2.15	
	3	淤粉质黏土	10.20	44.5	1.19	0.008010	256.1	5.51	22.6
	4	淤粉质黏土	16.90	47.8	1.30	0.008604	355.3	8.43	
	5	粉质黏土	18.70	35.0	0.90	0.006300	355.3	—	
VI	1	粉质黏土	1.70	33.3	0.900	0.005994	214	0.76	
	2	粉质黏土	0.95	29.4	0.830	0.005292	214	0.43	
	3	淤质黏土	7.55	45.4	1.270	0.008127	214	4.78	
	4	淤粉质黏土	8.80	42.3	1.220	0.007614	214	4.69	28.3
	5	淤质黏土	7.50	48.8	1.370	0.008784	123	4.99	
	6	黏土	6.00	42.3	1.220	0.007614	123	3.69	
	7	粉质黏土	20.00	32.9	0.936	0.005922	123	10.96	

剩余沉降是施工完毕至沉降稳定这个阶段的沉降量，主要由主固结后期沉降和蠕变沉降组成。当假设工期为 365 天时，根据地质资料理论计算和实测沉降推算工后沉降，结果分别如表 3-14 和表 3-15 所示。通过对比可见，两种方法推算的沉降均在 300 mm 左右。

表 3-14   按地质资料推算剩余沉降

	土层	S_c	$\bar{U}_{1\text{年}}/\%$	$U_{15\text{年}}/\%$	主固结后沉降/cm	蠕变沉降/cm	工后沉降/cm	工后总沉降/cm
IV	排水板内	35.7	100.0	100	0	7.72	7.72	31.78
	排水板下	43.2	24.1	79.8	24.06	0	24.06	
V	砂井以内	38.8	100.0	100	0	10.24	10.24	31.52
	砂井以下	41.8	23.2	74.1	21.28	0	21.28	
VI	砂井以内	26.3	99.7	100	0.10	7.51	7.61	18.27
	砂井以下	39.2	20.6	47.8	10.66	0	10.66	

表 3-15   按实测沉降推算剩余沉降

	土层	S_c	$\bar{U}_{1\text{年}}/\%$	$U_{15\text{年}}/\%$	主固结后沉降/cm	蠕变沉降/cm	工后沉降/cm	工后总沉降/cm
IV	排水板内	31.5	99.2	100	0.25	10.3	10.55	24.72
	排水板下	17.0	83.7	100	2.77	10.4	13.17	
V	砂井以内	31.8	95.9	100	1.30	7.10	8.40	25.32
	砂井以下	14.0	90.6	100	1.32	15.5	16.82	
VI	砂井以内	24.7	97.7	100	0.57	9.66	10.23	28.90
	砂井以下	9.5	99.8	100	0.02	18.74	18.74	

6) 结论

此实例中在三个监测断面 IV、V、VI 采用了不同的铺设材料，分别为复合土工布、编织布和无纺布。通过对三个监测断面的监测数据分析可见，三个断面的地基均较为稳定。在相同地质条件下，铺设土工布能够有效提高地基的稳定性，能够显著减小沉降，且其中效果最明显的是土工复合布。因此，对于沉降稳定性要求较为严格的路基工程，应铺设土工布。

为了计算此项目的最终沉降量，分别采用了三种方法进行计算。通过分析对比计算结果，可见虽然所用方法不同，但是最终的计算结果较为一致，说明所采用的方法是可行的。

根据此工程实测数据可见，在软土路基中不管是横向或是纵向沉降均较大，且路基的基底压力呈现路中心处较大，路肩分布较小的规律。因此，在软土地基路堤工程施工过程中对沉降、压力等相关参数进行监测是十分必要的。

3.5.2 软土地区高速路基施工监测实例二

随着传感技术的迅速发展，光纤传感技术也成功应用于软土路基的沉降监测中，下面通过监测实例对其工程概况、监测项目及传感器布置、监测结果进行介绍。

1. 工程概况

某高速公路的路基监测段，主要地层分布为侏罗系上统磨石山组 (J3m)，第四系全新统 (Q4) 和上更新统上组地层。部分路段途经区域存在软土分布，主要为厚层淤泥、淤泥质黏土。此类土体属于结构性软土，具有高含水量、高压缩性等特性，因此对此段路基工程而言十分不利。因此，计划对此段路基进行施工监测。

2. 监测项目及传感器布置

根据此项目的实际情况，选用传感光纤对软土路段 (K329+330~K329+410) 进行监测，此范围内设有测斜管与沉降板监测点，便于对数据进行对比验证分析，传感光纤的布置方式如图 3.14 所示。在两个期间，一共进行了 7 次监测工作。

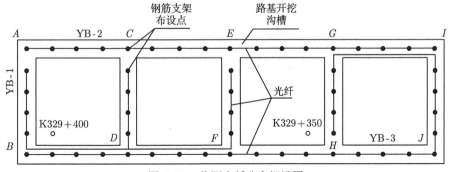

图 3.14　监测光纤分布埋设图

3. 监测结果

1) 侧向水平位移

图 3.15 为两个测点的测斜管监测数据, 可见两测点的侧向水平位移均随深度的增加呈减小的趋势, 超过 20 m 时, 水平位移已不明显。两侧点表层的水平位移变化速率也较小, 均未超过 0.17 mm/d, 说明路基处于相对稳定的阶段。因此, 水平侧向位移量对于光纤及沉降板竖向沉降的影响在本次试验中可忽略不计。

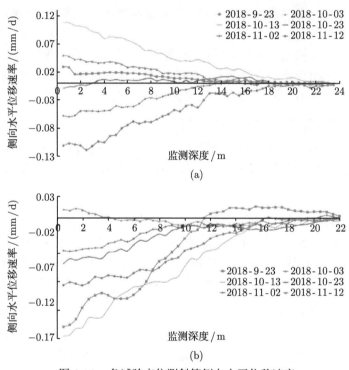

图 3.15　各试验点位测斜管侧向水平位移速率

2) 沉降板监测数据

K329+350(左侧/中间) 和 K329+400(中间) 测点的竖向沉降情况如图 3.16 所示。可见, 几个测点的竖向沉降变化规律较为一致, 在监测初期沉降量较大, 随着时间的推移, 沉降首先呈减小的趋势, 并于 10 月 3 日出现正的极大值, 说明在前期阶段路基并未发生沉降。随后, 路基随时间的推移, 出现了较为平缓的沉降, 但沉降值较小均未超过 6 mm, 此阶段路基较为稳定。

3) 光纤监测数据

YB-1 光纤监测数据如图 3.17 所示, 可见, 由于钢筋支架的存在, 监测数据呈现出良好的分段性, 能够将每段监测数据与钢筋支架布设点相对应。YB-2 光纤监

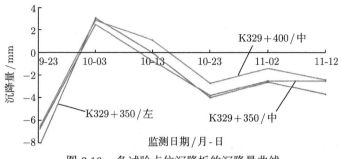

图 3.16 各试验点位沉降板的沉降量曲线

测数据如图 3.18 所示，可见数据关于 70~82 m 的位置处，呈现出良好的对称性，这是由于此段光纤信号传输方向同样具有对称性，为 *A-C-E-G-I-I-G-E-C-A*。

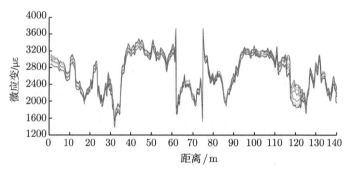

图 3.17 YB-1 光纤监测数据

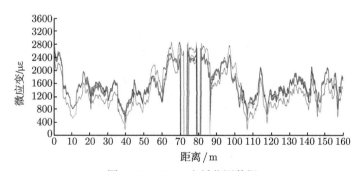

图 3.18 YB-2 光纤监测数据

　　为了得到每根钢筋支架布设点处的沉降量，通过 MATLAB 和 Origin 软件对光纤监测数据进行积分计算，得到相应的沉降量。为了验证计算所得沉降量的可靠性，与沉降板监测所得沉降量进行了对比验证，发现两者监测所得沉降量具有一致性，说明此方法是可行的。

在此基础上,用 MATLAB 软件对 *A-B-D-C-E-F* 区域的光纤数据进行了样条插值法处理,得到此区域的三维沉降图如图 3.19 所示。可见,三维沉降图不仅与实际沉降监测结果具有一致性,而且与二维平面曲线相比,三维沉降图能够更为直观地反映出监测区域的沉降量。

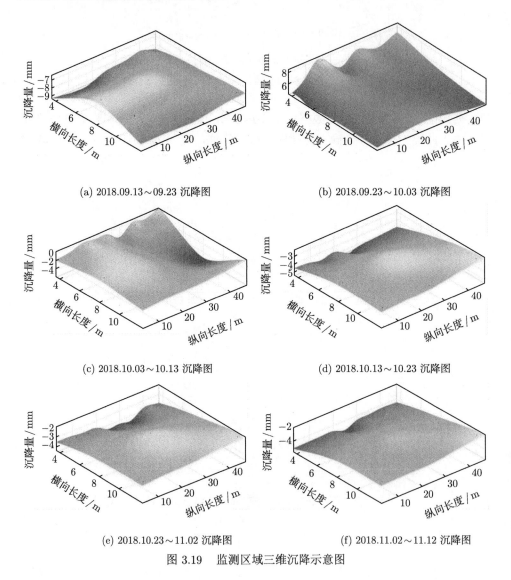

(a) 2018.09.13～09.23 沉降图   (b) 2018.09.23～10.03 沉降图

(c) 2018.10.03～10.13 沉降图   (d) 2018.10.13～10.23 沉降图

(e) 2018.10.23～11.02 沉降图   (f) 2018.11.02～11.12 沉降图

图 3.19   监测区域三维沉降示意图

课 后 习 题

1. 软土地基 (路基) 监测项目主要包括哪些?

2. 软土地基 (路基) 监测的目的是什么?

3. 软土地区高速公路路基监测主要包括哪些内容?

4. 软土地基 (路基) 监测中各个项目的监测仪器及方法是什么?

5. 软土地基 (路基) 沉降预测方法有哪些?

第 4 章　桩基测试技术

4.1　桩基检测方法

桩基础已经是当前土木工程中最主要的基础类型，也是目前国内使用最为普遍的基础形式。因为桩基工程都属于隐蔽施工，因此出现安全问题时不易发现，而且事故处理较难。所以，桩基监测是整个建筑施工过程中不可或缺的部分。桩基础是把建筑物的竖向荷载和水平荷载全部或部分传递给地基岩土体的，具备一定刚性和抗扭性能的结构构件，是一种十分重要的地下结构。

自 20 世纪 80 年代开始，中国的桩基测试技术尤其是动测技术获得了蓬勃发展。桩基测试的主要目的是给桩基设计工作提出合理参考的依据，由专业的检测人员在桩基现场通过试桩完成检测工作。检验工程桩的承载能力能否达到工程设计或建 (构) 筑物对桩基承载力的要求，由现场对桩抽样检验实现。就目前国内的基桩施工检验实际情况来看，如果不把动测方法作为桩基质量与承载力评价之间的补充手段，仅用静测法检测经济性差，成本较高。所以，为了提高桩基工程的检测效率和经济性，使用理论基础与实践经验渐趋完善的动测技术已经称为发展趋势，但与常见的直接法检测比较，动测法对检验技术人员的经验和理论知识水平具有较高的要求。而且，动测法检测技术在国内起步时间已将近三十年，但实际应用时间仅十余年，这项技术的经验与理论知识也亟待累积与完善。

桩基测试在测量原理上，大致可分为桩基静力测试技术、桩基动力测试技术，按方式的不同又可分为直接法、半直接法和间接法三类。测试方面一般着重在承载能力和桩身完整性两个方面。如表 4-1 所示，为目前常用的检测方法，在实际工程中检测方法的选择需要综合考虑多种因素的影响。所以在选用检测方法时，应当按照检测目的、检测方法的具体适用范围和能力，综合考虑工程设计条件、成桩工艺、地质要求以及施工重要性等实际情况综合判断，同时又要充分考虑工程实践中的经济性和合理性，即在实现对桩基科学检测的前提下，尽可能提高检测的效率和经济性。

表 4-1 检测方法及检测目的

检测方法	检测目的
单桩竖向抗压静载试验	确定单桩竖向抗压极限承载力； 判定竖向抗压承载力是否满足设计要求； 通过桩身内力及变形测试，测定桩侧、桩端阻力； 验证高应变法的单桩竖向抗压承载力检测结果
单桩竖向抗拔静载试验	确定单桩竖向抗拔极限承载力； 判定竖向抗拔承载力是否满足设计要求； 通过桩身内力及变形测试，测定桩的抗拔摩阻力
单桩水平静载试验	确定单桩水平临界和极限承载力，推定土抗力参数； 判定水平承载力是否满足设计要求； 通过桩身内力及变形测试，测定桩身弯矩和挠曲
钻芯法	检测灌注桩桩长、桩身混凝土强度、桩底沉渣厚度，判定或鉴别桩底岩土性状，判定桩身完整性类别
低应变法	检测桩身缺陷及其位置，判定桩身完整性类别
高应变法	判定单桩竖向抗压承载力是否满足设计要求； 检测桩身缺陷及其位置，判定桩身完整性类别； 分析桩侧和桩端土阻力
声波透射法	检测灌注桩桩身缺陷及其位置，判定桩身完整性类别

4.2 桩基静力测试技术

桩基静力测试技术是通过一定的方式向桩基施加竖直或水平方向的静力荷载，来检测桩基的承载能力，此检测方法与桩基实际工作过程中的受力状态十分接近，这是目前应用最为普遍的检测方法。通过静力测试能够得到桩基的竖向或水平承载力，从而确定桩基是否满足工程要求，是衡量桩基承载能力的重要方法。按照静力作用方向的不同，主要可分为竖向抗压静载荷试验、竖向抗拔静载荷试验、水平静载荷试验三类。

4.2.1 竖向抗压静载荷试验

竖向抗压静载荷试验是按一定的顺序对桩顶逐级施以竖向压力，通过观察桩顶随时间产生的沉降量以判断相应的单桩竖向抗压强度。下面将对竖向抗压静荷载试验的方法、设备、流程等注意事项进行介绍。

1. 加载装置

1) 堆载法

堆载法的加载装置主要由堆载、反力梁、千斤顶等组成，其中堆载为重物，可以采用钢筋混凝土块、土袋或水箱等。将堆载的重物放于反力梁上，反力梁一般是由钢梁组成的承重平台。待堆载放置完成后，在桩顶安装千斤顶，利用堆载和千斤顶对桩顶施加竖向的荷载，由安装在桩顶的位移计对加载过程中桩顶的沉降量进行监测。堆载法加载装置如图 4.1 所示。

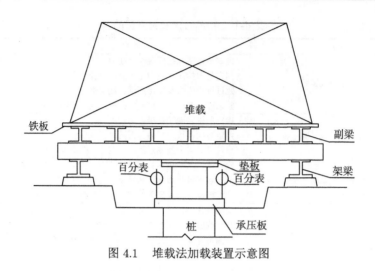

图 4.1　堆载法加载装置示意图

2) 锚桩法

锚桩的反力梁装置在具体应用时，可依据反作用力锚的种类，大致分为两种。第一种是将反力架和锚桩连接在一起产生反作用力，通常简称为锚桩反力梁装置。一般是利用数只锚的反作用力，将被测试的桩附近垂直的锚桩与反作用力架连接。之后再利用桩顶部的千斤顶把反作用力架顶起，所连接的锚桩就供给了反作用力，在这种情况下，锚桩数量的选择就变得非常关键，所提供的反力的大小与反作用力架高度以及所连接的锚桩的抗拉能力密切相关。这种设备具有一种很大的优势，不受场地要求和加载吨位的影响。在条件允许时，采用这种装置是较为经济的，一旦没有适合的辅助桩提供反力，进行专门的辅助桩施工成本则是非常高的。锚桩法试验过程中，必须不断检查在锚桩上的拔量，避免由于锚桩上拔量过大而影响加载。

尤其是针对小吨位的基础桩和复合地基试验项目，与其他检测方法相比，地锚的优越性非常明显。地锚又可以分为竖直式和斜拉式两种，其中竖直式地锚仅受竖向的拉力，在选择此检测方法时应注意，地锚会对锚定地面的土体产生一定的扰动。桩锚法加载装置示意图如图 4.2 所示。

3) 锚桩压重联合法

锚桩压重联合法顾名思义是联合运用了前两种检测方法，这种方法适用于测试要求的最高加载量大于锚桩的抗拔力时的情况，可以在横梁上安装一定的重物，让锚桩与重物的重量一起承担千斤顶的反作用力，这种方式就叫作锚桩压重联合法。此方法也适用于当试验过程中，受场地条件的限制，压重平台的布置受到限制，同时也适用于锚桩横梁反力装置受限的情况，都可以采用锚桩压重联合法。锚桩压重联合法加载装置如图 4.3 所示。

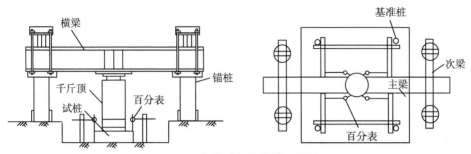

图 4.2 锚桩法加载装置示意图

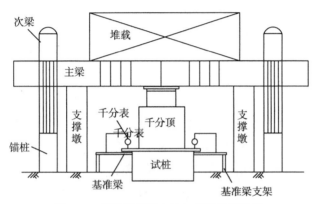

图 4.3 锚桩压重联合法加载装置示意图

堆载法、锚桩法以及锚桩压重联合法的优缺点对比如表 4-2 所示。

表 4-2 检测方法及检测目的

检测方法	优缺点
堆载法	优点：加载装置应用较为广泛，承重平台搭建简单，适合不同荷载量的试验，以及无筋或少筋的桩基检测，可对工程桩进行随机抽样检测 缺点：需要运输车辆及吊车配合，试验成本较高，耗时较长，如使用水箱配重，试验结束后，会影响试验场地
锚桩法	优点：锚桩反力梁装置是通过邻近工程桩或预设锚桩提供反力，安装快捷，特别对于大吨位试桩，节约成本明显 缺点：安装时荷载对中不易控制，试验的开始阶段容易产生过冲，当使用工程桩做锚桩时，会对工程桩的承载力产生一定的影响，如果为试验桩设置专用的锚桩，则会大大增加相关成本。锚桩在试验过程中受到上拔力的作用，其桩周土的扰动同样会影响到试桩
锚桩压重联合法	优点：结合了堆载法和锚桩法的优点，能够增大静载试验的加载量，由于堆载的作用，锚桩混凝土裂缝的能够得到有效的控制 缺点：桁架或横梁上存在挂重或堆重的作用，在试验过程中试桩发生破坏时，会产生振动、反弹对安全不利

2. 测试仪表

桩基检测过程中主要对两个物理量进行监测，分别为桩顶施加的荷载量的大小以及各级荷载下桩顶的沉降量。

桩顶荷载的测量方法主要有两种，第一种是利用千斤顶上的相关压力传感器直接进行监测，第二种方法是通过对油压千斤顶的油压进行监测，再根据油压值换算成桩顶的荷载值。传感器和压力表的误差应在规范要求的范围内，为保证测量结果的准确性，最大加载时的压力不超过量程的 80%。

桩顶沉降量的监测方法通常是在桩端安装百分表或其他位移传感器，传感器的数量应根据桩径决定，桩径较大的桩安装 4 个，桩径较小的安装 2~3 个。由于基准梁的沉降会影响测试结果的准确性，当采用堆载法时需要对基准梁的沉降情况进行监测，而且在测量过程中应避免基准梁受到其他人为因素的影响。

3. 试验流程及要求

1) 试桩数量

规范中要求在相同条件下抽检桩数不少于 3 根，而且不得低于总桩数的 1%；当工程桩数量在 50 根以内时，检测数量不应低于 2 根。在实际工程检测中，应根据具体工程的实际情况选择合适的试桩数量。

2) 试验要求

(1) 为防止桩顶在检测过程中被破坏，通常需要对试桩顶部进行加固处理，可在桩顶上设置钢筋网 2~3 层，或用薄钢材圆筒与桩顶浇筑在一起，并用高标号水泥将桩顶抹平，但对于预制桩，如桩顶上无损坏则可不另做处理。

(2) 为设置沉降检测传感器，要求试桩的最顶端露出地面的高度不得低于 600 mm，且试坑地面宜与桩轴承台底设计标高相同。

(3) 试桩的成桩方法及其质量管理要求，应与标准工程桩一致。为减少灌注桩试桩养护时间，常用的方法有两种，分别为提高混凝土的等级和掺入一定量的早强剂。

(4) 从成桩至开始试验的休止期需要满足以下要求：在桩体强度满足设计要求的前提下，不同的桩周土应采取不同的休止期，对于砂土不应小于 10 天，对于粉土和黏性土不应少于 15 天，对于淤泥或淤泥质土，不应少于 25 天。

(5) 为提高桩头的抗压能力，桩头混凝土等级宜比桩身混凝土高 1~2 个等级，且不低于 C30。

(6) 由于孔隙水压力的消散情况会影响试桩的检测结果，因此在试桩的休止期内，试桩结果周围 30 m 范围内尽量不出现可能引起桩内土中孔隙水压增大的情况干扰。

(7) 对于部分试桩, 如锚桩灌注桩以及有接头的预制桩, 在检测前宜进行完整性检测。

3) 加卸载方式、沉降观测及终止加载条件

(1) 加卸载方式

慢速维持荷载法的具体方法为, 加载过程采用逐级加载, 每级加载为预估极限荷载的 1/10~1/15, 待沉降达到相对稳定后, 再加下一级荷载。卸载时, 同样采用逐级卸载, 卸载值为加载值的 2 倍, 卸载时, 15 min/次, 第二次测读后, 30 min/次。待所有的荷载卸载完毕后, 每 3~4 h 进行一次测读。

(2) 沉降观测

待荷载加载后, 前期间隔 5 min、10 min、15 min 测读一次, 以后每隔 15 min 测读一次, 累计 1 h 后每隔 30 min 测读一次。

(3) 沉降相对稳定标准

当沉降值小于 0.1 mm/h 时, 并在 1.5 h 内连续 3 次观测值中有 2 次满足上述要求时, 则可以进行下一级的加载。

(4) 终止加载条件

当发生了以下情形之一时, 即可停止加载。

某级荷载作用下, 桩的沉降量为前一级荷载作用下沉降量的 5 倍, 当桩顶沉降能相对稳定且总沉降量小于 40 mm 时, 宜加载至桩顶总沉降量超过 40 mm。

某级荷载作用下, 桩的沉降量大于前一级荷载作用下沉降量的 2 倍, 且经过 24 h 尚未达到相对稳定。

已达到设计要求的最大加载量。

已达到锚桩最大抗拔力或压重平台的最大重量时。

当荷载–沉降曲线呈缓变型时, 可加载至桩顶总沉降量为 60~80 mm, 在特殊情况下, 可根据具体要求加载至桩顶累计沉降量超过 80 mm。

(5) 卸载与卸载沉降观测

每级卸载值为每级加载值的 2 倍。每级卸载后隔 15 min 测读一次残余沉降, 读两次后, 隔 30 min 再读一次, 即可卸下一级荷载, 全部卸载后隔 3~4 h 再读一次。

4. 试验数据整理

根据试验数据, 手绘或利用相关软件进行绘制竖向荷载–沉降曲线 ($Q–s$)、沉降–时间对数 ($s–\lg t$)、沉降–荷载对数 ($s–\lg Q$)。通过分析三种曲线, 即可得到所测桩基在各级荷载作用下的承载特性。

5. 竖向抗压承载力及特征值的确定

(1) 对于陡降型 $Q–s$ 曲线, 取其沉降发生明显增加的起始点对应的荷载值。

(2) 根据 s–$\lg t$ 曲线，取曲线尾部出现明显下弯的前一级荷载值。

(3) 某级荷载下，桩顶沉降量大于前一级荷载作用下的 2 倍，且经 24 h 尚未达到相对稳定标准，则取前一级荷载值。

(4) 对于缓变型 Q–s 曲线可根据沉降量确定，宜取 $s=40$ mm 对应的荷载值；当桩长大于 40 m 时，宜考虑桩身弹性压缩量；对直径大于或等于 800 mm 的桩，可取 $s=0.5D$（D 为桩端直径）对应的荷载值。

(5) 当按上述四条判定桩的竖向抗压承载力未达到极限时，桩的竖向抗压极限承载力应取最大试验荷载值。

根据 JGJ 106—2014《建筑基桩检测技术规范》，单桩竖向抗压承载力特征值按单桩竖向抗压极限承载力统计值的一半取值。

6. 自平衡法

1) 自平衡法的概念

自平衡法与上述两种方法有所不同，此方法是在桩基施工过程中，将根据桩加载要求而定制设计的荷载箱放在桩体下方，再通过压力油管和位移检测设备安装在桩上方，待桩身混凝土养护到标准龄期时，再利用上部高压油泵给下部的荷载箱施加压力，从而确定了被测桩的承载能力。

自平衡试桩技术是一种类似于竖向抗压桩的实际承载情况的测试技术，它的主要构件是专用的加载箱和钢筋笼相接埋入桩的预定地点，再将加载箱内的高压油管和位移管同时引到地面之上。经油泵给加载箱内的充油并负载。加载箱采用厚钢板使力传至桩体，且不发生应力集中现象，用其上部桩体的摩擦力和下部桩体的摩擦力及桩端阻力与所加荷载相平衡。开始加载后，加载箱形成的荷载随着桩身轴线向上、下传递。假定试桩在受到荷载作用时，桩身结构完整，其在各级荷载作用下桩身混凝土和钢筋的变形协调，则通过预先埋设于桩身上的钢筋计算监测截面的轴力，从而得到侧摩阻力。自平衡法的加载装置见图 4.4 所示。

2) 自平衡法的优缺点

自平衡法的优点是：自平衡法与传统的加载方法相比，此方法不需要锚桩或堆载提供反力，操作相对方便，不受试验场地的限制，具有较高的经济性。

自平衡法的缺点是：由于荷载箱埋置在桩身内部，若在检测过程中桩身出现断桩，则较难进行补救。而且自平衡法常用于灌注桩的竖向抗压承载力检测，不适用于预制桩的检测。而且在加载箱上部和下部桩身所受侧摩阻力的作用方向相反，与实际工程情况存在一定的差异。

3) 自平衡法与传统加载方法的相同点

试验对象：自平衡法与传统方法相比的目的是一致的，都是为了检测桩基的竖向承载能力，试验结果可以为桩基的勘察、设计、施工提供参考和依据。

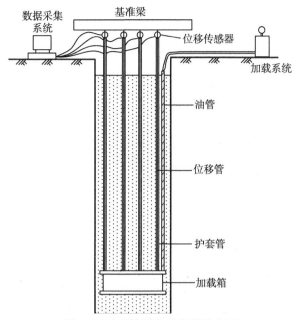

图 4.4 自平衡法加载装置示意图

试验原理：和所有传统加载方式一样，自平衡法也不是一种全新的检测方法，它只是在桩基内部进行反力作用的一种加载方式，和所有传统的检测方式一样，与现在已经广泛执行的相关标准并无冲突。自平衡法的加载速度、稳定判别要求等方面，都与传统加载方式基本相同，完全能够在目前的现有试验标准框架内实现。

4) 自平衡法与传统加载方法的不同点

反力方式：自平衡法与传统加载方式最大的不同就是反力的作用方式，传统加载是在试桩的桩顶作用一竖向的压力，而自平衡法是由桩身内部提供反力作用。

加载方向：当采用传统加载方式时，桩身的受力情况与实际工作状态情况一致，受到竖直向上的侧摩阻力和桩端阻力的作用。当采用自平衡法加载时，在加载箱下方的桩体受到竖直方向上的侧摩阻力和桩端阻力的作用，而加载箱上方的桩体受到的侧摩阻力则方向相反。因此，自平衡法检测所得试验结果需要进行处理后，才可以进行承载力的判断。

4.2.2 单桩竖向抗拔静荷载试验

高耸建 (构) 筑物的桩基往往要承受较大的上拔荷载，因此需要对桩基的竖向抗拔能力进行检测，较为常用的方法为单桩竖向抗拔静载试验。下面对单桩竖向抗拔静载试验的加载装置、测量仪表、试验流程等内容进行介绍。

1. 加载装置

单桩竖向抗拔静载试验的加载一般采用锚桩法。锚桩法的加载装置主要由锚桩、千斤顶、锚笼和反力架组成，如图 4.5 所示。在检测前，首先进行锚桩、锚笼等部件的安装，待前期工作准备完成后，开始进行检测。由安装在锚桩上的千斤顶为试桩提供上拔力，若条件允许时，也可以由相邻的工程桩作为锚桩，当锚桩为灌注桩时，为防止破坏桩身结构，应在桩身的通长进行配筋。

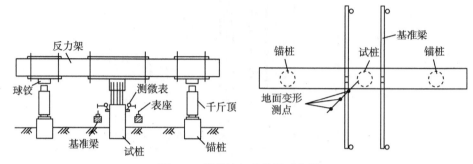

图 4.5 锚桩法加载装置示意图

2. 测试仪表

单桩竖向抗拔静载试验所用测试仪表和竖向抗压静荷载试验中的一致，且对仪表精度的要求和注意事项均可参上。其中，上拔力由千斤顶的压力表通过换算得出，桩顶位移由位移传感器进行监测。

3. 试验流程及要求

1) 试验要求

(1) 基准桩中心与试桩中心、锚桩中心保持一定距离，须符合表 4-3 的要求。

表 4-3 检测方法及检测目的

距离	试桩中心与锚桩中心（或压重平台支墩边）	试桩中心与基准桩中心	基准桩中心与锚桩中心（或压重平台支墩边）
锚桩横梁	$\geqslant 4(3)D$ 且 >2.0 m	$\geqslant 4(3)D$ 且 >2.0 m	$\geqslant 4(3)D$ 且 >2.0 m
压重平台	$\geqslant 4D$ 且 >2.0 m	$\geqslant 4(3)D$ 且 >2.0 m	$\geqslant 4D$ 且 >2.0 m
地锚装置	$\geqslant 4D$ 且 >2.0 m	$\geqslant 4(3)D$ 且 >2.0 m	$\geqslant 4D$ 且 >2.0 m

注：D 为试桩、锚桩或地锚的设计直径或边宽，取其较大者；

当试桩或锚桩为扩底桩或多支盘桩时，试桩与锚桩的中心距尚不应小于 2 倍扩大端直径；

括号内数值可用于工程桩验收检测时多排桩设计桩中心距小于 $4D$ 的情况；

软土场地堆载重量较大时，宜增加墩边与基准桩中心和试桩中心之间的距离。

(2) 锚桩桩顶高出试桩桩顶 1500 mm，务必保持锚桩桩顶的平整。

(3) 试桩桩身钢筋伸出桩顶长度不宜少于 40 d+500 mm(d 为钢筋直径)，为设计提供依据时，试桩按钢筋强度标准值计算的抗拉力应大于预估极限承载力的 1.25 倍。

(4) 试桩顶部露出地面的高度不宜小于 300 mm，桩身垂直度偏差不应大于 1‰。

2) 加卸载方式及终止加载条件

(1) 采用慢速维持荷载法逐级等量加载，分级荷载为最大加载量或预估极限承载力的 1/10，其中第一级可取分级荷载的 2 倍。每级荷载达到相对稳定后加下一级荷载，直至试桩破坏或满足设计要求。每一级卸载值为每级加载值的 2 倍，每级卸载后隔 15 min 测读一次残余沉降，测读两次后，每隔 30 min 再测读一次，即可卸下一级荷载，全部卸载后，隔 3 h 再测读一次。

(2) 终止加载条件，当出现下列情况之一时，即可终止加载：

某级荷载作用下，上拔位移量出现陡增且桩顶总沉降量超过 80 mm；

桩顶荷载达到了桩收钢筋强度标准值的 0.9 倍，或某根钢筋拉断；

桩的累计上拔量超过 100 mm；

对于抽样检测的工程桩，达到设计要求的最大上拔荷载值。

4. 试验数据整理

单桩竖向抗拔静载试验的成果主要包括以下内容：

(1) 荷载–时间–位移汇总表；

(2) 荷载–时间–位移曲线图；

(3) 当在桩身安装相关传感器，得到桩身应变或应力时，可以绘制各级荷载下的轴力图、侧摩阻力分布图；

(4) 对检测过程中出现的异常现象进行分析。

5. 竖向抗拔承载力及特征值的确定

1) 对于陡变型曲线，如图 4.6 所示。可见，随着荷载的增加，上拔位移量首先呈线性缓慢增大的趋势，在曲线段后，位移量呈明显增大的线性趋势。此时取位移量明显增大起始点处的荷载作为桩的竖向抗拉极限承载力。

2) 对于缓变型曲线，如图 4.7 所示。通常取其 δ–lg$t$ 曲线中出现明显下弯的前一级荷载值为竖向抗拔极限承载力。

3) 当在某级荷载下抗拔钢筋断裂时，取其前一级荷载值。

单桩竖向抗拔承载力特征值的确定：

(1) 单桩竖向抗拔极限承载力统计值的确定可参考竖向抗压极限承载力的确定方法。

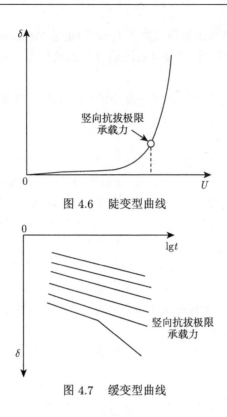

图 4.6   陡变型曲线

图 4.7   缓变型曲线

(2) 当在最大上拔荷载作用下，未出现 (1) 中的情况时，可按设计要求判定。

(3) 单位工程同一条件下的单桩竖向抗拔承载力特征值为极限承载力统计值的一半。当工程桩不允许带裂缝工作时，取桩身开裂的前一级荷载作为单桩竖向抗拔承载力特征值，并与按极限承载力一半取值确定的承载力相比取小值。

4.2.3   单桩水平静载荷试验

为了检测桩基在水平荷载作用下的受力特性，通常采用单桩水平静载试验来判定被测桩的临界荷载和极限荷载。由于此试验荷载的作用方向一般呈水平方向，因此也叫作水平荷载试验或水平推力试验。

1. 加载装置

单桩水平静载试验的加载装置一般由基准桩、试桩和千斤顶组成，将千斤顶安装在基准桩和试桩之间，为确保千斤顶的作用力能够穿过桩身的轴线，需要在千斤顶与试桩之间安装球铰，如图 4.8 所示。

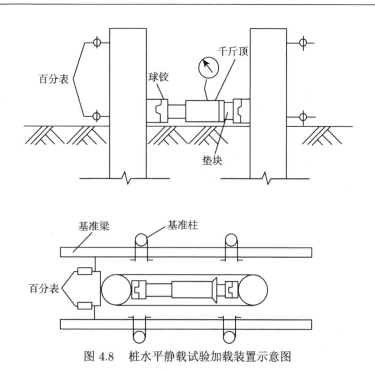

图 4.8 桩水平静载试验加载装置示意图

2. 测试仪表

荷载通过柱式力传感器或压力变送器进行量测；试桩的水平位移通过百分表测量；桩身弯矩可以通过在桩身安装应变或应力测试元件进行量测。试验所用仪表均应经过计量标定。

3. 试验流程及要求

1) 试验要求

(1) 基准桩宜打设在试桩侧面靠位移的反方向，试桩的净距不小于 1 倍试桩直径。

(2) 试桩数量应根据设计要求和工程地质条件确定，通常不少于 2 根。

试验细节及要求可参见规范 JGJ 106—2014《建筑基桩检测技术规范》中单桩水平静载试验部分的相关要求。

2) 加卸载方式及终止加载条件

(1) 加卸载方式

加载方式通常为单向多循环加卸载法，首先预估水平极限承载力，取其 1/15～1/10 作为每级荷载增量，同时增量的确定也需要综合考虑场地土层条件、桩径等因素。每级荷载稳定后，恒载 4 min 测读水平位移，然后卸载至零，间隔 2min 测读残余水平位移，或加载、卸载各 10 min，如此循环 5 次，再施加下一级荷载。对于个别承受长期水平荷载的桩基也可采用慢速连续加载法进行，稳定标准可参照规范 JGJ 106—2014《建筑基桩检测技术规范》确定。

(2) 终止加载条件

当试验过程中出现下列情况之一时，即可终止加载：

桩身折断；

桩身水平位移超过 30~40 mm(软土中取 40 mm)；

水平位移达到设计要求的水平位移允许值。

4. 试验数据整理

采用单向多循环加载法时，应绘制水平力–时间–作用点位移 $(H - t - X)$ 关系曲线和水平力–位移梯度 $(H - \Delta X / \Delta H)$ 关系曲线，如图 4.9 和图 4.10 所示。

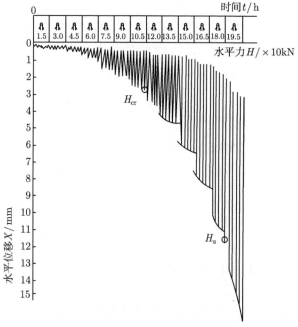

图 4.9　$H - t - X$ 关系曲线

1) 地基土水平抗力系数的比例系数

地基土水平抗力系数的比例系数可按下式计算

$$m = \frac{\left(\dfrac{H_{\mathrm{cr}}}{X_{\mathrm{cr}}} v_x\right)^{\frac{5}{3}}}{B\left(E_{\mathrm{c}} I\right)^{\frac{2}{3}}} \tag{4-1}$$

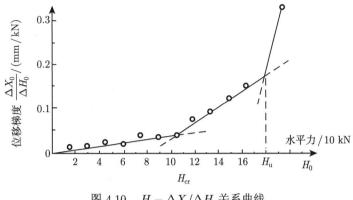

图 4.10 $H - \Delta X/\Delta H$ 关系曲线

式中, m 为地基土水平抗力系数的比例系数; H_{cr} 单桩水平临界荷载; X_{cr} 单桩水平临界荷载对应的位移; v_x 为桩顶水平位移系数; E_cI 为桩身抗弯刚度, E_c 为桩身材料弹性模量, I 为桩身换算截面惯性矩; B 为桩身计算宽度, 应根据桩的横截面形状及桩径进行选取。

2) 单桩水平临界荷载和极限荷载的确定

如图 4.11, 单桩水平临界荷载的确定方法如下。

(1) $H - t - X$ 出现陡增的前一级荷载;

(2) $H - \Delta X/\Delta H$ 曲线第一条直线段的终点所对应的荷载;

(3) 当桩身埋设有应力计时, 取 $H - \sigma_g$ 曲线中第一个陡增点所对应的荷载。

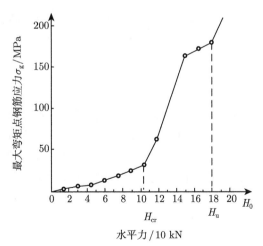

图 4.11 桩身埋设有钢筋应力计时的水平临界荷载

3) 单桩水平极限荷载的确定

单桩水平极限荷载的确定方法如下。

(1) 取 $H - t - X$ 曲线陡降的前一级荷载;

(2) $H - \Delta X/\Delta H$ 曲线第二条直线段的终点所对应的荷载;

(3) 取桩身折断或受拉钢筋屈服时的前一段荷载;

(4) 对于一些特殊工程, 应根据相应的方法和要求确定水平极限荷载。

4) 单桩水平承载力特征值的确定

单桩水平承载力特征值的确定方法如下。

(1) 当水平承载力按桩身强度控制时, 取水平临界荷载统计值为单桩水平承载力特征值; 当桩受水平荷载长期作用且桩身不允许开裂时, 取水平临界荷载统计值的 0.8 倍作为单桩水平承载力特征值。

(2) 当设计要求按水平允许位移控制时, 可取水平允许位移对应的水平荷载作为单桩水平承载力特征值, 但应满足有关规范的抗裂设计要求。

(3) 对钢筋混凝土预制桩、钢桩、桩身配筋率不小于 0.65% 的灌注桩, 可根据静载试验结果取地面水平位移为 10 mm(对水平位移敏感的建筑物取 6 mm) 所对应的荷载的 75% 作为单桩水平承载力特征值。

(4) 对于桩身配筋率小于 0.65% 的灌注桩, 可取单桩水平静载试验的临界荷载的 75% 为单桩水平承载力特征值。

4.3　桩基动力测试技术

桩基动力测试技术能够弥补静力测试的缺点, 具有效率高、经济性好等优势。桩基的动力测试技术主要可分为低应变法和高应变法两大类, 下面分别对这两种方法进行介绍。

4.3.1　低应变动力测试

低应变检测的理论基础是以波动方程和行波理论, 在不考虑桩周土体对应力波传播的前提下, 可将混凝土管桩视为均匀连续的一维线弹性构件。通过各种方法在试桩的桩顶作用一冲击力, 应力以波的形式从桩顶向下传播。通过安装于桩身的传感器, 可以对应力波进行监测, 根据实测曲线对桩基的完整性及缺陷类型进行判断。低应变检测原理如图 4.12 所示。

1. 检测数量要求

柱下三桩或三桩以下的承台抽检桩数不得少于 1 根; 设计等级为甲级, 或地质条件复杂、成桩质量可靠性较低的灌注桩, 抽检数量不应少于总桩数的 30%, 且不得少于 20 根; 其他桩基工程的抽检数量不应少于总桩数的 20%, 且不得少于

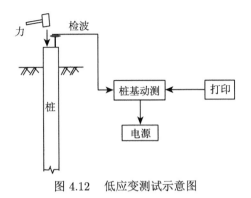

图 4.12 低应变测试示意图

10 根。当桩身完整性 Ⅲ、Ⅳ 类的桩之和大于抽检桩数的 20% 时，宜在未检桩中继续扩大抽检范围。

2. 检测设备

低应变检测设备主要包括瞬态激振设备、信号采集系统、传感器及专用附件。

(1) 瞬态激振设备：通常由力锤和锤垫组成，使用力锤对桩顶施加一冲击力。

(2) 检测仪器信号采集系统：此系统采样间隔、采样点数、线性度以及响应范围应能满足项目的监测要求。

(3) 传感器：主要采用加速传感器，且所用加速度传感器的灵敏度、线性度等参数应能满足监测的要求。

3. 低应变检测方法及要求

1) 传感器安装和激振操作

(1) 检测点应在桩顶均匀对称选取，测点数量根据桩径确定，桩径范围为 ≤600 mm、600~1000 mm、>1000 mm 时，测点数分别应不小于 2 个、3 个、4 个；

(2) 钢筋主筋会影响检测结果，传感器安装时应避开主筋位置，并保持一定距离；

(3) 传感器与试桩之间的空隙会影响检测结果，在安装传感器时应采用耦合剂填充空隙，使传感器与桩身之间耦合良好；

(4) 使用力锤施加冲击荷载时，冲击荷载的作用方向应垂直于桩顶平面；

(5) 应根据桩型及尺寸，选择合适的激振设备，并且应选择合适的脉冲信号检测不同部位的桩身缺陷。

2) 信号采集和筛选

(1) 对于同一测点的检测信号，信号之间的规律应相似，遇到异常信号应重新进行检测，且有效信号数不宜少于 3 个；

(2) 通过分析实测信号的特征，能够了解试桩的桩身完整性；

(3) 检测信号应无异常、无失真和零漂现象，且在测量系统的量程范围之内；

(4) 当同一检测点或不同测点之间的检测信号重复性较差时，需要对产生的原因进行分析，根据实际情况进行调整，必要时增加检测点。

(5) 对于同一场地试桩的现场检测宜采取相同的激振设备和采集系统，以及保持相同的试验操作。

4. 低应变检测数据分析及判定

1) 桩身纵波波速

当桩长为 L 时，场地、桩型、尺寸等条件相同时，选取不少于 5 根 I 类桩的检测数据按式 (4-2) 计算。

$$C = \frac{2L}{t_r} \tag{4-2}$$

式中，C 为桩身纵波波速；L 为试桩的桩身长度；t_r 为桩底反射波的到达时间。

2) 试桩低应变波形分析

下面分别对完整桩、断桩、缩径桩、扩径桩以及离析桩的低应变波形特征进行介绍。

完整桩是桩身完整、未被损坏，没有出现断桩、裂缝等质量问题的桩。对完整桩的实测曲线来说，反射相对规则，出现桩底明显的反射波。但是当桩身较长、施加的冲击力较小时，桩底反射波不明显。完整桩的低应变波形如图 4.13(a) 所示。

断裂桩的低应变波形特征为：桩身断裂处的反射波与常规反射波相比，具有较大的波幅，且出现较多次的反射，桩底反射不明显，如图 4.13(b) 所示。

缩径桩的低应变波形特征为：桩身径缩处与正常桩径处相比，具有较小的阻抗，因此当经过径缩处时，波速出现明显的增大，而且桩径变化处会出现一定的反射波，此反射波与入射波的相位是相同的，如图 4.13(c) 所示。

扩径桩的低应变波形特征为：与缩颈桩的情况刚好相反，扩径处的抗阻增大，波速呈现减小的趋势，而且桩径变化处会出现一定的反射波，此反射波与入射波的相位是相反的，如图 4.13(d) 所示。

离析桩的低应变波形特征为：桩身混凝土离析处与正常桩之间的抗阻存在一定的差异，因此当经过离析位置时，波速也会发生变化，并且在离析处会出现一定的反射波，此反射波与入射波的相位是相反的，如图 4.13(e) 所示。

3) 桩身完整性判定

通过对检测所得低应变波形特征进行分析，可以将桩身的完整性分为 I 类、II 类、III 类以及 IV 类四个大类，每个类别的情况如下。

I 类桩：波形规则，桩身无任何缺陷。

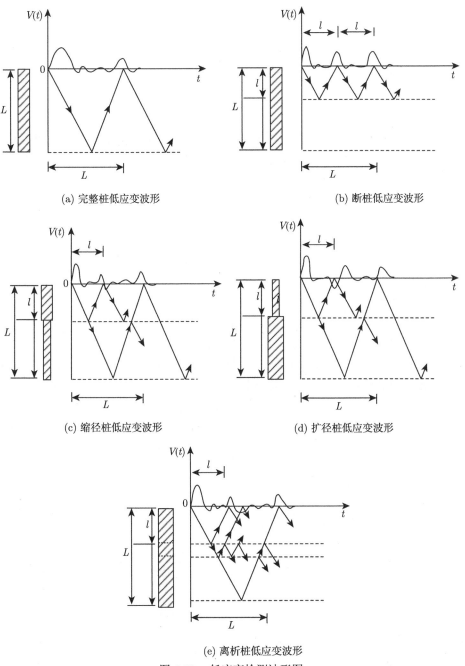

(a) 完整桩低应变波形

(b) 断桩低应变波形

(c) 缩径桩低应变波形

(d) 扩径桩低应变波形

(e) 离析桩低应变波形

图 4.13 低应变检测波形图

Ⅱ 类桩：波形基本上规则，桩身有少量轻微缺陷 (如轻微缩颈、离析和一般扩颈)。

Ⅲ 类桩：波形有较明显畸变特征，桩身存在缺陷 (如一般情况下的缩颈、砼离析、局部轻微夹泥等)。

Ⅳ 类桩：波形畸变严重 (有时重复多次畸变反射)，波速明显偏低。桩身存在严重缺陷 (如严重缩颈、离析、夹泥和断裂)，砼标号达不到设计要求。

其中，Ⅰ、Ⅱ 类桩属优良桩；当 Ⅲ 类桩的承载力不足时，需要对试桩进行处理相应的处理；Ⅳ 类桩则必须采取补救措施进行处理。

4) 桩身缺陷位置及范围分析

桩身缺陷距桩顶的直线距离 L_1，可由式 (4-3) 进行计算。

$$L_1 = \frac{1}{2} t_{r1} C_0 \tag{4-3}$$

式中，L_1 为缺陷位置距桩顶的距离；t_{r1} 为缺陷位置反射波至时间；C_0 为场地范围内纵波波速的平均值。

桩身的缺陷位置，可由式 (4-4) 进行计算。

$$l_1 = \frac{1}{2} \Delta t C_1 \tag{4-4}$$

式中，l_1 为桩身缺陷范围；Δt 为桩身缺陷的上、下面反射波至时间差；C_1 为桩身缺陷段纵波波速，可参考表 4-4 进行取值。

表 4-4　桩身缺陷段纵波波速

缺陷类别	离析	断层夹泥	裂缝空间	缩径
纵波波速/(m/s)	1500~2700	800~1000	<600	正常纵波速度

5) 桩身混凝土强度分析

通过低应变检测能够对试桩的桩身混凝土强度进行分析。桩身纵波波速和桩身混凝土强度之间的关系如表 4-5 所示。

表 4-5　桩身纵波波速和桩身混凝土强度之间的关系

纵波波速/(m/s)	混凝土强度等级	纵波波速/(m/s)	混凝土强度等级
>4100	>C35	2500~3500	C20
3700~4100	C30	<2500	<C20
3500~3700	C25		

4.3.2　高应变动力测试

与低应变检测相比，高应变检测在桩顶施加的冲击荷载较大，能够使试桩与桩周土之间发生一定的相对位移，充分激发桩的侧摩阻力和端阻力。高应变检测有锤击贯入法、Smith 波动方程法、波动方程拟合法等多种方法，本节主要介绍波动方程拟合法。

波动方程拟合法对应力和加速度实测曲线进行拟合计算，直至拟合曲线与实测曲线具有较高的拟合质量系数。CCWAPC 程序以应力波理论为基础，采用连续杆件模型进行拟合计算。假设在土层中有一截面抗阻突变的直杆，由抗阻突变截面将直杆分为上下两个单元，且截面处土阻力为 R_i，直杆上下抗阻、上下行波分别为 Z_i、Z_{i+1}、F_i^+、F_i^-、F_{i+1}^+、F_{i-1}^+，如图 4.14 所示。

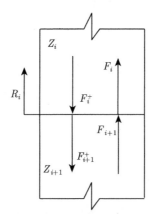

图 4.14　截面抗阻突变直杆图

根据力平衡条件可得

$$F_i^+ + F_i^- - F_{i+1}^+ - F_{i+1}^- = R_i \tag{4-5}$$

根据连续条件可得

$$V_i = \frac{F_i^+}{Z_i} - \frac{F_i^-}{Z_i} = V_{i+1} = \frac{F_{i+1}^+}{Z_{i+1}} - \frac{F_{i+1}^-}{Z_{i+1}} \tag{4-6}$$

联立式 (4-5) 和式 (4-6) 可得

$$F_i^- = \frac{Z_{i+1} - Z_i}{Z_{i+1} + Z_i} F_i^+ + \frac{2Z_i}{Z_{i+1} + Z_i} F_{i+1}^- + \frac{Z_i}{Z_{i+1} + Z_i} R_i \tag{4-7}$$

$$F_{i+1}^+ = \frac{Z_i - Z_{i+1}}{Z_{i+1} + Z_i} F_{i+1}^- + \frac{2Z_{i+1}}{Z_{i+1} + Z_i} F_i^+ - \frac{Z_{i+1}}{Z_{i+1} + Z_i} R_i \tag{4-8}$$

将 $Z_i^+ = \dfrac{Z_{i+1}}{Z_{i+1} + Z_i}$、$Z_i^- = \dfrac{Z_i}{Z_{i+1} + Z_i}$ 代入式 (4-7)、式 (4-8) 可得

$$F_i^- = (Z_i^+ - Z_i^-) F_i^+ + 2Z_i^- F_{i+1}^- + Z_i^- R_j \tag{4-9}$$

$$F_{i+1}^+ = (Z_i^- - Z_i^+)F_{i+1}^- + 2Z_i^+ F_i^+ + Z_i^+ R_i \tag{4-10}$$

CCWAPC 程序将直杆共分为 N_p 个单元，通过各单元所用时间 Δt 一致，在单元的交界处会发生相应的抗阻变化。当时间为 $j\Delta t$ 时，第 i 单元的下行波 $F+i(j)$ 从此单元顶部传至底部的时间为 $(j+1)\Delta t$，此单元上行波 $F-i(j)$ 由底部传至顶部的时间为 $(j+1)\Delta t$。

当 $t = j\Delta t$ 时，由式 (4.9) 和式 (4.10) 可得

$$F_i^+(j) = Z_{i-1}^+ \left[2F_{i-1}^+(j-1) - F_i^-(j-1) - R_{i-1}(j) \right] + Z_{i-1}^- F_i^-(j-1) \tag{4-11}$$

$$F_i^-(j) = Z_i^- \left[2F_{i+1}^-(j-1) - F_i^+(j-1) - R_i(j) \right] + Z_i^+ F_i^-(j-1) \tag{4-12}$$

则 j 时刻 i 单元的质点速度为式 (4.13)

$$V_i(j) = \frac{F_i^+(j) - F_i^-(j)}{Z_i} \tag{4-13}$$

j 时刻 i 单元的位移为式 (4.14)

$$U_i(j) = U_i(j-1) + \Delta t \frac{V_i(j-1) + V_i(j)}{2} \tag{4-14}$$

通过各单元的质点速度和位移，即可求出土体单元的动、静阻力。再代入各种模型中，进行拟合计算直至计算曲线达到收敛标准，即可得到所需参数。

1. 检测数量要求

基桩的高应变动力检测数量如下。

(1) 根据相关规范进行检测，检测数不宜少于总桩数的 5%，并不得少于 5 根；

(2) 当桩基存在质量问题时，需要根据实际情况增加抽检桩数，一般不应少于总桩数的 10%。并不应少于 10 根，必要时可以配合进行低应变检测。

2. 检测设备

基桩的高应变动力检测设备的主要组成部件如下：

(1) 数据采集装置：采集装置精度等参数应满足相应的检测要求。

(2) 力传感器：常用振弦式力传感器，所用传感器的量程、灵敏度等参数应符合检测要求。

(3) 加速度传感器：所用加速度传感器的量程、灵敏度等参数同样需要符合检测要求。

(4) 锤击设备：锤击设备最常采用自由落锤的方法，重锤具有一定的质量，质量应大于预估的单桩极限承载力的 1%，且重锤底部应平整；也可以采用打桩机械作为锤击设备。

3. 高应变检测方法及要求

1) 试验前准备工作

高应变检测需要一定的操作空间，在检测前需要对试桩周围一定范围内的场地进行处理。安装重锤的导向架应放置在平整的场地上，以保证重锤能够在桩顶施加沿轴线的冲击荷载。

2) 传感器的安装

试验前准备工作完成后，进行传感器的安装，传感器需要采用对称安装的方法，如图 4.15 所示。为提高检测数据的准确性，各传感器需要与桩体轴线平行，力与加速度传感器应设在同一个平面内。传感器与桩身的耦合性会影响测试结果，在安装时需采用膨胀螺丝使传感器与桩身紧密接触。

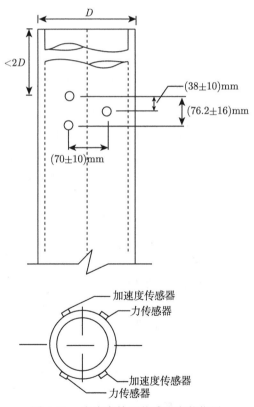

图 4.15 高应变检测传感器安装位置

3) 高应变检测的相关要求

(1) 由于锤击力首先作用在试桩的桩顶，桩顶的质量会对测试结果产生一定的影响，因此如果遇到混凝土桩的桩顶存在破损或软弱层，钢桩桩顶存在明显的变形，在检测前需要对桩顶进行必要的加固措施。

(2) 锤击力的作用方向应垂直作用在桩顶平面上，桩顶需要为整洁、水平的状态，且桩顶处的截面积应该与桩身截面积一致。

(3) 为了提高桩顶处的抗冲击性能，通常在桩顶 1 倍桩径范围内，设置箍筋或钢板围护，桩顶处安装钢筋网片，并且所采用的混凝土的标号应高于桩身混凝土标号。

(4) 桩顶处应高于地面一定高度，且地面处的桩周土应进行夯实。

(5) 对于预制桩，在桩基沉桩后，受桩周土扰动或孔隙水压力的影响，桩基的承载力会随时间的推移而增长。因此，在进行检测前，应保证一定的休止时间，休止时间应根据桩周土体的性质进行确定，其中砂土的休止期较短、黏土的休止期相对较长。

(6) 重锤质量和下落高度会影响冲击荷载的大小，当锤重和下落高度过大时，桩顶受到的冲击荷载大，桩顶处的混凝土易被破坏，影响检测结果。反之，当锤重和下落高度过小时，作用于桩顶的冲击荷载较小，试桩与桩周土之间的位移较小，土体强度未完全发挥。因此，宜采用重锤轻击的方法进行监测。

4. 高应变检测数据分析

测量现场应当及时对所采集数据的质量进行分析，并及时记录桩顶的最大动位移、最大应力等相关参数和信息。由于高应变检测数据的可靠性会明显影响检测质量，因此在对桩顶施加一次冲击荷载后，需要对这一击的信号进行检查和分析，若检测信号出现异常情况或不满足检测要求，应对试桩进行再次检测。

(1) 在检测过程中，应取冲击能量较大击次对应的检测信号，用来分析判断试桩的承载力。

(2) 应选取较为理想的高应变波形信号，进行试桩的竖向承载力分析，理想波形信号的特点主要有：力和速度的测试信号规律基本一致，两者波形平滑、无明显异常，且波形最终趋于零。

(3) 在对检测信号进行分析前，需要根据试桩处的桩周岩土体的性质进行检查。

(4) 通过相关软件对实测数据进行分析，可以得到被测试桩的竖向抗压承载力、端阻力、侧摩阻力以及模拟静载试验的 $Q-s$ 曲线。

4.4　其他桩基测试技术

除了前面介绍的桩基静力测试技术、桩基动力测试技术之外，还有一些常用的桩基测试技术，如钻探取芯法、超声波检测法以及将电类或光纤类传感器安装于桩身对桩身的应变、应力和温度进行监测的测试方法。

4.4.1 钻探取芯法

1. 钻探取芯法的原理及优缺点

1) 钻芯法的原理

钻芯法在桩体中钻取芯样，以判断桩体各深度处混凝土的质量。该检测方法不但可以通过取芯检查灌注桩的浇注质量、均匀度以及桩长是否达到设计深度，同时还可以检测桩底部沉渣的情况。如果钻孔深度超过桩长，还可深入检查桩端持力层的状况，并检查持力层中是否存在软弱夹层。通过对钻取的芯样进行室内试验，还可以对桩身混凝土的抗压强度进行判断和分析。

2) 钻芯法的优缺点

优点：钻芯法具有施工周期短、对桩破坏小、经济效果好等优点。缺点：钻芯法由于所取样芯小，灌注桩的局部缺陷往往难以发现；由于此方法不属于无损检测，对桩身存在一定的损坏，当桩身的强度过低时，芯样的取样过程较为困难，此时则需要采用其他的检测方法。

2. 钻探取芯法的要求

(1) 钻探所用机械一般为普通液压钻机，根据工程具体情况可以选用转速及相关施工参数，在钻孔过程中应保持垂直并匀速钻进。

(2) 在钻孔过程中要定期地对钻机立轴进行校准，并及时修正误差，以确保与钻芯孔的垂直度，以防止钻孔倾斜，损坏钻孔设备。

(3) 为便于对芯样进行抗压强度试验，应保证钻芯采样率不小于 95%，芯样直径应根据最大骨料直径进行确定。为保证芯样的质量，钻芯施工、卸芯过程，应严格按规范要求进行。

(4) 在取样过程中，试验人员及时对芯样的质量进行记录，对芯样的相关信息进行标明记录，对芯样进行拍照记录，并对相关资料进行妥善保存。

(5) 若在钻孔过程中，出现问题及异常现象，应立即停止施工，并采取有效措施。待问题解决后，再继续进行钻孔施工。

(6) 钻进深度接近桩底设计深度时 (约 20 cm)，应降低钻进速度。当钻到桩底时，应立即记录余尺情况。为了解桩端持力层的岩土体状态，持力层芯样不得少于 1.0 m。

3. 钻探取芯法芯样制作要求

(1) 芯样试件的选取通常有两种方法，第一种方法是按一定的间距取 10 个芯样；第二种方法为在上、中、下三个部位分别取 3 个具有代表性的芯样。当桩长较长 (大于 30 m) 时，应根据实际情况增加芯样数量。

(2) 芯样的后期加工，应严格按规范进行，保证芯样的尺寸、质量等参数满足规范要求。当芯样的平整度等不满足要求时，应采用水泥砂浆进行补平处理。

(3) 芯样按要求应在清水中浸泡 40~48 h，水温在 (20±5)°C 范围内，从水中取出后立即进行抗压试验。

4.4.2　超声波检测法

1. 超声波检测法的原理及优缺点

1) 超声波检测法的原理

超声波检测法是利用弹性波在混凝土介质中的传播特征，通过分析波形的变化，当弹性波经过缺陷处时会出现波形畸变、波速降低等情况，据此可以对被测混凝土的质量进行判断。应用于桩基检测中，可以对桩基的完整性进行判断，以及对缺陷的位置和范围进行定位。

2) 超声波检测法的优缺点

优点：缺陷可较精准地定位。针对缺陷较多的桩，低应变检测时地应力波在桩中造成数次反射面和散射，波形的分辨不但繁杂且不精确，第二、第三缺陷的分辨会有很大偏差；超声波检测法能精确地确定缺陷的位置。精确分辨桩身各种各样缺陷的种类和范畴，例如部分夹泥、检修口或断桩等状况。能对大直径基桩开展详尽且全方位的检测。

缺点：此检测方法具有一定的局限性，不适用于桩径较小的桩。这是因为桩径会影响声测管之间的间距，当间距较小时，会影响测量结果的准确性。而且此方法不能对桩身强度和沉渣厚度进行检测。

2. 超声波检测法的种类

1) 桩内单孔透射法

在一些特定情形下仅有一个孔道可供试验所用，如在钻芯法检测后，利用钻芯形成的钻孔进行单孔透射法。此时，将换能器设置在一个孔道内，换能器之间采用隔声结构分隔。超声波由发射换能器开始发出，经耦合水进入孔壁的水泥表面，并沿孔壁滑动一段距离后，再经耦合水依次抵达两个接收换能器上，由此测定超声沿孔壁混凝土传递时的各种声学参数，如图 4.16 所示。

2) 桩外单孔透射法

当试桩桩顶处的结构已经施工完毕后，无法在试桩内部开孔道，此时可以采用桩外单孔透射法。在紧邻试桩的桩周土体中设置一孔道作为声测管，接收换能器伸入声测管内。检测时，在桩顶处安装平面换能器，再将接收换能器从上至下沿声测管缓慢下放，对各深度处的声波信息进行采集。根据声波信号的特征，对试桩的完整性及桩身质量进行判断。由于声波在土体介质中的衰减速度快，不适用于桩长较长的试桩检测，桩外单孔透射法如图 4.17 所示。

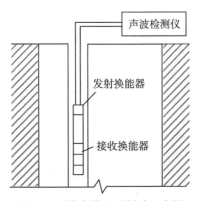

图 4.16   桩内单孔透射法示意图

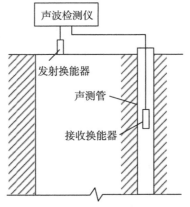

图 4.17   桩外单孔透射法示意图

3) 桩内跨孔透射法

桩内跨孔透射法是最为常用的声波检测方法，此方法的具体流程为：在试桩内部提前预埋声测管，声测管的数量应根据检测要求和试桩的桩径进行选择。在检测时，将发射换能器和接收换能器放入两个不同的声测管内，根据接收到的超声波检测波形的特征，对试桩的完整性和桩身质量进行判断，桩内跨孔透射法如图 4.18 所示。在检测过程中，根据发射换能器和接收换能器的相对位置的不同分为不同的检测方法，在实际工程中应根据检测的需要，选择适合的方法，下面对常用的三种方法进行介绍。

(1) 平测法

平测法是指发射换能器和接收换能器初始时位于相同的高度，再同步进行升降的检测方法，从而完成试桩的检测，如图 4.19(a) 所示。

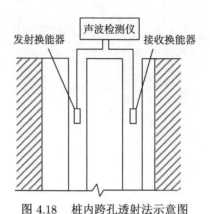

图 4.18   桩内跨孔透射法示意图

(2) 斜测法

斜测法是指发射换能器和接收换能器初始时位于不同的高度,再同步进行升降的检测方法,这种方法能够更对缺陷位置进行更精准的定位,如图 4.19(b) 所示。

(3) 扇测法

扇测法是指在检测过程中,将其中一个换能器的位置保持不变,只将另一个换能器沿声测管进行移动,从而完成试桩的检测。由于测线的形状如扇形,所以称为扇测法,如图 4.19(c) 所示。由于仅一各换能器移动,各深度处的测距存在一定的差异,因此振幅测值没有可比性。

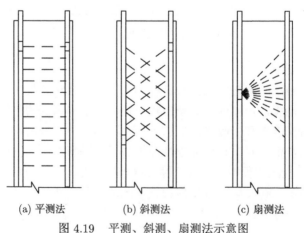

(a) 平测法   (b) 斜测法   (c) 扇测法

图 4.19   平测、斜测、扇测法示意图

在现场的试桩检测过程中,通常是首先应采用平测法对试桩的各处的质量进行检测,如出现异常点,可以再采用斜测法或扇形法对异常位置进行再次检测,可以将两种方法的检测结果进行对比验证,提高检测结果的可靠性。

4.4.3 桩身应变、应力、温度监测

通过在桩身安装相关的传感器可以对安装截面处的桩身应变、应力进行监测，从而通过计算得到桩身轴力、桩侧摩阻力、桩端阻力等重要参数，对研究桩基的贯入及承载特性具有重要的意义。按安装方法的不同主要分为填芯法、桩身刻槽法和预埋法三种。

填芯法适用于管桩等中部中空的桩型，首先将传感器安装于钢筋笼上，再将钢筋笼置于管桩中部，最后浇筑混凝土。从而对试桩在不同工况及试验下的桩身受力、应变、温度等进行监测。桩身刻槽法是在预制桩的桩身刻浅槽，将传感器通过膨胀螺栓或环氧树脂固定在槽内，再用环氧树脂进行通体封槽，从而测得桩身的相关参数。预埋法是将传感器安装于灌注桩的钢筋笼上，待浇筑后，测得桩身在不同工况下的相关参数。

安装于试桩的传感器种类繁多，主要可分为电类传感器、振弦式传感器，相关传感器的具体原理可参见第 1 章。随着桩基的结构愈发复杂、空间变异性大、规模和深度越来越大、监测距离长、多场耦合作用、工作环境恶劣，常规的点式、电测类传感技术已难以满足桩基础空间连续、长距离、长寿命安全监测的要求，随着光纤传感技术的发展，光纤类传感器成为桩基检测的新选择。

4.5 桩基测试工程实例

4.5.1 桩基测试工程实例一

实例一为桥梁基础的钻孔灌注桩，地基基础设计等级为甲级，如表 4-6 根据相关要求，对其中两根灌注桩进行竖向抗压静载试验，其中试桩 1 和试桩 2 的直径分别为 1200 mm 和 1500 mm，桩长均为 71.0 m，混凝土等级均为 C30，设计单桩极限承载力分别为 13000 kN 和 10400 kN。并且两根试桩均对桩顶进行了加固处理，设置 3 层钢筋网，采用标号更高的 C40 混凝土进行浇筑。

表 4-6 场地地基土的物理力学性质指标

土层	含水量/%	天然重度/(kN/m)	土粒比重	饱和度/%	孔隙比	液限/%	塑限/%	塑性指数	液性指数	压缩系数/MPa	压缩模量/MPa
1 粉质黏土	27	19.5	2.73	94.7	0.778	35.3	20.7	14.6	0.43	0.32	5.57
2 淤泥质黏土	50.2	17.1	2.74	97.5	1.412	40.3	21.6	18.7	1.53	1.25	1.95
2 淤泥质粉质黏土	40.8	17.9	2.73	97.4	1.141	34.7	20.8	13.91	1.45	0.72	3.11
3a 粉质黏土	32	19	2.72	97.2	0.895	29.4	18.3	11.0	1.24	0.55	3.48
3b 砂质粉土	27.3	19.4	2.7	96	0.764	27.7	21.4	6.3	1.03	0.24	7.74
3c 粉质黏土	32.8	18.7	2.72	95.9	0.932	31	19.4	11.6	1.16	0.52	4.36
4 黏土	43.2	17.8	2.75	97.9	1.217	44.9	23.1	21.8	0.92	0.76	3.03
5b 黏土	—	—	—	—	—	—	—	—	—	—	—

续表

土层	含水量/%	天然重度/(kN/m)	土粒比重	饱和度/%	孔隙比	液限/%	塑限/%	塑性指数	液性指数	压缩系数/MPa	压缩模量/MPa
5c 粉质黏土	32.2	18.9	2.73	97	0.907	36.2	21.1	15.1	0.73	0.36	5.41
6 粉质黏土	32.9	18.8	2.73	96.5	0.932	35.6	20.9	14.7	0.81	0.4	4.96
7 粉质黏土	23.7	20.1	2.72	95.5	0.675	31.5	19.4	12	0.36	0.23	7.65
8a 粉砂	22.2	20.2	2.69	94.6	0.63	—	—	—	—	0.14	12.45
8a 粉质黏土	25.9	19.8	2.72	96.3	0.732	31.9	20.1	11.8	0.49	0.25	7.03
8b 中砂	22.2	20.1	2.67	94	0.63	—	—	—	—	0.15	11.91
8b 粉质黏土	29	19.4	2.73	97.1	0.815	35.9	20.8	15.1	0.55	0.27	8.06
8b 中砂	22.2	20.1	2.67	94	0.63	—	—	—	—	0.15	11.91
9a 粉质黏土	27.3	19.6	2.73	95.9	0.776	36.7	21.2	15.5	0.39	0.23	8.23
9b 中砂	24.9	19.8	2.67	95.8	0.696	—	—	—	—	0.23	7.72
9c 粉质黏土	25.5	19.9	2.72	96.7	0.729	34.5	21	13.5	0.33	0.17	11.44
10 圆砾	—	—	2.65	—	—	—	—	—	—	—	—

　　静载试验结果如表 4-7 所示，相应的静载试验曲线如图 4.20 所示。通过分析可知，试桩 1 和试桩 2 在静载试验过程中均未发生破坏，其中试桩 1 和试桩 2 的累计沉降均小于 23 mm，回弹率均在 20% 左右。通过桩的荷载–沉降关系曲线可得，试桩 1 和试桩 2 的极限承载力分别为 13000 kN、10400 kN。

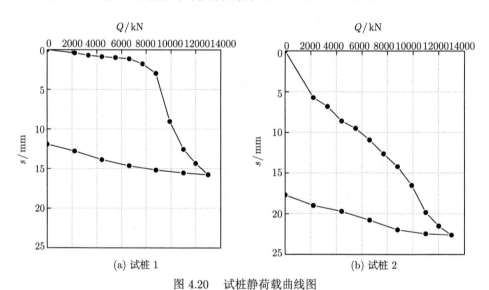

图 4.20　试桩静荷载曲线图

表 4-7 竖向抗压静载试验结果

	试桩 1						试桩 2				
序号	荷载/kN	历时/min		沉降/mm		序号	荷载/kN	历时/min		沉降/mm	
		本级	累计	本级	累计			本级	累计	本级	累计
1	2200	120	120	0.4	0.4	1	2200	120	120	5.72	5.72
2	3300	120	240	0.31	0.71	2	3300	120	240	1.1	6.82
3	4400	120	360	0.16	0.87	3	4400	150	390	1.79	8.61
4	5500	120	480	0.11	0.98	4	5500	150	540	0.89	9.5
5	6600	120	600	0.15	1.13	5	6600	150	690	1.42	10.92
6	7700	120	720	0.63	1.76	6	7700	150	840	1.71	12.63
7	8800	150	870	1.20	2.96	7	8800	150	990	1.57	14.2
8	9900	180	1050	6.08	9.04	8	9900	150	1140	2.31	16.51
9	11000	210	1260	3.50	12.54	9	11000	150	1290	3.32	19.83
10	12000	210	1470	1.77	14.31	10	12000	150	1440	1.66	21.49
11	13000	180	1650	1.45	15.76	11	13000	150	1590	1.12	22.61
12	11000	60	1710	−0.22	15.54	12	11000	60	1650	−0.16	22.45
13	8800	60	1770	−0.35	15.19	13	8800	60	1710	−0.49	21.96
14	6600	60	1830	−0.57	14.62	14	6600	60	1770	−1.18	20.78
15	4400	60	1890	−0.76	13.86	15	4400	60	1830	−1.08	19.7
16	2200	60	1950	−1.08	12.78	16	2200	60	1890	−0.71	18.99
17	0	180	2130	−0.86	11.92	17	0	180	2070	−1.3	17.69

4.5.2 桩基测试工程实例二

实例二为某加工车间桩基项目，采用预应力高强度混凝土管桩，其桩径为600 mm，桩端持力层为强风化或中风化泥灰岩，设计要求单桩竖向抗压极限承载力不小于 7000 kN。采用高应变检测方法对此项目中 83 根管桩的竖向抗压承载力进行了检测，部分检测结果如表 4-8 所示，A2-2 桩高应变实测波形曲线分析如图 4.21 所示。通过分析检测曲线，可知被测桩的桩身无破坏，但是承载力未满足设计要求。

表 4-8 高应变动力检测结果

序号	桩号	入土深度/m	检测日期	桩身完整性	极限承载力/kN
1	A18-2	21.8	2008.3.9	基本完整桩	5614
2	A2-2	23.3	2008.3.9	基本完整桩	5632
3	A33-5	18.6	2008.3.9	基本完整桩	6621
4	A58-2	20.6	2008.3.9	接桩明显	5621
5	A47-5	23.0	2008.3.9	基本完整桩	5869
6	A46-3	18.6	2008.3.9	接桩明显	5690
7	A45-5	24.7	2008.3.9	基本完整桩	6024
8	A1-1	27.0	2008.3.9	基本完整桩	5575
9	A5-2	27.6	2008.3.12	基本完整桩	5604
10	A18-1	30.0	2008.3.12	基本完整桩	5550
11	A17-1	32.7	2008.3.12	基本完整桩	5758
12	A33-1	22.4	2008.3.12	接桩明显	5782
13	A3-2	24.1	2008.3.12	基本完整桩	5605
14	A20-5	26.1	2008.3.12	基本完整桩	6013
15	A44-1	31.8	2008.3.12	基本完整桩	6687

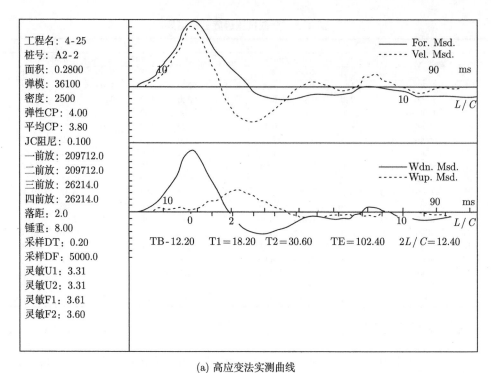

工程名：4-25
桩号：A2-2
面积：0.2800
弹模：36100
密度：2500
弹性CP：4.00
平均CP：3.80
JC阻尼：0.100
一前放：209712.0
二前放：209712.0
三前放：26214.0
四前放：26214.0
落距：2.0
锤重：8.00
采样DT：0.20
采样DF：5000.0
灵敏U1：3.31
灵敏U2：3.31
灵敏F1：3.61
灵敏F2：3.60

For. Msd.
Vel. Msd.

Wdn. Msd.
Wup. Msd.

TB-12.20　　T1=18.20　　T2=30.60　　TE=102.40　　2L/C=12.40

(a) 高应变法实测曲线

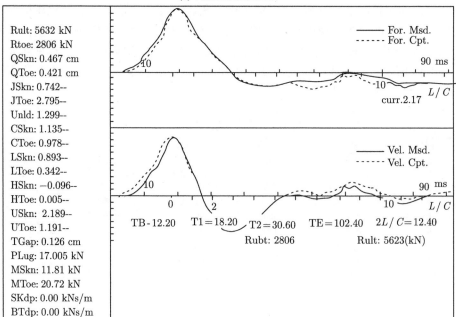

Rult: 5632 kN
Rtoe: 2806 kN
QSkn: 0.467 cm
QToe: 0.421 cm
JSkn: 0.742--
JToe: 2.795--
Unld: 1.299--
CSkn: 1.135--
CToe: 0.978--
LSkn: 0.893--
LToe: 0.342--
HSkn: −0.096--
HToe: 0.005--
USkn: 2.189--
UToe: 1.191--
TGap: 0.126 cm
PLug: 17.005 kN
MSkn: 11.81 kN
MToe: 20.72 kN
SKdp: 0.00 kNs/m
BTdp: 0.00 kNs/m

For. Msd.
For. Cpt.
curr.2.17

Vel. Msd.
Vel. Cpt.

TB-12.20　　T1=18.20　　T2=30.60　　TE=102.40　　2L/C=12.40
Rubt: 2806　　　　　　　　　Rult: 5623(kN)

(b) F-V 模拟计算拟合结果

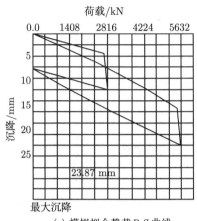

(c) 模拟拟合静载P-S曲线

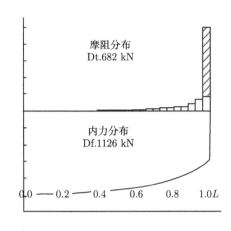

(d) 模拟拟合摩阻力分布

图 4.21   A2-2 桩高应变实测波形曲线分析

4.5.3   桩基测试工程实例三

采用低应变测试技术可用于检测桩基完整性，下面对预应力管桩的典型低应变检测实例进行说明，如图 4.22 所示。其中，图 4.22(a) 为采用锤击法沉桩的预

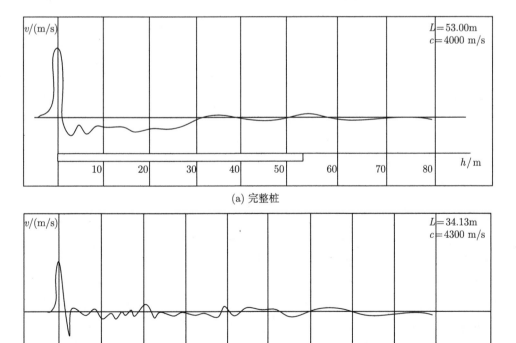

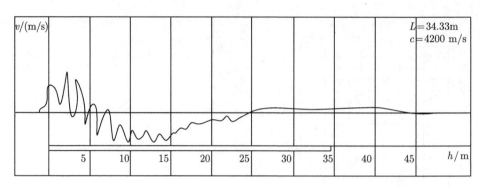

(c) 浅部断裂

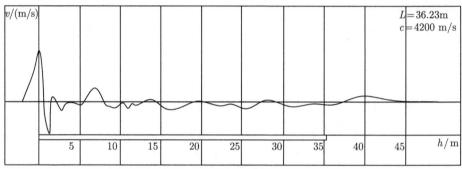

(d) 裂缝

图 4.22   低应变检测波形图

应力管桩,桩径为 1200 mm,桩长 53 m,混凝土强度为 C60,根据分析检测波形可知,此试桩桩身完整。图 4.22(b)~(d) 的试桩位于同一项目,为预应力高强度混凝土管桩的检测波形曲线,桩径 550 mm,桩长 12 mm,混凝土强度为 C80。其中图 4.22(b) 中试桩存在脱焊问题,图 4.22(c) 桩身存在浅部断裂,图 4.22(d) 桩身存在裂缝。

4.5.4 桩基测试工程实例四

工程实例四为钻芯检测实例,此工程为河南某住宅小区,所检测桩基为由桩侧摩阻力承担竖向荷载的钻孔灌注桩,采用 C30 混凝土浇筑而成,记为试桩 1。试桩 1 的桩径和桩长分别为 1.5 m、26.0 m。钻芯施工严格按照相关规范进行,所得芯样质量较好,无明显缺陷,具有较好的完整性。并取其中的 4 组芯样通过室内试验进行了混凝土抗压强度试验,试验结果如表 4-9 所示。

通过钻芯检测可得如下结论。

(1) 试桩芯样连续、无明显质量问题,说明试桩的浇筑质量较好,仅部分深度段的芯样存在少量的蜂窝现象;

表 4-9　试桩混凝土强度钻芯法测试结果

钻芯位置	试桩 1			
芯样组号	1	2	3	4
取样深度/m	2.45~2.90	5.55~6.15	16.45~17.00	25.25~25.80
抗压强度/MPa	31.7	30.7	32.7	33.6

(2) 通过对试桩 1 的 4 组芯样进行室内混凝土抗压强度试验，得到抗压强度均大于 30 MPa，说明桩身混凝土强度满足要求；

(3) 通过钻芯检测还可以对桩端岩土体的性质进行评定，综上可知试桩 1 完整性为 II 类。

课 后 习 题

1. 桩基检测的目的及常用的测试项目有哪些？
2. 单桩静力测试主要包括哪些测试及测试的目的？
3. 单桩竖向抗压静荷载试验的方法及其优缺点？
4. 单桩竖向抗拔极限承载力、单桩竖向抗拔极限承载力统计值以及单桩竖向抗拔承载力特征值是如何确定的？
5. 单桩动力测试主要包括哪些测试及测试的目的？

第 5 章　盾构隧道施工监测技术

隧道的开挖技术主要包括明挖、暗挖和盾构技术。其中，随着盾构机功能的逐渐完善，盾构法逐渐成为一种常用的隧道开挖技术，是在地表面以下暗挖隧道的一种施工方法。盾构机是集机械、电气、传感、岩土等多种学科知识而研制的一种先进的隧道施工机械。

盾构法施工是通过钢组件沿隧道的主轴方向进行掘进的一种方法。这种钢组件在开始或最后的衬砌完成时，主要起保护开凿土体的作用，也具有保护操作工人和设备安全的功能，同时也阻挡隧道周边土体、地下水等的侵入。近年来随着盾构机工艺上的不断改进，盾构机的功能也日趋完善，适用范围也越来越大，所以在城市地铁轨道中的应用越来越广泛。盾构法施工示意图如图 5.1 所示，此方法的主要流程为盾构的始发、盾构机的拼装、洞口加固、盾构推进、衬砌注浆。

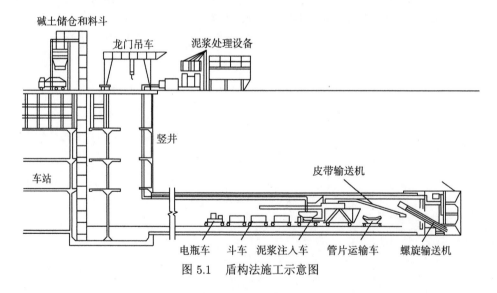

图 5.1　盾构法施工示意图

(1) 盾构的始发：在隧道的始发和结束位置处，应设置竖井用于在始发处组装盾构、在结束处拆卸盾构。竖井的尺寸和形状应根据工程具体情况进行选择。

(2) 盾构机的拼装：盾构机安装时，在拼装位置下部浇筑水泥垫层或安装钢轨导向，以防止盾构掘进机转动。但因为在地下空间有限，起重机械的使用也受到限制，为了方便安装工作的进行，通常将盾构机分为切口环、支承环和盾尾进行组装。

(3) 洞口加固：当盾构工作井附近的地层条件不佳时，就需要对洞口予以加固，不然在去除封门后，土体和地下水就会侵入工作井内。不仅会对工作井内的施工人员和机械造成损坏，还会造成隧洞上部地表的沉降，甚至对周边建筑的结构安全造成不利影响。

(4) 盾构推进：盾构机的推力和方向是最为重要的两个因素，需要根据掘进地层的岩土体情况，及时调整盾构机的推力，并且应及时调整并保证盾构机的前进方向沿隧道的设计方向进行。当掘进到软弱地层时，需要在掘进前方进行必要的加固处理。

(5) 衬砌注浆：盾构前进后应及时采用若干个管片形成环状结构，完成一次衬砌施工。待一次衬砌完成后，再进行二次浇筑，通常采用混凝土进行浇筑。在盾构机推进后，应及时进行注浆施工，用于填充管片与土体之间的空隙，提高管片结构的整体性。注浆时间是影响管片稳定性的重要因素，因此注浆与推进时间的间隔不宜过长。常用的注浆材料有水泥砂浆、加气砂浆等，应根据隧道的具体情况采用合适的注浆材料。

软弱地层中使用盾构法挖掘隧道时，会导致岩层移动并产生不同程度的地面下沉和偏移现象，即便利用最先进的土压平衡和水压平衡式盾构，并辅以盾尾的注浆方法技术，也无法完全避免此类现象的发生。由于城市隧道施工的增多，在路面、桥梁、建筑基础等复杂结构的下方进行盾构施工时，要求周围岩层移动速度应限制在最低范围内。所以，对隧道结构和周围设施的健康状况加以监测，了解因盾构法施工而造成的周围岩层的移动情况及规律是十分必要的，并可以根据监测数据对施工进行适当调节、及时改善施工工艺。盾构机在通过竖井时，会对竖井的受力产生一定的影响，对竖井的监测可参考基坑工程的监测方法。本章主要介绍隧道采用盾构法施工时需要进行的监测目的、内容及方法。

5.1 盾构隧道施工监测的意义和目的

5.1.1 盾构隧道施工监测的意义

在软土层的盾构法隧洞施工中，由于盾构法穿越岩层的地质条件变化明显，岩土体的物理力学特性也非常复杂多变，而工程地质勘查工作总是局部的，勘察范围有限，所以对地质条件和岩土体的物理力学特性的掌握也不够全面。由于软土盾构隧道是在此前提下进行工程设计和施工的，所以初步的设计和施工方法也面临着一些不足，因此必须进行一定的监测，并且根据监测数据对施工工艺进行及时调整和改进。

5.1.2　盾构隧道施工监测的目的

盾构隧道施工监测的主要目的主要如下。

(1) 通过监测对隧道上方的地表沉降及周围土体的变形规律进行分析，并且根据实测数据，对不同地质处的施工方法和相关参数进行调整，当沉降量或土体变形值超过控制范围时，能够及时进行预警，并采取有效的解决措施。

(2) 根据工程前段监测数据和工程实际情况，采用合适的预测模型，能够对地表沉降和土体变形的趋势进行预测。通过预测值的大小，可以提前采取加固和保护措施。

(3) 检验盾构施工方法是否能够达到控制地面沉降和隧道沉降的要求，在监测过程中沉降过大，也能够及时采取措施。

(4) 对施工区域周边建筑物、构筑物、道路及市政管线进行监测，能够及时调整施工方案，避免盾构施工对其造成不利影响。

(5) 通过各种传感器建立全面的监测网，及时对工程进行预警，保证工程安全，避免事故发生而增大工程造价。

(6) 能够研究盾构施工区域的土壤和岩石特性、盾构机类型、周围环境条件等因素对地表沉降、水平位移之间的关系。监测数据能够为后期相似隧道工程掘进参数和施工方法的选择提供一定的参考和借鉴。

5.2　盾构隧道施工监测的内容和方法

5.2.1　盾构隧道施工监测的内容

盾构隧道监测的范围主要包括管片结构、周围土体及地下水等参数，被测物涉及地表、土体、隧道管片及其周边建 (构) 筑物等，监测的内容主要包括隧道附近地表沉降量、隧道周围土体的位移量、管片结构的内力、土压水压以及地下水的变化等。

主要监测依据如下。

(1) 不同施工工艺、不同施工参数会对盾构隧道造成不同的影响，应根据具体工艺及参数确定监测内容。

(2) 施工区域的水文地质情况。

(3) 施工影响区域内的房屋建筑的结构、尺寸、与隧道之间的相对距离。

(4) 隧道的深度。

(5) 盾构隧道设计的安全储备系数。

盾构隧道施工具体监测内容如表 5-1 所示。

表 5-1 盾构隧道施工监测内容和仪器

序号	监测对象	监测类型	监测项目	监测元件与仪器
1	支护结构	结构变形	(1) 隧道结构内部收敛	收敛计、伸长杆尺
			(2) 隧道、衬砌环沉降	水准仪
			(3) 隧道洞室三维位移	全站仪
			(4) 管片接缝张开度	测微计
		结构外力	(5) 隧道外侧水土压力	压力盒、频率仪
			(6) 隧道外侧水压力	孔隙水压力计、频率仪
		结构内力	(7) 轴向力、弯矩	钢筋应力传感器、频率仪、环向应变计
			(8) 螺栓锚固力、管片接缝法向接触力	钢筋应力传感器、频率仪，锚杆轴力计
2	地层	沉降	(1) 地表沉降	水准仪
			(2) 土体沉降	分层沉降仪、频率仪
			(3) 盾构底部土体回弹	深层回弹桩、水准仪
		水平位移	(4) 地表水平位移	经纬仪
			(5) 土体深层水平位移	测斜仪
		水土压力	(6) 水土压力 (侧、前面)	土压力盒、频率仪
			(7) 地下水位	监测井、标尺
			(8) 孔隙水压	孔隙水压力探头、频率仪
3	相邻环境 周围建 (构) 筑物、地下管线 铁路、道路		(1) 沉降	水准仪
			(2) 水平位移	经纬仪
			(3) 倾斜	经纬仪
			(4) 建 (构) 筑物裂缝	裂隙计

5.2.2 盾构隧道施工监测的方法

1. 地层沉降监测方法

地表沉降监测是在施工过程中，对影响区域内的地表标高进行监测。

(1) 在沉降测点处安装地表桩，地表桩沿隧道轴线布置，桩间距控制在 3~5 m，根据工程实际情况，在需要进行横向沉降监测的区域，横向布置地表桩。

(2) 监测基准点应设置在标高稳定处，保证基准点的准确性。

(3) 根据监测方案，确定监测频率，并且应根据工程需要，适当增大监测频率。

(4) 隧道穿过既有道路时，地表桩的埋深应在道路下方的土层中。

(5) 隧道穿过既有管线时，需要在重要管线上设置测点，并且砌筑保护井盖。

2. 土体沉降和深层位移监测方法

(1) 土体沉降和深层位移监测是掌握施工区域内土体扰动程度的有效方法。

(2) 土体分层沉降是土体沉降监测的重要组成部分，能够对不同土层的沉降量进行监测，常用仪器为磁性分层沉降仪。

(3) 深层位移是指不同深度处土体的水平位移，常用仪器为测斜仪。

(4) 当采用磁性分层沉降仪和测斜仪对土体沉降和位移进行监测时，需要预埋测管，且两种仪器的测管可以共用。

3. 土体回弹量监测方法

(1) 在盾构隧道施工过程中，会对一定范围内的土体产生扰动，引起土体回弹。

(2) 土体回弹量监测主要是指盾构隧道前后隧道底部和两侧土体的回弹量。

(3) 常用方法是布设回弹桩，通过全站仪等仪器测量回弹桩的位移值，得到土体的回弹量。

(4) 回弹桩在布设过程中，埋深应在隧道底面以下不少于 20 cm，通常采用钻孔法埋设。

4. 土体应力和孔隙水压力监测方法

(1) 盾构参数的选取和调整，需要参考土体应力和孔隙水压力的大小，以减小施工过程对周围土体的扰动。

(2) 土体应力和孔隙水压力通常是采用土压力盒、孔隙水压力传感器，通过钻孔法进行埋设。

(3) 对于测得的数据需要尽快反馈，以指导后期施工，测点主要布设在隧道外围。

5. 相邻房屋和重要结构物监测方法

(1) 当隧道穿过既有建筑时，需要对影响范围内的建筑物和构筑物进行必要的监测。

(2) 对于建筑物的监测主要可分为沉降观测、倾斜观测和裂缝观测三部分内容，应根据实际情况，按需要选择监测内容。

(3) 沉降观测的观测点通常布置在建筑物或构筑物的外墙或者底板上。

(4) 倾斜监测的观测点通常布置在建筑物或构筑物的墙体上，常采用经纬仪进行监测。

(5) 裂缝监测的观测点通常布置在易发生裂缝的位置处，常采用裂缝观测仪进行监测。

6. 相邻房屋和重要结构物监测方法

(1) 相邻地下管线的监测内容主要为竖向沉降监测，测点位置及监测频率应提前调查管线的相关信息，然后根据监测需求，以及管线单位的建议进行确定。

(2) 需要提前调查的管线信息主要包括：管线的种类、埋深和埋设时间、管线上方是否有建筑物或道路等。

7. 管片接缝张开度监测方法

(1) 管片接缝张开度监测主要是通过测微计或位移传感器等仪器量测管片接缝的张开距离实现，以了解管片结构变形情况。

(2) 用测微计监测管片接缝张开度时，先在管片接缝两侧各布设一根钢钉，作为管片接缝张开度的测点，用数字式游标卡尺测定接缝两侧钢钉的间距变化，即可获取管片接缝张开度的变化。

(3) 用位移传感器监测管片接缝张开度时，在管片接缝的一侧安装位移传递片，在另一侧安装位移传感器固定装置。监测时，将位移传感器固定装置安装在接缝的一侧，而将位移传感器的触头抵到接缝另一侧的位移传递片上，自动或定期用二次仪表监测位移传感器的数值，即可获取管片接缝张开度的变化。

8. 管片结构内力监测方法

管片结构内力监测能够及时了解和掌握管片受力情况，用以分析管片结构的工作状态。管片内力监测除了常用的钢筋应力计，还可以采用光纤光栅应变传感器。

管片内光纤光栅传感器的埋设方法：在管片测点处标记，对测点标记处进行打磨，用切割机刻槽，槽体的深度和宽度根据所用光纤光栅传感器的尺寸确定。用酒精擦拭安装点后，用环氧树脂或其他粘接剂将光纤光栅传感器安装在测点位置处。由于光纤光栅对温度双重敏感，因此在测点附近安装一个光纤光栅温度传感器用于剔除温度的影响。待传感器安装完成后，用光纤光栅解调仪测试传感器的成活率。

9. 管片连接螺栓轴力监测

为及时了解和掌握螺栓的受力情况，需要对管片连接螺栓的轴力进行监测，通常采用内嵌传感器的螺栓。管片连接螺栓内嵌的传感器按工作原理主要可分为电阻应变式传感器和光纤光栅式传感器。

虽然所用的内嵌传感器不同，但其安装方法基本是一致的，均为沿螺栓轴线方向开设一个能够放置内嵌传感器的容纳槽，采用环氧树脂将内嵌传感器沿螺栓轴线放置于槽内。由于光纤光栅应变传感器的体积较小，与传统的有源传感器不同，在监测和光纤信号传输过程中完全无电，更适合用作螺栓的内嵌传感器。螺栓内部光纤光栅应变传感器安装方法示意图如图 5.2 所示。自动或定期用应变仪监测其应变值，根据螺栓的弹性模量和直径可以换算成螺栓轴力。

10. 隧道洞室位移监测

三维观测隧道洞室位移使用全站仪在洞内自由设站进行观测，主要流程如下。

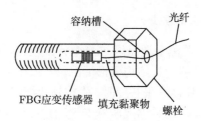

图 5.2　螺栓内部光纤光栅应变传感器安装方法

(1) 确定基准点，并测定基准点坐标。

(2) 将反光片布设在开挖横截面上。

(3) 使用全站仪对基准点和测点进行测量。

(4) 当距离较远时，需要再设基准点，传递三维坐标。图 5.3 中 A、B 为基准点，测点 1、2 为待定点，A'、B'、$1'$、$2'$ 分别为上述各点在通过仪器中心 P 点的水平面上的投影。S_A、S_B、S_1、S_2 为测得的斜距。V_A、V_B、V_1、V_2 为测得的竖直角，还有测得的水平角 $\angle A'PB'$、$\angle A'P1'$、$\angle A'P2'$、$\angle B'P1'$、$\angle B'P2'$ 等。D_A、D_B、D_1、D_2 为算出的水平距离，即 $D_i = S_i \cos V_i (i = A, B, 1, 2)$。

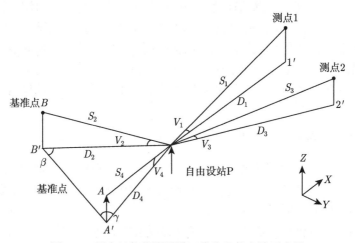

图 5.3　用全站仪监测隧道三维位移的方法示意图

根据 A、B 的已知坐标 X、Y，反算出 A、B 两点的水平距离 D_{AB} 和方位角 α_{AB}，再求算出 AP 和 BP 的方位角 α_{AP} 与 α_{BP}，则测站点的三维坐标为

$$X_P = X_A + D_A \cos \alpha_{AP} \tag{5-1}$$

$$Y_P = Y_A + D_A \sin \alpha_{AP} \tag{5-2}$$

$$H_P = H_A - S_A \sin V_A \tag{5-3}$$

最后，根据测站点的坐标，测得的水平角、斜距、竖直角和算得的平距、方位角，求出各测点的三维坐标，即

$$X_i = X_P + D_i \cos \alpha_{Pi} \tag{5-4}$$

$$Y_i = Y_P + D_i \sin \alpha_{Pi} \tag{5-5}$$

$$H_i = H_P - S_i \sin V_i \tag{5-6}$$

其中，$i = 1, 2$。

同理，以后各期观测测算出各测点的三维坐标，将各期各测点的三维坐标与第一次测算的三维坐标进行比较，则得各期各点的三维位移矢量。

三维位移监测技术的优点如下。

(1) 设站自由，既可设置在施工隧道中，也可以用在运行隧道的监测中。

(2) 一个测站可以对多个断面进行监测。

(3) 一个断面上可以设置多个测点。

三维位移监测技术的缺点如下。

(1) 观测效率较低，需要较长的观测时间。

(2) 当断面上布置的测点数量较多时，严重影响监测效率，且观测结果受隧道开挖的影响。

5.3　盾构隧道施工监测方案设计

5.3.1　监测项目的确定

盾构隧道施工监测方案设计前的准备工作，主要包括两个方面。

(1) 收集各种资料。对施工区域的土层分布、地下水情况以及周边建筑的情况进行资料搜集，以便确定监测项目；

(2) 实地进行踏勘。对施工影响范围内建筑物、构筑物的实际情况进行调查，以便确定监测点的位置。

盾构隧道施工监测方案编制的主要内容包括如下。

(1) 工程项目概况；

(2) 监测的目的和意义；

(3) 施工过程中对各种设施的影响评价；

(4) 监测的具体内容。

当工程遇到下列情况时，应编制专项监测方案。

(1) 穿越或邻近既有轨道交通设施；

(2) 穿越重要的建 (构) 筑物、高速公路、桥梁、机场跑道等；

(3) 穿越河流、湖泊等地表水体；

(4) 穿越岩溶、断裂带、地裂缝等不良地质条件;

(5) 采用新工艺、新工法或有其他特殊要求。

编制专项监测方案时,要根据具体工程的实际情况,充分考虑上述五点对盾构施工过程中可能产生的影响,制定该项目的专项监测方案,监测项目确定可参见表 5-2。

表 5-2　盾构隧道基本监测项目的确定

监测项目		地表沉降	隧道沉降	地下水位	建筑物变形	深层沉降	地表水平位移	深层位移、衬砌变形和沉降、隧道结构内部收敛等
地下水位情况	土壤情况							
地下水位以上	均匀黏性土	●	●	△				
	砂土	●	●	△	△	△	△	△
	含漂石等	●	●	△	△			
地下水位以下,且无控制地下水位措施	均匀黏性土	●	●	△	△			
	软黏土或粉土	●	●	●	○	△		
	含漂石等	●	●	●	△			
地下水位以下,用压缩空气	软黏土或粉土	●	●	●	○	○	○	△
	砂土	●	●	●	○	○	○	△
	含漂石等	●	●	●	○	○	○	△
地下水位以下,用井点降水或其他方法控制地下水	均匀黏性土	●	●	●	△			
	软黏土或粉土	●	●	●	○			
	砂土	●	●	●	○	△	△	
	含漂石等	●	●	●	△			

注: ● 为必须监测的项目;

○ 为建筑物在盾构施工影响范围以内,基础已作加固,需监测;

△ 为建筑物在盾构施工影响范围以内,但基础未作加固,需监测。

5.3.2　监测断面和测点布置的确定

1. 监测断面布置

监测断面按照方向的不同主要可分为横向监测断面和纵向监测断面,监测项目应尽量布置在同一断面上,以便监测数据的对比验证。如下情况需专门布置横向监测断面。

(1) 盾构始发与接收段、邻近段等特殊区段;

(2) 在地质条件复杂、土岩结合处、地下水位高的区段;

(3) 盾构穿过重要建 (构) 筑物、地下管线、江、河流等周边环境条件复杂区段。

2. 测点布置

地表变形和沉降监测需布置纵 (沿轴线) 剖面监测点和横剖面监测点,纵 (沿轴线) 剖面监测点的布设一般需保证盾构顶部始终有监测点在监测,所以监测沿轴线方向监测点间距一般小于盾构长度,通常为 3~5 m 一个测点。监测横剖面每 20~30 m 布设一个,在横剖面上从盾构轴线由中心向两侧按测点间距从 2~5

m 递增布测点，布设的范围为盾构外径的 2~3 倍，在该范围内的建筑物和管线等则需监测其变形。在地面沉降控制要求较高的地区，往往在盾构推出竖井的起始段进行以土体变形为主的监测，如图 5.4 所示，参照盾构推进起始段土体变形测点布设实例。

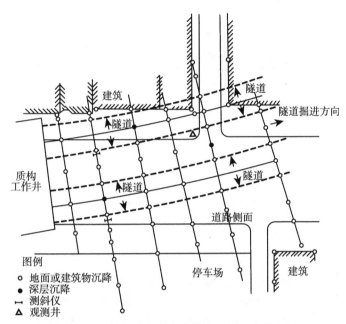

图 5.4 盾构推进起始段土体变形测点布设实例

对于埋置于地下水位以下的盾构隧道，地下水位和孔隙水压力的监测是非常重要的，不同类型的观测井如图 5.5 所示。

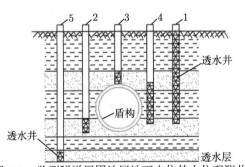

图 5.5 监测隧道周围地层地下水位的水位观测井

1.全长水位观测井；2.监测特定上层的水位观测井；3.接近盾构顶部水位观测井；4.隧道直径范围内上层中水位的观测井；5.隧道底下透水地层的水位观测井

5.3.3　监测频率的确定

各监测项目在前方距盾构切口 20 m，后方离盾尾 30 m 的监测范围内，通常监测频率为 1 次/d；其中在盾构切口到达前一倍盾构直径时和盾尾通过后 3 d 以内应加密监测，监测频率增加到 2 次/d，以确保盾构推进安全；盾尾通过 3 d 后，监测频率为 1 次/d，以后每周监测 1～2 次。盾构隧道施工监测频率如表 5-3 所示。

表 5-3　盾构隧道基本监测项目的确定

监测位置	监测对象	开挖面至监测点或监测断面的距离	监测频率
开挖面前方	周围岩土体和周边环境	$5D < L \leqslant 8D$	1 次/(3～5 d)
		$3D < L \leqslant 5D$	1 次/2 d
		$L \leqslant 3D$	1 次/d
开挖面后方	管片结构、周围岩土体和周边环境	$L \leqslant 3D$	(1～2 次)/d
		$3D < L \leqslant 8D$	1 次/(1～2 d)
		$L > 8D$	1 次/(3～7 d)

注：D 为盾构法隧道开挖直径，L 为开挖面至监测断面的水平距离；
管片结构位移、净空收敛宜在衬砌环脱出盾尾且能通视时进行监测；
监测数据趋于稳定后，监测频率宜为 1 次/(15～30 d)。

5.3.4　报警值和报警制度

盾构隧道施工监测的报警值的确定应综合考虑具体工程的特点、监测项目的控制值以及当地的施工经验等多种因素。监测项目控制值的选取应符合国家现行规范，当监测数据达到预警标准或实测变形值大于允许变形的 2/3 时，应进行警情报送。报警制度应综合考虑预警等级和预警标准再进行制定。

地表竖向位移和盾构隧道管片结构竖向位移、周边收敛控制值应根据工程地质条件、隧道设计参数、工程监测等级及当地工程经验等确定，当无地方经验时，可按表 5-4 和表 5-5 确定。

表 5-4　盾构隧道管片结构竖向位移、周边收敛控制

监测项目及岩土类型		累计值/mm	变化速率/(mm/d)
管片结构沉降	坚硬 ～ 中硬土	10～20	2
	中软 ～ 软弱土	20～30	3
管片结构差异沉降		$0.04\% L_g$	—
管片结构净空收敛		$0.02\% D$	3

注：L_g 为沿隧道轴向两监测点距离；
D 为隧道开挖直径。

表 5-5   盾构隧道地表沉降控制值

监测项目及岩土类型		工程监测等级					
		一级		二级		三级	
		累计值/mm	变化速率/(mm/d)	累计值/mm	变化速率/(mm/d)	累计值/mm	变化速率/(mm/d)
地表沉降	硬土～中硬土	10～20	3	20～30	4	30～40	4
	中软～软弱土	15～25	3	25～35	4	35～45	5
地表隆起		10	3	10	3	10	3

注：本表主要适用于标准断面的盾构法隧道工程。

5.3.5 盾构推进引起的地层移动特征及估算方法

1. 地层移动特征

盾构推进引起的地层移动因素如图 5.6 所示，主要可分为客观和主观两种因素。其中，客观因素有设计条件、地质条件，主观因素有辅助工法、盾构形式等。

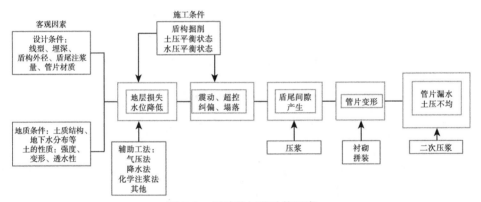

图 5.6   影响地层移动的因素

通过对实测资料进行分析，可以将盾构施工过程中的地层移动分为如下几个阶段。

(1) 前期沉降发生在盾构开挖面前一定范围内，地下水位随盾构施工的进行而降低，使地层的有效土压力增加而产生压缩、固结沉降。

(2) 开挖面前的隆陷发生在切口即将到达测点时，当在盾构推进过程中，开挖面出现坍塌会出现应力释放，导致地面沉降。当盾构的推力过大时，则会导致地表隆起。盾构周围与土体的摩擦力作用使地层弹塑性变形。

(3) 盾构通过时的沉降，是因为在盾构施工过程中，不可避免地会对周围土体造成扰动，从而产生沉降。

(4) 盾尾间隙的沉降，是因为在盾构推进后，注浆不及时或者注浆参数不合适而导致的沉降。

(5) 后期沉降，盾尾通过后由于地层扰动引起的蠕变沉降。

2. 地表沉降的估算

1) 派克 (Peck) 法

派克 (Peck) 法认为沉降槽的体积等于地层损失的体积，并假定地层损失在隧道长度上均匀分布，地面沉降的横向分布为正态分布，如图 5.7 所示。

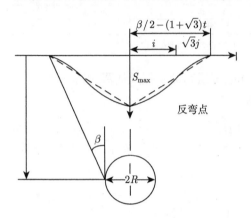

图 5.7　地面沉降的横向分布为正态分布

隧道上方地表沉降槽的横向分布的地面沉降量按式 (5-7) 估算

$$s(x) = \frac{V_i}{\sqrt{2\pi}i}\mathrm{e}^{\left(\frac{x^2}{2i^2}\right)} \tag{5-7}$$

式中：$s(x)$ 为沉降量；V_i 为沿隧道长度的地层损失量；x 为距隧道中心线的距离；i 为沉降槽宽度系数，即隧道中心至沉降曲线反弯点的距离。

沿纵向隧道轴线的地面沉降曲线如图 5.8 所示。

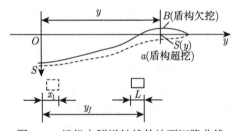

图 5.8　沿纵向隧道轴线的地面沉降曲线

某点的沉降量按式 (5-8) 估算

$$s(y) = \frac{V_{i1}}{\sqrt{2\pi}i}\left[\varPhi\left(\frac{y-y_i}{i}\right) - \varPhi\left(\frac{y-y_f}{i}\right)\right] + \frac{V_{i2}}{\sqrt{2\pi}i}\left[\varPhi\left(\frac{y-y_i'}{i}\right) - \varPhi\left(\frac{y-y_f'}{i}\right)\right] \tag{5-8}$$

式中，$s(y)$ 为沿纵向隧道轴线分布的沉降量；y、y' 分别为沉降点和盾构开挖面至坐标轴原点的距离；y_f 为盾构推进起始点处盾构开挖面至原点的距离；V_{i1} 为盾构开挖面引起的地层损失；V_{i2} 为盾尾空隙压浆不足及其他施工因素引起的地层损失；Φ 由查表得。

2) 竹山乔实用公式

日本的竹山乔用弹性介质有限元法分析得出的估算地表沉降的如下实用公式

$$s = \frac{2.3 \times 10^4}{\overline{E}^2}\left(21 - \frac{H}{D}\right) \tag{5-9}$$

式中，H 为隧道的覆盖深度；D 为盾构外径；$\overline{E}$ 为多层土的等效平均弹性模量。

弹塑性介质有限元分析，必须根据不同的土质适当选用相应的土体本构模型。间隙值可以来模拟地层损失，间隙值与地层损失的关系如下：

$$V_i = \frac{\pi}{4}[(D_m + g)^2 - D_m^2] \tag{5-10}$$

式中，D_m 为隧道外径，g 为间隙值。

3) 考虑固结因素的 Peck 修正公式

根据上海饱和软弱黏土层中的盾构隧道现场测试结果的研究，隧道顶部和周围土体，在盾尾压浆充填地层损失过程中，土体受挤压而产生超孔隙水压力的消散，土层中的有效应力增加，从而引起固结沉降，可得

$$\delta_c = \frac{\overline{P}}{\overline{E}}H \tag{5-11}$$

式中，$\overline{P}$ 为隧道顶部超孔隙水压力的平均值；$\overline{E}$ 为骨架的平均压缩模量；H 为盾构埋深；δ_c 为固结沉降量。

由于固结沉降而引起的单位长度地层损失量 V_l' 为

$$V_l' = \sqrt{2\pi i \delta_c} \tag{5-12}$$

距隧道中心线 x 处在 t 时间内的固结沉降量为式 (5-13)

$$\delta(x, t) = \frac{H\overline{k}t}{\sqrt{2\pi}i}\mathrm{e}^{\frac{x^2}{2t^2}} \tag{5-13}$$

式中，$\overline{k}$ 为隧道顶部土体加权平均渗透系数。

考虑施工因素和固结因素，则沉降量 $s(x+t)$ 的计算公式为

$$s(x+t) = \frac{V_i + H\overline{k}t}{\sqrt{2\pi}i}\mathrm{e}^{\left(\frac{x^2}{2t^2}\right)} \tag{5-14}$$

5.3.6　盾构隧道施工监测数据整理与分析

盾构隧道的监测数据需要进行及时整理与分析，具体内容如下。

(1) 校核原始记录，检查原始记录是否有误；

(2) 对监测数据进行整理；

(3) 根据数据类型绘制所需的图表。

监测数据整理完毕，绘制相应图表后，需要对数据进行分析，从而判断施工参数的选取是否合理，以及施工影响区域内的建 (构) 筑物是否正常，分析主要分为成因分析、统计分析以及变形预报和安全判断。

(1) 成因分析 (定性分析)：是指对隧道结构本身特性，以及作用在结构上作用力之间的相关关系进行分析，探究两者之间的规律性。

(2) 统计分析：根据前期的成因分析，通过对数据的统计分析，进一步探究自变量与因变量之间的函数关系。

(3) 变形预报和安全判断：在前期工作的基础上，对隧道被测量的变化趋势进行预测，当被测量超过控制值时进行预报预警。

5.4　盾构施工对周边建筑物的影响及保护措施

5.4.1　盾构隧道施工对建筑物的影响

1. 盾构施工对浅基础建筑物的影响

当建筑物为浅基础时，由于浅基础的埋深较浅，主要受基础底部土体变形的影响，并且认为基础底部变形与地表变形一致，按照变形方向的不同，主要可以分为以下两个方面。

(1) 地表垂直变形对建筑物的影响：盾构隧道施工导致地面不均匀沉降或隆起，会引起浅基础建筑发生裂缝或倾斜。

(2) 地表水平变形对建筑物的影响：浅基础建筑对水平变形十分敏感，因此水平变形对浅基础建筑的影响更为显著，通常会导致建筑发生裂缝、窗口挤压、围墙褶曲等质量问题。

2. 盾构施工对深基础建筑物的影响

盾构施工对深基础的影响，深基础通常为桩基础，影响主要有以下三方面。

(1) 盾构施工会使桩基受到负摩阻力的作用，会产生附加沉降；

(2) 盾构施工使土体发生侧向移动，引起邻近桩基的侧向变形；

(3) 当盾构隧道穿过桩基下方时，桩基的桩端承载力受到影响。

5.4.2　施工前期准备工作

施工对周围建筑物、构筑物、道路桥梁、市政管线造成一定的影响。因此在施工前需要进行充分的前期准备工作,制定详细的施工及监测计划,通过监测所得信息,及时调整施工方法,确保施工区域周边环境的安全。盾构施工前期准备工作主要包括以下内容。

(1) 对已有地下管线进行核查,制订全面、详细的核查计划及方案;对有关部门所提交的管道资料进行仔细的分类与核实;对施工区域内各管道的所有者、产权或管理部门进行调查,收集有关资料,并对全部管道进行勘察、核实;对工程现场各管道的类型进行核查,确定其尺寸、深度等,并上报相关单位核实;确定各种管道容许变形量。

(2) 对已有建筑进行核查,根据施工影响范围的大小,对该区域的全部地面建筑进行深入的调查,主要包括四楼及以上的建筑、文物保护建筑、年久失修的建筑等。对没有提供具体信息的建筑,要进行全面的现场检查,对现有资料进行进一步的核查。在工程开工之前进行问卷调查,并在工程实施期间持续改进。

(3) 提前预测对施工对既有管线、建筑的影响,当影响较大超过控制值时,应采取必要的保护措施。预测方法参见 5.3.6 节的内容。

5.4.3　保护措施

1. 盾构隧道施工中确保地面建筑物安全稳定的措施

为了确保盾构施工过程中地面建筑物的安全稳定,可以采取如下措施。

(1) 尽量减少盾构施工对土体的扰动,减少土体沉降量

在施工前,根据施工区域的水文地质条件,选取合适的盾构参数,当穿过建筑物下方时,应连续施工快速通过,并且及时进行二次注浆,以降低沉降量。

(2) 减少建筑物基础的悬空

在施工过程中,基础悬空是导致建筑沉降的主要因素,应尽量减少建筑物基础的悬空,通常采用地面注浆的方法进行处理。

(3) 加强盾构施工监测

在施工期间,应增大监测频率,以便对地面建筑的沉降情况进行反馈,根据监测结果,当沉降较大时,及时采取相应的措施。

2. 盾构隧道施工穿越建筑物时控制和处理措施

当盾构施工对既有建筑物的影响较大时,需要采取必要的控制和处理措施,主要可分为积极保护措施和工程措施。

1) 积极保护措施

主要是通过优化盾构施工参数来降低对周围建筑物的影响，可分为两个阶段。第一阶段为施工前，根据施工区域的水文地质条件及已有的施工经验，选取合适的施工参数。第二阶段为施工过程中，根据监测数据，及时调整优化施工参数。

2) 工程措施

(1) 隔断法

隔断法是指在盾构施工区域和既有建筑物之间，设置隔断墙体。隔断墙体的种类主要有地下连续墙、树根桩、深层搅拌桩和挖孔桩等，应根据施工区域的水文地质条件，以及工程的实际情况，选用合适的隔断墙体。

(2) 土体加固

土体加固主要分为两个方面，一方面是对隧道周围土体进行加固，减少土体扰动松弛对周围建筑物的影响；另一方面是采用注浆、喷射搅拌等方法对建筑物的地基土体进行加固，提高建筑物地基的刚度和承载能力，从而减小沉降。

(3) 结构物本体加固

结构物本体加固是指通过加固墙、设置支撑等方法对建筑物的上部结构进行加固，以及通过加固桩、锚杆等方法对建筑的基础进行加固。结构物本体的加固方法种类多，应根据工程的实际情况选用合适的加固方法。

(4) 基础托换

基础托换是指将建筑物原有的基础进行拆除，并进行新基础的施工，将建筑物荷载转移到新基础上的方法，基础托换示意图如图 5.9 所示。基础托换通常用以下情况中：盾构施工区域与桩基的距离较近时，盾构隧道穿过既有桩基时，以及盾构隧道距桩底的距离较近时。

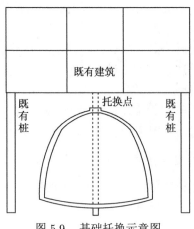

图 5.9　基础托换示意图

5.5 盾构隧道施工监测实例

1. 工程概况

此实例为南京地铁某段盾构施工隧道工程，由两个区间双孔隧道、两个联络通道和泵房组成，地表环境复杂，采用两台土压平衡式盾构机进行施工。隧道开挖直径 6.4 m，管片内径 5.5m，外径 6.2 m，厚度 350 mm，宽度 1.2 m，隧道埋深 8.0~14.8 m。区间隧道穿越的地层岩性分别为淤泥质粉质黏土、粉质黏土、粉细砂。

2. 监测项目及控制标准

此工程的监测项目及所用仪器如下所示：地表、建筑物、管线沉降采用水准仪和玻璃钢瓦尺进行监测；土体垂直位移采用沉降仪、分层沉降管进行监测；土体水平位移采用测斜仪和测斜管进行监测；地下水位采用电测水位计进行监测；管片变形采用全站仪和反射片进行监测。各项目的控制标准如表 5-6 所示，其中 D 为管径。

表 5-6　此实例监测控制标准

序号	监测项目	控制标准	标准来源
1	地表沉降	-30~10 mm	招标文件
2	地表建筑物倾斜	倾斜 3%	招标文件
3	地下管线位移 (混凝土管)	36 mm	理论计算
4	管片衬砌变形	$2‰D$	设计
5	位移速度	5 mm/d	经验值

3. 监测结果分析

1) 地表沉降监测

(1) 纵向地表沉降监测

区间盾构隧道穿过地层主要为粉细砂层，左、右线隧道地表沉降范围分别为 2.6~58.3 mm、2.8~91.9 mm，沉降平均值分别为 20.34 mm、19.5 mm。淤泥质粉质黏土层、可塑性粉质黏土层、粉细砂层、硬塑性粉质黏土层平均沉降分别为 16.4 mm、15.8 mm、14.8 mm、14.5 mm。区间隧道中线地表沉降曲线如图 5.10 所示。

盾构施工过程中地表沉降基本在 30 mm 以内，呈波动趋势。在施工至 K12+754 过程中，铰接油缸处出现了漏水漏砂的问题，沉降量较大，此段隧道上方的建筑物出现开裂的问题。盾构始发段和到达段地表沉降较大，但在端头加固区内的地表沉降较小。这是因为在始发和到达时，盾构土仓压力未达到平衡状态，导致沉降较大。加固区的土体经过加固处理后，具有较高的强度和稳定性，故加固区段的沉降值较小。从监测结果可见，右线非加固区的沉降远大于加固区的沉降，最大沉降超 70 mm，因此对到达端进行了补充加固处理，并在加固区两侧各设置了一排旋喷桩。地层性质和地表荷载对沉降也有较大的影响，当施工至软流塑淤泥质粉质黏土地层且地面有建筑时，此区段的沉降值较同里程段的沉降明显增大。由于这种地层的后期固结沉降很大，且在房屋附加荷载的作用下，盾构掘进对地层的扰动相对较大，导致其后期固结沉降和稳定的时间长。

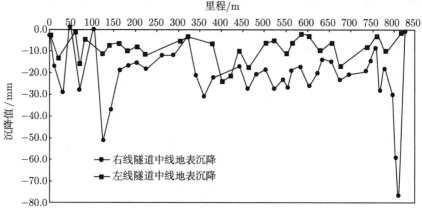

图 5.10   区间隧道中线地表沉降曲线

(2) 横向地表沉降监测

隧道开挖引起的横向地表沉降槽采用 Peck 公式进行回归分析。典型横向沉降曲线及其回归曲线如图 5.11 所示。可见回归曲线和实测曲线的变化规律基本一致，均随距中线距离的增大而增大，且当距离增大到一定程度时，累计沉降值逐渐趋于稳定。

(3) 地表变形历程分析

盾构施工在不同地层掘进时引起的地表变形历程主要可分为四个阶段，如图5.12 所示。可见，主要可分为四个阶段：先行沉降和隆沉阶段、通过沉降阶段、间隙沉降阶段、后期沉降阶段，下面对四个阶段的特点以及产生原因进行分析。

先行沉降和隆沉阶段：盾构机向前推进时，当盾构开挖面尚未达到测点发生的沉降，主要是因为水泥压力的波动而引起的。当开挖面泥水舱的泥水压力偏低时，造成盾构开挖面应力释放，从而引起地表沉降。先行沉降的影响距离也不同，淤泥质粉质黏土层在地面房屋附加荷载的作用下，影响距离最远，可达 30 m 以上，其他依次为可塑性粉质黏土、粉细砂、硬塑粉质黏土层。盾构机施工对淤泥质粉质黏土层的扰动较大，先行沉降约 −2 mm，其他地层约为 −1 mm 的先行沉降。反之，当泥水舱内的压力高于土体正面压力时，则盾构机上方会出现隆起的现象。

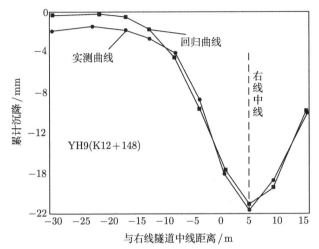

图 5.11 粉质黏土层典型横向沉降曲线及其回归曲线

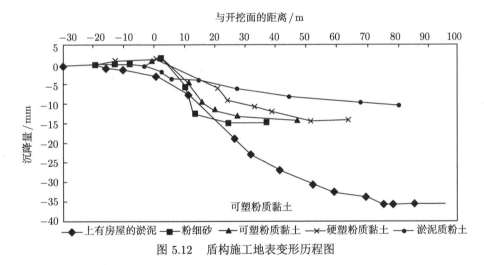

图 5.12 盾构施工地表变形历程图

　　通过沉降阶段：从盾构机到达观测点的正下方之后直到盾构机尾部通过观测点，这一期间所产生的沉降主要是由盾构对地层的扰动引起土体应力释放所致。有房屋荷载作用的淤泥质粉质黏土层通过的沉降最大，达到 6~8 mm。其次为粉细砂层，有 4~6 mm 的沉降，这两种地层在盾构通过阶段沉降速度快，数值大，与其地层特性有关。可硬塑粉质黏土层中的盾构通过沉降为 2~6 mm。

　　间隙沉降阶段：由于盾构机的外径大于管片外径，盾尾通过测点后，在地层中的间隙需要及时进行壁后注浆填充，以控制地表变形。但是，当注浆不及时，或是受到注浆量、注浆压力、注浆部位、浆液配比等因素的影响，会使盾尾脱出后，土层不能自立而产生土层的应力释放，出现沉降的现象。

后期沉降阶段：在盾尾脱出后一段时间内，测点仍然会继续发生沉降，这是由土体的固结和蠕变引起的，特别是对于灵敏度和压缩性较高的土层，例如，淤泥质粉质黏土，在受到扰动过后，其沉降具有长期性和缓慢性的特点，从而出现后期沉降。

上部有房屋的淤泥质粉质黏土地层典型地表沉降历程曲线及其回归曲线如图 5.13 所示。

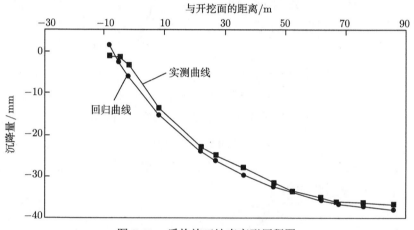

图 5.13   盾构施工地表变形历程图

盾构机在穿过已有建筑物时，应严格控制地表沉降，避免对施工区域的建筑物造成破坏。此项目穿过廖家巷建筑群段和古城墙段，需要对地表沉降进行严格控制。其沉降特征是：盾构顶部土压在 22 kPa 时，盾构前方有 1~2 mm 的隆起量，但多数测点由于房屋荷载的影响，尽管土压值较高，虽仍未达到使刀盘前方隆起的目标，但沉降数值为 1~2 mm，盾构通过沉降为 3~5 mm。盾尾间隙沉降为 4~6 mm，后期沉降为 2~4 mm，最大变形速率为 7.8 mm/d，发生在盾尾脱出阶段，盾尾通过测试断面 15~20 m 后沉降趋于稳定。地表沉降历程曲线如图 5.14 所示。

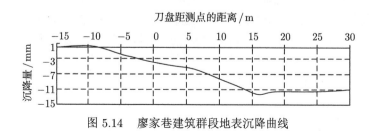

图 5.14   廖家巷建筑群段地表沉降曲线

穿越古城墙时掘进参数为顶部土压 22 kPa, 中间土压 25~27 kPa, 掘进速度 15 环/d, 注浆压力 36 kPa, 注浆量 3.0~3.5 m²/环, 注浆充填率 150% 以上, 出渣量 40 m³/环。这一地段沉降小于 15 mm, 古城墙的安全得以保证。盾构通过城墙时, 由于城墙荷载和较厚的覆土作用, 盾构前方出现了 2~3 mm 的沉降, 通过沉降 3~4 mm, 盾尾间隙沉降 5 mm, 该段地表沉降历程曲线如图 5.15 所示。

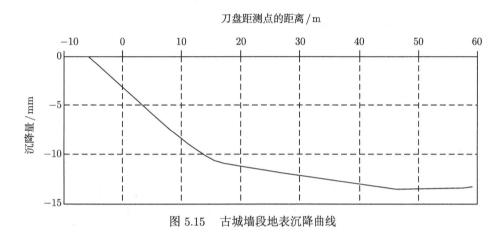

图 5.15 古城墙段地表沉降曲线

2) 建筑物沉降监测

地表建筑物的沉降曲线如图 5.16 所示。随着刀盘距测点距离的逐渐增大, 建筑物的沉降量呈逐渐增大的趋势。在不同阶段, 沉降的速率存在一定的差异, 当盾尾脱出时, 沉降速率达到最大值。而且, 主沉降区内的建筑物沉降明显大于主沉降区外的建筑物沉降。

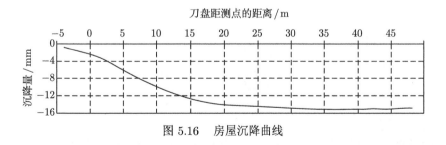

图 5.16 房屋沉降曲线

对于施工影响范围内的建筑物沉降, 受建筑物下方土质的影响较为明显。当建筑物下方为软流塑淤泥质粉质黏土时, 由于此类土体的压缩性和灵敏度较高, 当受到盾构施工的扰动时, 土体发生压缩再固结沉降, 发生较大的变形。而且这种土体主要呈流塑状, 影响注浆效果, 盾尾空隙无法被浆液完全填充。在此项目中, 此土质区域的建筑物沉降值高达 48.1 mm, 部分房屋出现了墙体开裂、墙皮脱落等问题，但是此区域内的其他房屋未出现此现象，这是因为建筑物沉降也受到房屋结构、基础类型的影响，如采用桩基、框剪结构房屋的沉降量要明显小于条形基础、砖混结构的房屋。

3) 管线变形监测

管线监测主要有煤气管、给水管、排污管。其中，在施工区影响范围内的煤气管沉降在 14.1~26.3 mm，在软弱地层中最大沉降达到 39.3 mm。由于煤气管的材质为钢管，变形的允许控制值较大，在此项目中煤气管的沉降未超过控制值。给水管沉降变化在 18~22 mm，最大沉降值 22.6 mm，排污管沉降变化在 0.7~15.4 mm。管线沉降控制较好，沉降规律与地表一致。

4) 管片变形监测

(1) 隧道管片纵向变形

隧道管片纵向变形随着盾尾距测点距离的增加整体上呈隆起的趋势。根据图 5.17 所示曲线，可以将管片的纵向变形分为三个阶段：第一阶段，在前期管片安装到盾尾脱出前，管片受到盾构形态及千斤顶的影响，呈逐渐增大的趋势。第二阶段，管片从盾尾脱出至距离盾尾两环左右时，在压力注浆的作用下，管片出现较大的上浮。第三阶段，管片呈下沉的趋势，这是由浆液逐渐渗透以及固结引起的，且变形逐渐趋于稳定。

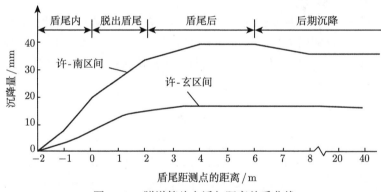

图 5.17　隧道管片上浮与距离关系曲线

(2) 隧道管片水平变形

隧道管片水平变形在 1~3 mm，数值较小。说明隧道管片整体性好，管片强度和刚度满足设计要求。

5) 地下水水位监测

盾构掘进过程中水位变化曲线如图 5.18 和图 5.19 所示。其中，距离盾构较近测孔的地下水水位变化更明显，当刀盘距测点在 35 m 左右时，随着刀盘距测点距离的减小，地下水位呈逐渐增长的趋势，到刀盘到达测点时，水位到达最大值 43cm。盾构通过测点后，随着盾构的远离，地下水位逐渐减小，由于及时注浆充填盾尾间隙，在距离为 0 至 15 m 的范围内，水位下降较为缓慢。当盾尾通过后，受地层固结等因素的影响，水位迅速下降。而距盾构较远测孔的地下水变化较为简单时，随着盾构施工的进行，水位整体上呈下降趋势，且水位变化量不大，累计最大下降 3 cm。

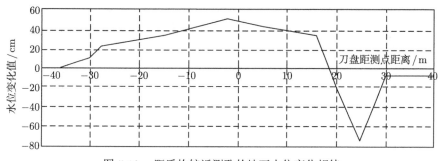

图 5.18　距盾构较近测孔的地下水位变化规律

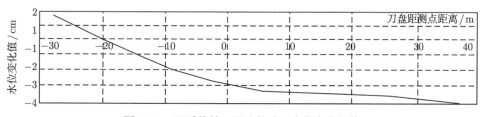

图 5.19　距盾构较远测孔的地下水位变化规律

4. 结论

通过对此盾构施工进行现场监测及监测信息反馈，及时调整施工参数和施工方法，取得了良好的效果，主要体现在如下方面：

(1) 根据沉降监测结果和施工经验及时调整盾构机的掘进参数，尽量降低对周围土体的扰动，从而减小沉降值。在必要时及时进行土体加固处理，在此工程中以经济性为出发点，采用了深层搅拌桩处理，但是出现了断桩的情况，导致沉降值较大，地面建筑出现开裂的现象。

(2) 根据开挖段的土体性质和监测数据，及时调整盾构机的土仓压力。对于细粉砂层通常采用较高的土仓压力，在此工程中的粉细砂层的土仓压力从基本的 20 kPa 提高为 23 kPa。这是因为较高的土仓压力能够产生挤压效应和疏干效应，有效降低动水压力，防止砂土液化。

(3) 在砂土地层，应保证浆液注入率和注浆的及时性。由于砂性土的透水性好、成拱作用差，在砂性土中注浆时一定要及时，确保做到同步注浆，且同步注浆注入率应适当增大一些，一般在 200％以上。

(4) 在重点、难点地段，应根据监测数据和施工经验，选用合适的掘进参数，并且保持施工的连续性，快速均匀穿过此区段。

课 后 习 题

1. 盾构隧道监测项目有哪些？
2. 盾构隧道监测的目的是什么？
3. 地表沉降的常用估算方法有哪些？
4. 如何监测施工影响范围内的建筑物变形？
5. 对于盾构施工影响范围内建筑物的保护措施有哪些？

第 6 章　基坑工程监测技术

目前，基坑工程是国内地下工程专业中的一个热门课题，也是一项涉及岩土工程、结构工程等多学科的课题。基坑工程具有悠久的历史，随着城市中地上可用空间越来越少，地下空间的开发速度逐渐加快，随之基坑的开挖深度、开挖规模也逐渐增大，对基坑工程提出了新的挑战。

在基坑工程开挖建设过程中，受到场地岩土体分布、水文条件、开挖方法、支护结构类型以及周边环境等诸多因素的影响，给基坑工程带来了较大的不确定性。因此，在基坑工程施工过程中，根据工程的实际情况，进行必要的监测，并将其实时监测数据进行反馈，从而预测后续的施工对基坑稳定性的影响，从而达到信息化施工的目的。

6.1　基坑工程监测的特点及意义

在基坑设计过程中，需要综合考虑地基土体和支护结构的特性，并且进行一定的简化和假设，从而使其与实际情况有所不同。而且，基坑的稳定性受到岩土体物理力学性质、天气、施工机械等多种因素的影响，使得基坑的实际位移受力情况与设计所得结果存在较大的差异。随着我国城市化进程的加快，基坑的规模和深度逐渐增大，风险性也随之提高，过去的十几年中，基坑工程发生了许多工程问题。因此，对基坑工程进行监测能够掌握基坑的稳定性，根据监测数据及时调整施工方案，尽可能地避免工程问题的发生。

6.1.1　基坑工程监测的特点

基坑工程监测具有时效性、高精度、等精度的特点。

1) 时效性

时间效应是基坑工程的重要特点之一，与其他工程相比，基坑工程随着开挖的进行，支护结构及周围岩土体的受力情况也随之发生变化，而且受到降雨等不确定因素的影响，导致基坑的相关监测数据是不断变化的。因此，要求基坑工程的监测应逐渐按一定的监测频率及时进行，当处于监测数据变化较快的阶段，应该适当增大监测频率。时效性对基坑工程的监测频率具有决定性作用，当时效性较强时，监测频率应满足监测要求。通过采集、处理并分析监测数据，以便及时判断基坑的稳定性，调整施工和支护方式。

2) 高精度

与其他工程相比，基坑工程对监测的精度要求较高，例如对基坑变形速率的控制在毫米级，采用传统的测量手段已经无法满足基坑监测的要求。因此，在基坑工程监测中通常采用精度较高、较为先进的仪器。

3) 等精度

按照测量过程中相关因素是否改变，可以分为等精度测量和不等精度测量，由于基坑工程监测的特殊性，需要在测量过程中控制测量仪器、测量方法等因素保持不变，进行等精度测量。

6.1.2　基坑工程监测的意义

由于基坑工程具有特殊性，因此在基坑施工及后期工作过程中必须通过多种监测技术监测施工过程中结构、岩土、地面等的位移、变形、内力、应力、裂缝等数据，并且及时对监测数据进行处理和分析，准确地掌握工程施工状况，及时调整施工方法或采取相关措施，确保工程安全高质量施工。在基坑施工过程中，根据相关规范及工程实际情况，进行相关监测是十分必要的。

基坑工程监测具有重要的意义，主要为以下四个方面。

1) 根据监测数据及时调整施工参数和方法

对局部和前期的施工效果和监测成果，加以分析或与预测值对比，能够检验该施工方案的有效性，并依据监测成果优化施工参数。必要时，再进行其他的方案调整，不断提高施工参数和方法的科学性和合理性。

2) 作为设计与施工的重要补充手段

基坑设计理论与施工方法是由工程设计的技术人员经过对实物进行物理抽象，经过数学分析方法处理，并依据多年施工实践经验得出的，在较大程度上反映了现场真实情况。但是由于岩土体具有复杂性，使基坑工程的实际状况与设计方案存在一定的偏差，因此通过对基坑监测数据进行分析，能够对设计方案进行验证，并且作为反馈信息对设计方案进行及时的调整和优化。

3) 作为施工开挖方案修改的依据

为了制订出最好的修改和加固方案，既保证施工的安全性又提高工程的经济性，对工程设计技术人员而言，基坑的实测数据也是必不可少的参考内容。通过对监测数据的深入分析，根据工程的实际情况采用适当的预测方法，对基坑结构及相邻介质的变化规律进行预测，当预测值大于控制值时，能够提前调整施工方法，并采用相应的补救措施。

4) 积累经验以提高基坑工程的设计和施工水平

由于基坑在施工方法、尺寸深度、围护结构等方面存在较大的不同，在基坑前期设计阶段，需要借鉴已有工程经验，总结失败案例的教训，根据工程的具体情况开展设计工作。当一个项目成功竣工时，这个项目就可以作为后续工程设计人员的参考案例。在这个过程中，基坑的监测为基坑设计提供了重要的参考数据，能够有效提高设计的安装性和合理性。

6.1.3 基坑工程监测的基本原则

(1) 应根据基坑的设计要求和基坑施工影响区域内的环境。制定科学合理的监测方案，综合考虑经济性的前提下，确定基坑的监测内容、监测方法、测点布置等。监测方案的内容应全面合理，具有针对性。

(2) 应保证监测数据的可靠性和真实性。可靠性主要受所用传感器的可靠性和精度，传感器的安装位置和方法是否科学合理，以及现场监测人员的水平的影响。真实性则要求施工全过程的监测数据必须为原始数据，杜绝篡改数据的行为。

(3) 监测数据的及时性。监测数据具有明显的时效性，对监测数据进行及时的采集和分析，才能够根据监测数据掌握基坑的状况，并及时采取相应的措施。

(4) 警戒值的确定。应根据相关规范，先确定各项监测内容的警戒值，必要时根据工程需要再调整警戒值。当监测数据超过警戒值时，及时进行预警。

(5) 基坑监测资料的完整性。基坑的监测数据保证全面，有完整的监测记录，提交相应的图表、曲线和监测报告。

6.2 基坑工程监测的内容和方法

6.2.1 基坑工程监测的内容

基坑工程按监测的对象分类可分为围护结构本身监测、土层监测以及相邻环境监测。各监测对象中的监测项目及所用监测仪器如表 6-1 所示。

6.2.2 基坑工程监测的方法

1. 围护墙顶水平位移监测

在基坑的开挖过程中，可以采用如下几种横向水平位移监测方法，如轴线法、视准线小角法、观测点设站法、单站改正法等。测定监测点任意方向的水平位移时可视监测点的分布情况，采用前方交会法、自由设站法、极坐标法等方法。当基准点距基坑较远时，可采用 GPS 测量法或三角、三边、边角测量与基准线法相结合的综合测量方法，以上测量方法在工程测量中较为常见，故不再进行详细介绍。

表 6-1　基坑工程监测的内容

序号	监测对象	监测项目	监测仪器
围护结构	围护桩墙	围护墙〔边坡〕顶部水平位移	经纬仪或全站仪、激光测距仪
		围护墙 (边坡) 顶部竖向位移	水准仪或全站仪
		围护墙深层水平位移	测斜仪、测斜管
		围墙侧向土压力	土压计、频率计
		围护墙内力	钢筋应力计或应变计、频率计
	支撑土层锚杆	支撑内力	钢筋应力计或应变计、频率计
		锚杆、土钉拉力	钢筋应力计或应变计、锚杆测力计、频率计
	立柱	立柱竖向位移	水准仪或全站仪
		立柱内力	钢筋应力计或应变计、频率计
土层	坑底土层坑外土层	坑底隆起 (回弹)	水准仪或全站仪
		土体深层水平位移	测斜仪、测斜管
		土体分层竖向位移	分层沉降仪
	坑外地下水	孔隙水压力	孔隙水压力计、频率计
		坑外地下水位	水位管、卷尺或水位仪
	地表	地表竖向位移	水准仪或全站仪
相邻环境	周围建 (构) 筑物变形	竖向位移	水准仪或全站仪
		倾斜	经纬仪或全站仪
		水平位移	经纬仪或全站仪
		裂缝	裂缝监测仪
	周围地下管线变形	竖向位移	水准仪或经纬仪
		水平位移	经纬仪或全站仪

2. 围护墙顶竖向位移监测

围护墙顶竖向位移监测的常用仪器为全站仪和水准仪，常用的如几何水准或液体静力水准等方法。

3. 围护墙和土体深层水平位移监测

深层水平位移通常采用测斜仪进行观测，测斜管埋设的注意事项为：

(1) 定位准确：测斜管应埋设在基坑边坡、围护 (桩) 墙体内的中心处及代表性的部位，数量和间距视具体情况而定 (一般设计图纸会标明)，基坑两侧呈对称状布设。

(2) 测斜管应在基坑施工前预埋，埋设前应检查测斜管的导槽、接头、管口等构件，确保测斜管的质量。

(3) 应根据工程项目的具体情况以及监测需求，选择合适的测斜管的埋设方法，且在埋设时测斜管应保持竖直无扭转，进入稳定土层一定深度。

测斜管的埋设主要有三种方法。

(1) 钻孔埋设。这种方法主要用于土层深层挠曲测试，首先进行钻孔定位，钻孔位置根据设计要求确定，钻孔尺寸应根据测斜管确定；再进行钻孔取样，钻孔时进行泥浆护壁，对所取岩芯进行描述，并进行清孔处理；最后在测斜管上装保护盖,并采取一定的保护措施。钻孔埋设法示意图如图 6.1 所示。

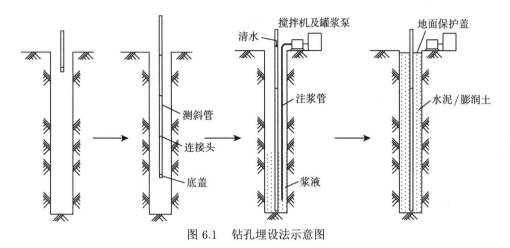

图 6.1 钻孔埋设法示意图

(2) 绑扎埋设。这种方法主要用于混凝土灌注桩体和墙体深层挠曲测试,主要步骤有:首先将测斜管进行连接,连接过程中保证槽口对齐,并且对接头处进行防水处理;检查测斜管是否垂直于钢筋笼,是否存在扭转等问题,检查完毕后,将测斜管绑扎在钢筋笼上,并对测斜管的端口进行保护;将安装有测斜管的钢筋笼起吊放入槽内,并在测斜管内注满清水。

(3) 预制埋设。这种方法主要用于开挖深度较浅排桩长度不大的基坑工程的水平位移监测。是通过将测斜管预埋在排桩内,并对桩端采取一定的保护措施,避免沉桩时破坏测斜管。

4. 土层分层竖向位移监测

土体分层竖向位移是土体在不同深度处的沉降或隆起,通常采用磁性分层沉降仪测量。

1) 测量原理

磁性分层沉降仪是根据电磁感应原理设计制成的,磁性分层沉降仪的结构如图 6.2 所示。一般情况下,在土层分界处或按一定间隔将磁铁环埋设于土中,土层带动磁铁环发生同步位移。将探头放入钻孔中沿钻孔下放时,遇到埋设的磁铁环指示器发出信息,根据测量导线上标尺在孔口的刻度以及孔口的标高,就可计算钢环所在位置的标高。

2) 分层沉降管和钢环的埋设和测量

将感应环安装在塑料管的设计位置处,管口的底部进行封堵处理。将装有感应环的塑料管放入孔内,在塑料管与孔壁之间填入细砂。埋设完成后,在上管口

进行标记，作为参照点，并且测量每个感应环的初始位置，即为以后测试初始参
考值。为防止后期施工对塑料管造成破坏，在顶端采取一定的保护措施。

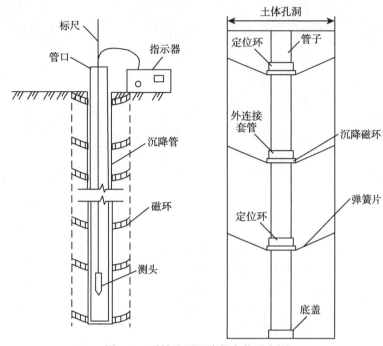

图 6.2　磁性分层沉降仪安装示意图

测量方法主要有孔口标高法和孔底标高法两种。其中，孔口标高法是以孔口
标高作为基准点，此方法较为常用。孔底标高法是以孔底为基准点从下往上逐点
测试，此方法的适用条件为沉降管应落在地下相对稳定点。

5. 基坑工程土压力和孔隙水压力监测

1) 土压力监测

基坑工程的土压力监测通常采用土压力盒，按照土压力盒原理的不同，常用
的土压力盒为电阻式、钢弦式。由于钢弦式土压力盒性能稳定可靠、经济性好，在
基坑工程监测中较为常用。

土压力盒的选用：在监测前，应根据具体工程的实际情况和监测需求，综合
考虑选择合适的土压力盒。土压力盒的量程一般应比预估压力大 2~4 倍。土压力
盒应具有较好的密封防水性能，导线采用双芯带屏蔽的橡胶电缆。

土压力盒的埋设：在埋设时，土压力盒承压面与监测面垂直，紧贴被监测面，
并且对土压力盒及导线进行必要的保护措施，防止其在施工过程中被损坏。埋设
完成应立即检测成活率，如未成活应及时进行替换，基坑开挖前至少经过 1 周时

间的监测并取得稳定初始值。土压力传感器的埋设方法主要有钻孔埋设法、挂布埋设法、钢抱箍法。

(1) 钻孔埋设法

钻孔埋设法是基坑工程中土压力盒最常用的埋设方法。先在测点位置采用钻机钻孔，孔径应大于所用土压力盒的直径，钻孔深度略大于土压力计的设计埋设深度。将土压力盒装入特制的铲子中，再将铲子推入测点处。

根据设计测点位置，将多个土压力盒安装在定制的薄型槽钢或钢筋架上，再将其放入钻孔内，在钻孔内回填细砂，这种方法能够实现在同一钻孔内埋设多个土压力盒，如图 6.3 所示。但是，采用这种方法无法保证土压力盒与监测面之间的紧密接触，因此实测数据较实际土压力偏小。

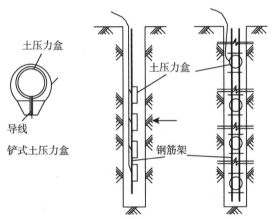

图 6.3　钻孔埋设法土压力盒示意图

(2) 挂布埋设法

挂布埋设法通常用在地下连续墙的土压力盒埋设中。具体方法是根据土压力盒的设计安装位置，在布帘上设置土压力盒的位置，然后将土压力盒放入口袋中。通过绳索将装有土压力盒的布帘安装在地下连续墙钢筋笼的迎土面上，再将钢筋笼放入槽内，浇筑混凝土使布帘贴向侧壁。

(3) 钢抱箍法埋设

SMW 工法、H 型钢、钢板桩需要直接将土压力盒安装于钢板表面，围护墙为钢板桩、SMW 工法桩时，桩通常采用打入或振动的方式沉桩，安装于表面的土压力盒易被损坏，为了提高传感器的存活率，通常采用钢抱箍法对其进行安装保护。此方法在施工前，先将特制的固定支座焊接于测点位置，后将土压力盒安装于支座上，并且安装挡泥板、橡胶防冲圈对土压力盒进行保护，安装结构示意图如图 6.4 所示。

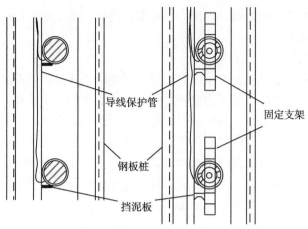

导线保护管

固定支架

钢板桩

挡泥板

图 6.4　钢板桩上安装土压力盒示意图

2) 孔隙水压力监测

孔隙水压力监测通常采用孔隙水压力传感器，埋设方法主要有钻孔埋设法和压入埋设法两种。

(1) 钻孔埋设法。用钻机钻孔至设计监测深度，将传感器放入钻孔内，在周围填砂后用膨胀性黏土封孔。为了提高经济性，也可以在同一钻孔内不同深度处，安装多个孔隙水压力传感器，传感器之间的间距应大于 1 m，且相邻传感器之间应用膨胀性黏土进行隔离。

(2) 压入埋设法。这种方法适用于土质较软情况，可以将孔隙水压力传感器直接压入土中或者钻孔内，钻孔再用膨胀性黏土密封。

6. 锚杆及土钉内力监测

锚杆和土钉内力监测宜采用专用测力计、应变计或应力计。在监测时，通常将传感器安装在锚杆或土钉的外露段，待传感器安装完成后需对传感器的存活率进行检测。

7. 地下水监测

地下水监测主要监测地下水位的变化，通常采用钢尺或钢尺水位计。将钢尺水位计测头放入预埋的水管中，地下水与测头接触时发出信号，测读钢尺读数，得到水位高度。当地下水位较高时，可以直接记录干钢尺上湿迹的变化从而得到地下水位高度。

8. 支护结构内力监测

支护结构主要包括墙体、桩体、水平支撑等，支护结构的内力监测采用应变计或应力计等传感器进行量测。

1) 墙体、桩体监测

混凝土墙体、桩体的监测通常将钢筋应力计或应变计通过焊接或螺栓安装在被测结构的主筋上，再浇筑混凝土。对于这类构件的监测，应在施工前提前埋设，通过采集仪获得稳定值作为初始值，传感器的量程应为最大设计值的2倍。

2) 水平支撑监测

基坑的水平支撑按材料的不同可分为钢筋混凝土支撑和钢支撑两大类，下面对两种钢支撑的内力监测方法进行介绍。

(1) 钢筋混凝土支撑的监测方法与混凝土墙体、桩体的监测方法类似，均是将钢筋应变计安装在主筋上，再浇筑混凝土，需要注意的是在混凝土浇筑振捣过程中应尽量避开安装在钢筋上的传感器，避免传感器损坏，影响后期监测。传感器安装完成后，采用采集仪对数据进行采集。

(2) 对于钢支撑来说，主要采用轴力计或表面应变计进行监测。当采用轴力计时，通常将其两端采用焊接的方法分别安装在钢支撑和围护墙体上。当采用表面应变计时，通常将其采用焊接的方法安装在钢支撑表面，应变计的轴线与钢支撑的轴线方向一致。

9. 相邻环境监测

1) 相邻建筑物倾斜监测

相邻建筑物的倾斜监测通常采用电子全站仪，监测精度应符合《建筑变形测量规范》JGJ 8—2016 的相关规定。

2) 相邻建筑物裂缝监测

根据裂缝种类的不同，裂缝监测可以使用的设备有：直尺 (卷尺)、裂缝计、千分尺、游标卡尺、照相机、超声波仪等。

(1) 裂缝长度：采用直尺 (卷尺) 进行测量，精度不宜低于 1 mm。

(2) 裂缝宽度：采用千分尺或游标卡尺、裂缝计、千分表法等，监测精度不宜低于 0.1 mm。

(3) 裂缝深度：当裂缝深度较小时宜采用凿出法和单面接触超声波法监测，深度较大裂缝宜采用超声波法监测，精度不宜低于 1 mm。

3) 相邻管线监测

基坑施工过程中，为保证相邻管线的安全，需要对相邻管线进行监测，按照管线位置的不同，主要可分为地上管线监测和地下管线监测。

(1) 地上管线沉降监测

地上管线的沉降可以利用安装管线的结构变形情况进行反映，也可以直接将管线作为监测目标，直接对其沉降量进行监测。

(2) 地下管线沉降监测

主要有间接监测点和直接监测点两种方法, 如图 6.5 所示。当管线的刚度不大或者刚度与周围土体基本一致, 或者受场地限制无法直接设置直接监测点时, 可以设置间接监测点。间接监测点通常布置在地表或土层中, 通过监测土体的沉降, 来判断地下管线的沉降情况。

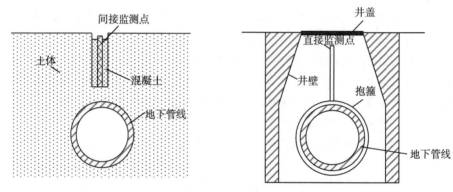

图 6.5　地下管线间接监测点和直接监测点示意图

当管线较为重要或管线在基坑施工的主要影响范围内时, 通常设置直接监测点。直接监测点是将测点直接设置在管线上, 测点安装的常用方法有抱箍法、支架法等。

6.3　基坑工程监测方案设计

监测方案的内容应包括工程概况、监测依据、监测项目、测点布置、监测方法及精度、监测频率、监测报警值、监测数据的记录制度和处理方法等。

6.3.1　监测项目的确定

对于不同的基坑工程, 应根据其安全等级, 合理选择监测内容。根据《建筑基坑支护技术规程》JGJ 120—2012 对基坑工程的安全等级进行划分, 安全等级划分如表 6-2 所示。

表 6-2　基坑工程的安全等级划分

安全等级	破坏后果
一级	支护结构失效、土体过大变形对基坑周边环境或主体结构施工安全的影响很严重
二级	支护结构失效、土体过大变形对基坑周边环境或主体结构施工安全的影响严重
三级	支护结构失效、土体过大变形对基坑周边环境或主体结构施工安全的影响不严重

根据基坑工程的安全等级，选择基坑工程的具体监测内容如表 6-3 所示，表中 "应测" 是指该项目必须监测，表中 "宜测" 是指项目应该监测，表中 "可测" 是指该项目为选测项目，可以进行监测也可以不进行监测。当基坑周围有地铁、隧道等对位移 (沉降) 有特殊要求的建 (构) 建物及设施时，监测项目的确定应与有关单位协商。

表 6-3 基坑工程监测的具体内容

监测项目		一级	二级	三级
(坡) 顶水平位移		应测	应测	应测
墙 (坡) 顶竖向位移		应测	应测	应测
围护墙深层水平位移		应测	应测	宜测
土体深层水平位移		应测	应测	宜测
墙 (桩) 体内力		宜测	可测	可测
支撑内力		应测	宜测	可测
立柱竖向位移		应测	宜测	可测
锚杆、土钉拉力		应测	宜测	可测
坑底隆起	软土地区	宜测	可测	可测
	其他地区	宜测	可测	可测
土压力		宜测	可测	可测
孔隙水压力		宜测	可测	可测
地下水位		应测	应测	宜测
土层分层竖向位移		宜测	可测	可测
墙后地表竖向位移		应测	应测	宜测
周围建 (构) 筑物变形	竖向位移	应测	应测	应测
	倾斜	应测	宜测	可测
	水平位移	宜测	可测	可测
	裂缝	应测	应测	应测
周围地下管线变形		应测	应测	应测

基坑工程监测项目的选择既要考虑基坑的安全等级，也要考虑基坑工程周边环境的影响，基坑工程周边环境保护等级根据周边环境条件划分为四个等级，如表 6-4 所示。基坑工程周边环境保护等级划分前需要做一些准备工作：由于基坑工程的差异性较大，所采用的支护方法也多种多样，主要包括自稳边坡放坡、加筋土重力式挡墙、水泥土重力式挡墙、喷锚支护、悬臂排桩、双排桩、锚固式排桩、地下连续墙等。对于不同的支护结构，其监测项目也存在差异，监测项目的确定应在保证基坑和环境安全性的前提下，综合考虑经济性。

表 6-4   基坑工程周边环境保护等级划分

周边环境等级	周边环境条件
一级	离基坑 1 倍开挖深度范围内存在轨道交通、共同沟、大直径 (大于 0.7 m) 燃气 (天然气) 管道、输油管线、大型压力总水管、高压铁塔、历史文物、近代优秀建筑等重要建 (构) 筑物及设施
二级	离基坑 1~2 倍开挖深度范围内存在轨道交通、共同沟、大直径燃气 (天然气) 管道、输油管线、大型压力总水管、高压铁塔、历史文物、近代优秀建筑等重要建 (构) 筑物、城市重要道路或重要市政设施
三级	离基坑 2 倍开挖深度范围内存在一般地下管线、大型建 (构) 筑物、一般城市道路或一般市政设施等
四级	离基坑 2 倍开挖深度范围以内没有需要保护的管线和建 (构) 筑物或市政设施等

6.3.2   监测点的布置

1. 基坑及支护结构的监测点布置

(1) 基坑边坡顶部的水平位移和竖向位移监测点要设置在基坑边坡坡顶上,沿基坑周边布置,基坑各边中部、阳角处应布置监测点。围护墙顶部的水平位移和竖向位移监测点要设置在冠梁上,沿围护墙的周边布置,围护墙周边中部、阳角处应布置监测点。上述监测点间距不宜大于 20 m,每边监测点数目不应少于 3 个。

(2) 深层水平位移监测孔应布置在基坑边坡、围护墙周边的中心处及代表性的部位,数量和间距视具体情况而定,但每边至少应设 1 个监测孔。当用测斜仪观测深层水平位移时,设置在围护墙内的测斜管深度要与围护墙的入土深度一致;设置在土体内的测斜管应保证有足够的入土深度,保证管端嵌入到稳定的土体中。

(3) 围护墙内力监测点应布置在受力、变形较大且有代表性的部位,监测点数量和横向间距视具体情况而定,但每边至少应设 1 处监测点。竖直方向监测点应布置在弯矩较大处,监测点间距应为 3~5 m。

(4) 支撑内力监测点应设置在支撑内力较大或在整个支撑系统中起关键作用的杆件上;每道支撑的内力监测点应不少于 3 个;各道支撑的监测点位置宜在竖向保持一致;钢支撑的监测截面根据测试仪器宜布置在支撑长度的 1/3 部位或支撑的端头。钢筋混凝土支撑的监测截面宜布置在支撑长度的 1/3 部位;每个监测点截面内传感器的设置数量及布置应满足不同传感器测试要求。

(5) 基坑底部隆起监测点一般按纵向或横向剖面布置,剖面应选择在基坑的中央、距坑底边约 1/4 坑底宽度处以及其他能反映变形特征的位置,数量应不少于 2。纵向或横向有多个监测剖面时,其间距宜为 20~50 m,同一剖面上监测点横向间距宜为 10~20 m,数量不少于 3。

(6) 立柱的竖向位移监测点宜布置在基坑中部、多根支撑交汇处、施工栈桥下、地质条件复杂处的立柱上,监测点不宜少于立柱总根数的 10%,逆作法施工的基坑不宜少于 20%,且应不少于 5 根。

2. 锚索和锚杆的监测点布置

(1) 锚杆 (索) 的拉力监测点应选择在受力较大且有代表性的位置，基坑每边跨中部位和地质条件复杂的区域宜布置监测点。每根杆体上的测试点应设置在锚头附近位置。每层锚杆 (索) 的拉力监测点数量应为该层锚杆总数的 1%~3%，并应不少于 3 根。

(2) 土钉的拉力监测点应沿基坑周边布置，基坑周边中部、阳角处宜布置监测点。监测点水平间距不宜大于 30 m，每层监测点数目不应少于 3 个。各层监测点在竖向上的位置宜保持一致。土钉杆体上的测试点应设置在受力、变形有代表性的位置。

3. 土压力和孔隙水压力的监测点布置

(1) 围护墙侧向土压力监测点应布置在受力、土质条件变化较大或有代表性的部位；土压力盒应紧贴围护墙布置，宜预设在围护墙的迎土面一侧。平面布置上基坑每边不少于 2 个测点。在竖向布置上，测点间距宜为 2~5 m，测点下部宜密；当按土层分布情况布设时，每层应至少布设 1 个测点，且布置在各层土的中部。

(2) 孔隙水压力监测点要布置在基坑受力、变形较大或有代表性的部位。监测点竖向布置宜在水压力变化影响深度范围内按土层分布情况布设，监测点竖向间距一般为 2~5 m，并不少于 3 个。

4. 地下水的监测点布置

(1) 基坑内地下水位监测点布置来说，当采用深井降水时，水位监测点宜布置在基坑中央和两相邻降水井的中间部位；当采用轻型井点、喷射井点降水时，水位监测点宜布置在基坑中央和周边拐角处，监测点数量视具体情况确定；水位监测管的埋置深度 (管底标高) 应在最低设计水位之下 3~5 m。对于需要降低承压水水位的基坑工程，水位监测管埋置深度应满足降水设计要求。

(2) 基坑外地下水位监测点应沿基坑周边、被保护对象 (如建筑物、地下管线等) 周边或在两者之间布置，监测点间距宜为 20~50 m。相邻建 (构) 筑物、重要的地下管线或管线密集处应布置水位监测点；如有止水帷幕，宜布置在止水帷幕的外侧约 2 m 处。水位监测管的埋置深度 (管底标高) 应在控制地下水位之下 3~5 m。对于需要降低承压水水位的基坑工程，水位监测管埋置深度应满足设计要求；回灌井点观测井应设置在回灌井点与被保护对象之间。

5. 周边环境的监测点布置

(1) 从基坑边缘以外 1~3 倍开挖深度范围内需要保护的建 (构) 筑物、地下管线等均应作为监控对象。必要时，应扩大监控范围。

(2) 对位于地铁、上游引水、合流污水等重要保护对象安全保护区范围内的监测点的布置，应满足相关部门的技术要求。

(3) 建 (构) 筑物的竖向位移监测点布置应符合下列三点要求。

(a) 监测点布置在建 (构) 筑物四角、沿外墙每 10~15 m 处或每隔 2~3 根柱基上，且每边不少于 3 个。

(b) 监测点布置在不同地基或基础的分界处；建 (构) 筑物不同结构的分界处；变形缝、抗震缝或严重开裂处的两侧。

(c) 监测点布置在新、旧建筑物或高、低建筑物交接处的两侧；烟囱、水塔和大型储仓罐等高耸构筑物基础轴线的对称部位，每一构筑物不少于 4 个。

(4) 建 (构) 筑物倾斜监测点要符合下列三点要求。

(a) 监测点宜布置在建 (构) 筑物角点、变形缝或抗震缝两侧的承重柱或墙上。

(b) 监测点应沿主体顶部、底部对应布设，上、下监测点应布置在同一竖直线上。

(c) 当采用铅锤观测法、激光铅直仪观测法时，应保证上、下测点之间具有一定的通视条件。

(5) 建 (构) 筑物的裂缝监测点。

应选择有代表性的裂缝进行布置，在基坑施工期间当发现新裂缝或原有裂缝有增大趋势时，应及时增设监测点。每一条裂缝的测点至少设 2 组，裂缝的最宽处及裂缝末端宜设置测点。

(6) 地下管线监测点的布置应符合下列四点要求。

(a) 应根据管线年份、类型、材料、尺寸及现状等情况，确定监测点设置。

(b) 监测点宜布置在管线的节点、转角点和变形曲率较大的部位，监测点平面间距宜为 15~25 m，并宜延伸至基坑以外 20 m。

(c) 上水、煤气、暖气等压力管线宜设置直接监测点。直接监测点应设置在管线上，也可以利用阀门开关、抽气孔以及检查井等管线设备作为监测点。

(d) 在无法埋设直接监测点的部位，可利用埋设套管法设置监测点，也可采用模拟式测点将监测点设置在靠近管线埋深部位的土体中。

(7) 基坑周边地表竖向沉降监测点的布置范围应为基坑深度的 1~3 倍，监测剖面宜设在坑边中部或其他有代表性的部位，并与坑边垂直，监测剖面数量视具体情况确定。每个监测剖面上的监测点数量不宜少于 5 个。

(8) 土体分层竖向位移监测孔应布置在有代表性的部位，形成监测剖面，数量视具体情况而定。同一监测孔的测点宜沿竖向布置在各层土内，数量与深度应根据具体情况确定，在厚度较大的土层中应适当加密。

6.3.3　监测精度

监测项目的精度由所采用的观测仪器决定，在选取观测仪器时，首先要对监测项目被测量值的变化范围进行估算，根据其范围确定观测仪器的量程，各观测仪器的量程的精度要求如下。

(1) 应力计或应变计的量程不宜小于设计值的 1.5 倍，精度不宜低于 0.5%F·S，分辨率不宜低于 0.2%F·S。

(2) 土压力计的量程应满足预估被测压力的要求，其上限可取设计压力的 2 倍，精度不宜低于 0.5%F·S，分辨率不宜低于 0.2%F·S。

(3) 轴力计、钢筋应力计和应变计的量程宜为锚杆极限抗拔承载力的 1.5 倍，量测精度不宜低于 0.5%F·S，分辨率不宜低于 0.2%F·S。

(4) 埋设磁环式分层沉降标，采用分层沉降仪量测时，每次测量应重复两次并取其平均值作为测量结果，两次读数较差不应大于 1.5 mm，沉降仪的系统精度不宜低于 1.5 mm。

(5) 孔隙水压力计量程应满足被测压力范围的要求，可取静水压力与超孔隙水压力之和的 2 倍，精度不宜低于 0.5%F·S，分辨率不宜低于 0.2%F·S。

(6) 测斜仪的系统精度应不宜低于 0.25 mm/m，分辨率应不宜低于 0.02 mm/500 mm。

(7) 地下水位量测精度不宜低于 10 mm。

观测仪器的确定主要取决于基坑工程的水文地质条件、岩土层的力学特性。通常，当基坑工程的场地位于软弱地层时，地层及支护结构的变形量较大，可以采用精度稍低的观测仪器；当基坑工程的场地位于较硬土层时，则刚好相反，地层及支护结构的变形量较小，需要采用精度稍高的观测仪器。同时为了保证监测数据的精度，应采取下列 3 项措施。

(1) 变形测量点分为基准点、工作基点和变形监测点。每个基坑工程至少应有 3 个稳固可靠的点作为基准点；工作基点应选在稳定的位置。在通视条件良好或观测项目较少的情况下，可不设工作基点，在基准点上直接测定变形监测点；施工期间，应采用有效措施，确保基准点和工作基点的正常使用；监测期间应定期检查工作基点的稳定性。

(2) 监测仪器、设备和监测元件应满足观测精度和量程的要求，具有良好的稳定性和可靠性，经过校准或标定，且校核记录和标定资料齐全，并在规定的校准有效期内。

(3) 对同一监测项目，监测应该在基本相同的环境和条件下工作。监测时应该固定观测人员、采用相同的观测路线和观测方法、使用同一监测仪器和设备。监测项目初始值应为事前至少连续观测 3 次的稳定值的平均值。

(4) 监测过程中要加强对监测仪器设备的围护保养、定期检测以及监测元件的检查，应加强对监测标志的保护，防止损坏。

6.3.4 监测频率与监测警戒值

1. 监测频率的确定

监测项目的监测频率应考虑基坑工程等级、基坑及地下工程的不同施工阶段以及周边环境、自然条件的变化。对于应测项目，在无数据异常和事故征兆的情况下，开挖后仪器监测频率的确定可参照表 6-5。

表 6-5 基坑工程的现场监测频率

基坑类别	施工进程		基坑设计深度/m			
			5	5～10	10～15	>15
一级	开挖深度/m	5	1 次/1d	1 次/2d	1 次/2d	1 次/2d
		5～10		1 次/1d	1 次/1d	1 次/1d
		>10			2 次/1d	2 次/1d
	底板浇筑后时间/d	7	1 次/1d	1 次/1d	2 次/1d	2 次/1d
		7～14	1 次/3d	1 次/2d	1 次/1d	1 次/1d
		14～28	1 次/5d	1 次/3d	1 次/2d	1 次/1d
		>28	1 次/7d	1 次/5d	1 次/3d	1 次/3d
二级	开挖深度/m	≤ 5	1 次/2d	1 次/2d		
		5～10		1 次/1d		
	底板浇筑后时间/d	7	1 次/2d	1 次/2d		
		7～14	1 次/3d	1 次/3d		
		14～28	1 次/7d	1 次/5d		
		>28	1 次/10d	1 次/10d		

当在基坑施工过程中出现异常现象或监测数据异常时，应提高监测频率，并及时向甲方、施工方、监理及相关单位报告监测结果，异常情况包括如下。

(1) 监测数据在短时间内变化异常，变化速率或累计值接近报警值；

(2) 在施工过程中发现勘察中未发现的不良地质条件，且可能会影响基坑工程的安全；

(3) 遇到大风、暴雨等恶劣天气时，基坑及周围存在大量积水时；

(4) 围护结构出现开裂或者邻近的建 (构) 筑物出现突然较大沉降、不均匀沉降或严重开裂。

2. 监测警戒值的确定

基坑及围护结构监测报警值应根据监测项目、围护结构的特点和基坑等级确定，《建筑基坑工程监测技术标准》GB 50497—2019 规定的基坑及围护结构监测报警值见表 6-6。

表 6-6 基坑及支护结构监测报警值

监测项目	支护结构类型	基坑类别								
		一级			二级			三级		
		累计值		变化速率/(mm/d)	累计值		变化速率/(mm/d)	累计值		变化速率/(mm/d)
		绝对值/mm	相对基坑深度控制值/%		绝对值/mm	相对基坑深度控制值/%		绝对值/mm	相对基坑深度控制值/%	
墙(坡)顶水平位移	放坡、土钉墙、喷锚支护、水泥土墙	30~35	0.3~0.4	5~10	50~60	0.6~0.8	10~15	70~80	0.8~1.0	15~20
	钢板桩、灌注桩、型钢水泥土墙、地下连续墙	25~30	0.2~0.3	2~3	40~50	0.5~0.7	4~6	60~70	0.6~0.8	8~10
墙(坡)顶竖向位移	放坡、土钉墙、喷锚支护、水泥土墙	20~40	0.3~0.4	3~5	50~60	0.6~0.8	5~8	70~80	0.8~1.0	8~10
	钢板桩、灌注桩、型钢水泥土墙、地下连续墙	10~20	0.1~0.2	2~3	25~30	0.3~0.5	3~4	35~40	0.5~0.6	4~5
围护墙深层水平位移	水泥土墙	30~35	0.3~0.4	5~10	50~60	0.6~0.8	10~15	70~80	0.8~1.0	15~20
	钢板桩	50~60	0.6~0.7	2~3	80~85	0.7~0.8	4~6	90~100	0.9~1.0	8~10
	型钢水泥土墙	50~55	0.5~0.6		75~80	0.7~0.8		80~90	0.9~1.0	
	灌注桩	45~50	0.4~0.5		70~75	0.6~0.7		70~80	0.8~0.9	
	地下连续墙	40~50	0.4~0.5		70~75	0.7~0.8		80~90	0.9~1.0	
立柱竖向位移		25~35		2~3	35~45		4~6	55~65		8~10
基坑周边地表竖向位移		25~35		2~3	50~60		4~6	60~80		8~10
坑底隆起		25~35		2~3	50~60		4~6	60~80		8~10
支撑内力		(60%~70%)f			(70%~80%)f			(80%~90%)f		
墙体内力										
锚杆内力										
土压力										
孔隙水压力										

注：f 为设计极限值；累计值取绝对值和相对基坑深度控制值两者的小值；当监测项目的变化速率连续 3 天超过报警值的 50% 时，应报警。

由于我国各地的土质差异性很大，各地在使用表 6-6 时应考虑当地的经验和具体工程情况。有关建设主管部门根据当地经验规定了本地的报警值，表 6-7 是上海市基坑工程变形控制基准值，表 6-8 是深圳市基坑工程地下连续墙安全性判别标准。监测预警值主要是位移值，以与基坑深度比值的相对百分数值给出。

表 6-7　上海市基坑工程变形控制基准值

基坑等级	变形控制指标							
	墙顶位移/mm		墙体最大位移/mm		地表最大沉降/mm		最大差异沉降	
	监控值	设计值	监控值	设计值	监控值	设计值	监控值	设计值
一级	30	50	60	80	30	50	6/1000	
二级	60	100	90	120	60	100	12/1000	
三级	按二级基坑的标准控制. 当环境条件许可时可适当放宽							

　　深圳地区建筑物地下连续墙给出了稳定判别标准，如表 6-8 所示。这种方法采用无量纲数值进行判断，并且给出了三种判断结果，此方法简单易行。

表 6-8　深圳市基坑工程地下连续墙安全判别标准

监测项目	安全或危险的判别内容		安全性判别			
		判别标准		危险	注意	安全
侧压 (水、土压)	设计时应用的侧压力	$F1 = \dfrac{设计用侧压力}{实测侧压力 (或预测值)}$		$F1 \leqslant 0.8$	$0.8 \leqslant F1 \leqslant 1.2$	$F1 > 1.2$
墙体变位	墙体变位与开挖深度之比	$F2 = \dfrac{实测 (或预测) 变位}{开挖深度}$		$F2 > 1.2\%$ $F2 > 0.7\%$	$0.4\% \leqslant F2 \leqslant 1.2\%$ $0.2\% \leqslant F2 \leqslant 0.7\%$	$F2 < 0.4\%$ $F2 < 0.2\%$
墙体应力	钢筋拉应力	$F3 = \dfrac{钢筋抗拉强度}{实测 (或预测) 拉应力}$		$F3 < 0.8$	$0.8 \leqslant F3 \leqslant 1.0$	$F3 > 1.0$
	墙体弯矩	$F4 = \dfrac{墙体容许弯矩}{实测 (或预测) 弯矩}$		$F4 < 0.8$	$0.8 \leqslant F4 \leqslant 1.0$	$F4 > 1.0$
支撑轴力	容许轴力	$F5 = \dfrac{容许轴力}{实测 (或预测) 轴力}$		$F5 < 0.8$	$0.8 \leqslant F5 \leqslant 1.0$	$F5 > 1.0$
基底隆起	隆起量与开挖深度之比	$F6 = \dfrac{实测 (或预测) 隆起值}{开挖深度}$		$F6 > 1.0\%$ $F6 > 0.5\%$ $F6 > 0.2\%$	$0.4\% \leqslant F6 \leqslant 1.0\%$ $0.2\% \leqslant F6 \leqslant 0.5\%$ $0.04\% \leqslant F6 \leqslant 0.2\%$	$F6 < 0.4\%$ $F6 < 0.2\%$ $F6 < 0.04\%$
沉降量	沉降量与开挖深度之比	$F7 = \dfrac{实测 (或预测) 沉降值}{开挖深度}$		$F7 > 1.2\%$ $F7 > 0.7\%$ $F7 > 0.2\%$	$0.4\% \leqslant F7 \leqslant 1.2\%$ $0.2\% \leqslant F7 \leqslant 0.7\%$ $0.04\% \leqslant F7 \leqslant 0.2\%$	$F7 < 0.4\%$ $F7 < 0.2\%$ $F7 < 0.04\%$

　　注：$F2$ 上行适用于基坑旁无建筑物或地下管线，下行适用于基坑近旁有建筑物和地下管线。$F6$、$F7$ 上、中行与 $F2$ 同，下行适用于对变形有特别严格的情况。

　　周边环境监测报警值应根据当地主管部门的要求确定，如无具体规定，可参考表 6-9 确定。

表 6-9　建筑基坑工程周边环境监测报警值

	项目监测对象			累计值/mm	变化速率/(mm/d)
1	地下水位变化			1000	500
2	管线位移	刚性管道	压力	10~30	1~3
			非压力	10~40	3~5
		柔性管线		10~40	3~5
3	邻近建 (构) 筑物位移			10~40	1~3

注：第 3 项累计值取最大竖向位移和差异竖向位移两者的小值。

6.3.5 基坑工程巡视检查

基坑巡视检查是监测过程中的重要环节，应安排专人按照要求定时对基坑的情况进行监测，主要包括以下内容。

(1) 对基坑支护结构的情况进行巡检，检查是否存在裂缝、较大变形、渗漏、流沙、管涌等工程问题。

(2) 对施工工况进行巡检，包括开挖土质与勘察报告是否一致，锚杆支撑施工的位置、时间与设计是否一致，基坑中相关设备是否运转正常。

(3) 对周围环境进行巡检，检查施工影响范围内的建筑、管线、道路是否存在异常。

(4) 对监测设备进行巡检，检查传感器、测点在基坑施工过程中是否被破坏或出现异常。

(5) 根据设计要求或当地经验确定的其他巡视检查内容，巡视检查发现的异常和危险情况，应及时通知建设方及其他相关单位。

6.3.6 监测数据处理

1. 基坑工程现场的监测资料

数据监测中应符合下列要求。

(1) 在监测前应设计好记录表格和报表，表格和报表应根据具体工程的监测项目及测点数量合理设计，并且留有一定的空间，用于记录观测过程中出现的异常情况；报表形式分为日报表、周报表、阶段性报表三类；在监测时必须使用统一的记录表格和报表。

(2) 监测记录应与施工工况相对应，以便进行分析。

(3) 监测数据应及时整理，监测日报表应及时提交给建设、监理、设计、施工等相关单位，并做好备份工作。

(4) 监测数据应保证真实性，杜绝篡改数据的现象发生，对于监测数据中的异常点应进行标记，并在备注中说明。

2. 基坑监测的技术成果

基坑监测的技术成果按照时间的不同，可分为当日成果、阶段性报告以及总结报告三大类，在监测过程中需要按照要求，及时记录整理监测数据及相关信息，并且做好备份。

6.4 城市轨道交通基坑工程监测技术

城市轨道交通基坑工程的监测与建筑基坑的施工监测之间存在一定的差异，前者的监测内容与监测频率应根据规范《城市轨道交通工程监测技术规范》

GB 50911—2013 进行确定,下面对城市轨道交通基坑工程监测的相关内容进行介绍。

6.4.1   监测内容

城市轨道交通基坑工程监测内容的确定,应综合考虑施工方法、支护结构的种类、周围环境等多种因素,监测内容主要包括如下。

(1) 基坑工程中的支护桩 (墙)、立柱、支撑、锚杆、土钉等结构;

(2) 基坑工程周围岩体、土体、地下水及地表;

(3) 基坑工程周边建构筑物、地下管线、既有轨道交通及其他城市基础设施等。

城市轨道交通明挖法和盖挖法基坑支护结构和周围岩土体监测项目如表 6-10 所示。

表 6-10   城市轨道交通明挖法和盖挖法基坑支护结构和周围岩土体监测项目

序号	监测项目	工程监测等级		
		一级	二级	三级
1	支护桩 (墙)、边坡顶部水平位移	应测	应测	应测
2	支护桩 (墙) 边坡顶部竖向位移	应测	应测	应测
3	支护桩 (墙) 体水平位移	应测	应测	选测
4	支护桩 (墙) 体结构应力	选测	选测	选测
5	立柱结构竖向位移	应测	应测	选测
6	立柱结构水平位移	应测	选测	选测
7	立柱结构应力	选测	选测	选测
8	支撑轴力	应测	应测	应测
9	顶板应力	选测	选测	选测
10	锚杆拉力	应测	应测	应测
11	土钉拉力	选测	选测	选测
12	地表沉降	应测	应测	应测
13	竖井井壁支护结构净空收敛	应测	应测	应测
14	土体深层水平位移	选测	选测	选测
15	土体分层竖向位移	选测	选测	选测
16	坑底隆起 (回弹)	选测	选测	选测
17	支护桩 (墙) 侧向土压力	选测	选测	选测
18	地下水位	应测	应测	应测
19	孔隙水压力	选测	选测	选测

注:与表 6-3 中的概念对应,表中的选测包含宜测和可测两个概念。

6.4.2   监测频率

明 (盖) 挖法基坑工程监测频率根据表 6-11 进行确定。

表 6-11　明（盖）挖法基坑工程监测频率

施工工况	基坑设计深度/m				
	≤5	5~10	10~15	15~20	>20
基坑开挖深度/m ≤5	1 次/1 d	1 次/2 d	1 次/3 d	1 次/3 d	1 次/3 d
5~10	—	1 次/1 d	1 次/2 d	1 次/2 d	1 次/2 d
10~15	—	—	1 次/1 d	1 次/1 d	1 次/2 d
15~20	—	—	—	(1 次~2 次)/1 d	(1 次~2 次)/1 d
>20	—	—	—	—	2 次/1 d

注：基坑工程开挖前的监测频率应根据工程实际需要确定；底板浇筑后可根据监测数据变化情况调整监测频率；支护结构的支撑从开始拆除到拆除完成后 3 d 内监测频率应适当增加。

6.5　基坑工程监测实例

6.5.1　基坑工程监测实例一

1. 工程概况

此基坑工程位于南京市，整体开挖面积约 21000 m²，开挖深度在 10.00~12.50 m。根据基坑不同位置处地质条件选用不同的支护方法，其中，西北角和东南角为单排钻孔灌注桩加一道钢筋混凝土角撑；东侧、北侧采用 II 形钻孔灌注桩；西部和南部采用人工挖孔桩加一道斜拉锚杆；在软土和硬土区域的止水方式分别为双排双头深层搅拌桩、单排双头深层搅拌桩。

此基坑场地土的物理力学指标如表 6-12 所示。场地地下水主要为赋存于杂

表 6-12　土层物理力学指标

土层编号	土层	含水量/%	密度/(g/cm³)	孔隙比	三轴强度 c/kPa	φ/°	固快强度 c/kPa	φ/°	渗透系数 k_v/(m/d)	k_h	压缩系数/MPa	回弹指数
①	杂填土	33.1	1.89	0.896	16.1	7.2	10.1	16.9		29.0	4.6	
②-1	粉质黏土	29.8	1.92	0.830	13.7	9.9	22.6	20.7		2.87~49.3	6.3	
②-2	淤泥质粉质黏土	36.8	1.83	1.028	29.9	4.4	10.5	16.6	1.5~403.0	1.18~68.1	3.6	
②-3	粉质黏土	31.8	1.92	0.868	28.7	6.0	10.0	22.3	1.4~2.3	1.81~68.1	6.7	
③-1	粉质黏土	27.8	1.97	0.778	89.1	10.1	58.2	17.8	0.6~9.5		9.6	0.009
③-2	粉质黏土夹粉土	29.0	1.93	0.821	34.5	8.5	27.3	18.7	2.3~246.0	1.8~797.0	7.7	0.008
③-3	粉质黏土	27.7	1.95	0.787	41.4	8.8	49.3	13.7	4.8	9.7	8.2	0.007
④-1	粉质黏土	23.2	1.99	0.709							13.8	
④-2	中细砂夹粉土	20.5	2.05	0.578							13.5	
④-3	含卵砾粉质黏土	23.7	2.03	0.659							7.7	
⑤-1	强风化泥岩、粉砂岩	12.3	2.20									

填土和 ② 层粉质黏土和淤泥质粉质黏土中的孔隙潜水，和赋存于 ④ 层细砂夹粉土和含卵砾粉质黏土中的孔隙承压水。

施工场地位于闹市区周边环境十分复杂，基坑平面图如图 6.6 所示。基坑周边有住宅楼、商厦、人行天桥，附近在地下还埋有大量的地下管道。此基坑工程开挖面积大、深度深，在开挖过程中，势必会对周边建筑及管线造成一定的影响，因此对此基坑工程进行施工监测是十分必要的。

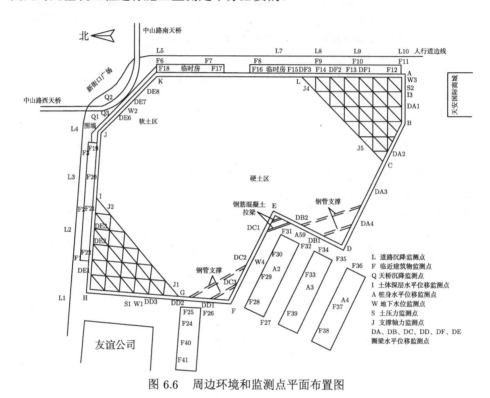

图 6.6　周边环境和监测点平面布置图

2. 监测项目及测点布置

此基坑项目计划对周围环境以及基坑维护体系进行监测，主要内容如下。

1) 周围环境监测

(1) 周边建筑物的沉降监测；

(2) 周边地面沉降监测；

(3) 周边地下管线沉降监测；

(4) 人行天桥及灯塔的沉降监测。

2) 基坑围护体系监测

(1) 围护桩桩顶圈梁水平位移监测；

(2) 围护结构及外侧土体深层水平位移监测；

(3) 基坑外地下水位监测；

(4) 支撑轴力监测；

(5) 围护结构外土压力监测；

(6) 支护结构内力监测。

各监测项目测点的布置，应从基坑本身和周边环境两个方面考虑，对于重点区域应适当增加监测点，此项目中的测点布置情况如下。

1) 周围环境监测点布置

(1) 主要在基坑西南侧紧临基坑的 5～7 层多层建筑及基坑边沿后搭建的临时办公、商用房屋上布置监测点。

(2) 主要在中山南路、汉中路两条马路，观测点沿马路方向并结合地下管线、人行天桥以及灯塔的位置布置监测点。

2) 基坑围护体系监测点布置

对于基坑围护体系的监测点布置，应根据规范要求并结合工程实际情况进行确定，所设监测点的位置如图 6.6 所示。

3. 监测结果

1) 周围房屋监测

周围房屋监测主要针对基坑西侧的七层楼房和西南侧五层楼房及汉中路、中山南路的临时房进行。通过监测可知，临时房最大沉降为 83.26 mm，最大沉降与基坑开挖深度的比值达 8.33‰，1997 年 3 月 9 日，基坑西部临时房处的两测点 F1 与 F22 之间的沉降差为 7.44 mm，局部倾斜约为 1.14‰，墙体出现裂缝。5 月 24 日，实测差异沉降达 18.7 mm，局部倾斜约为 2.88‰，墙体出现明显开裂。

通过对基坑附近的人行天桥进行监测发现，人行天桥处的两测点 Q2 与 Q3 之间的沉降差为 9.64 mm，局部倾斜约为 3.21‰，天桥连接处出现明显的松动现象，人行天桥的沉降时程曲线如图 6.7 所示。

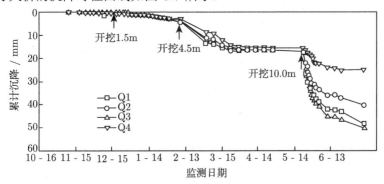

图 6.7　人行天桥的沉降时程曲线

汉中路侧临时房和人行天桥沉降监测结果表明，沉降与施工工况 (开挖深度) 关系密切，并表现出明显的时间效应。基坑挖土卸荷使得基坑周边土体中应力状态变化，从而产生沉降。沉降速率在不同阶段存在一定的差异，在施工时速率较大，间歇期速率较小，在施工后期，沉降趋于稳定。挖土卸荷产生的沉降和时间效应都随开挖深度的增大而加大。

图 6.8 为基坑西南角硬土区五层住宅楼区域的最终沉降等值图，沉降明显较软土区小，且沉降在锚杆影响区域稍大，该区域最大沉降与基坑开挖深度的比值仅为 1.10‰，房屋未见明显影响。如图 6.9 所示为该区域中 F31 测点的沉降时程

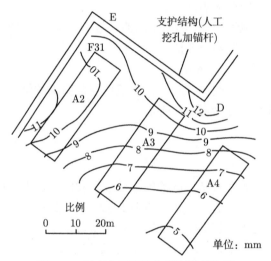

图 6.8　西南角五层住宅楼沉降等值线

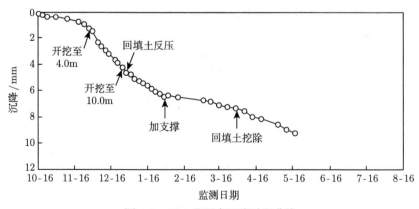

图 6.9　F31 监测点沉降时程曲线

曲线，其变化规律与软土区中沉降的变化规律明显不同，土体开挖完成后，沉降缓慢发展，渐趋稳定，并未出现软土区中挖土完成后短时间内产生较大沉降的现象，除后期回填土挖除沉降略有增加外，沉降对坑内回填土反压、加钢管支撑等施工工况的反映并不敏感。

2) 桩顶圈梁水平位移监测

桩顶圈梁水平位移监测结果如图 6.10 所示。桩顶圈梁水平位移监测是确定报警的主要依据，有着十分重要的工程意义。DE 段位于硬土区，在开挖至 4.5 m 后进行土锚施工，土锚施工阶段圈梁的水平位移约为 20 mm，随后在短时间内一次开挖至 10.0 m，使得圈梁的水平位移迅速增加 30 mm，桩顶水平位移达 52.89 mm，导致墙后地面出现裂缝。

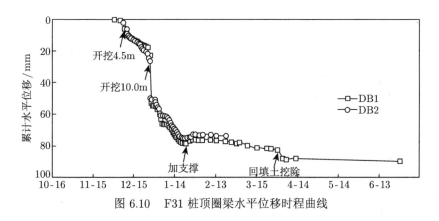

图 6.10 F31 桩顶圈梁水平位移时程曲线

为了防止水平位移的进一步发展，立即进行回填土反压处理。从水平位移曲线上可知，回填土后在短期内水平位移得到初步控制，但在其后又因基坑排水及土体变形引起下水道漏水等因素的影响，造成水平位移继续发展，为保证基坑安全，在该区段安装水平钢支撑，使得变形得以控制，监测结果表明基坑开挖中一次性快速卸载对基坑的工作性质会产生明显的影响，不利于基坑的安全。

3) 桩身水平位移监测

此基坑项目桩身水平位移曲线见图 6.11。可见，桩身水平位移随着施工的进行，呈逐渐增大的趋势，且两根试桩的水平位移曲线存在一定的差异。A59 号桩水平位移曲线形态呈 "悬臂桩型" 特点，位移上大下小，虽然该支护结构在 −4.0 m 处设有一道锚杆，但在施工中发现锚杆围檩压坏，锚头松动，从曲线上并未反映锚杆存在，后期安装水平钢支撑后，桩顶变形受到支撑的约束。而 13 号桩的水平位移曲线沿深度方向，呈中间大、两端小的分布，分析其原因为桩顶处的水平撑对桩顶具有较好的约束作用。由于支护结构形式的不同，从而导致桩身变形的差异，这一问题在基坑监测中要引起充分重视。

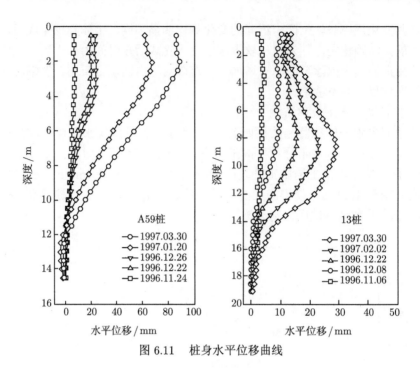

图 6.11   桩身水平位移曲线

4) 土压力监测

墙后土压力监测结果如图 6.12 所示。可见,墙后土压力随深度而增加,且随着

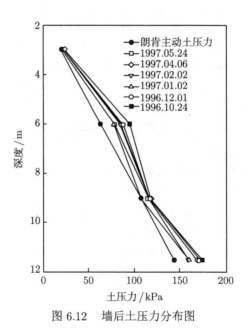

图 6.12   墙后土压力分布图

施工的进行和时间的推移,各深度处的土压力变化较小,平均变化率为 11.6%;将实测土压力与计算所得朗肯土压力进行对比可知,两者的变化趋势基本一致,实测土压力略大于朗肯土压力。

5) 支撑轴力监测

支撑轴力监测结果如图 6.13 所示。可见,支撑轴力受到多种因素的影响,随施工的进行,整体上呈逐渐增大的趋势,支撑体系的受力状况十分复杂,轴力变化较大。1997 年 3 月 23 日测得的支撑轴力超过了设计值,最大轴力达到 7300 kN,为设计值的 1.6 倍,钢筋混凝土支撑上出现了沿支撑断面平行分布的裂纹。监测结果表明支撑轴力的大小随开挖深度增加,主撑轴力要明显大于连梁的轴力。由于该区域土层为软塑一流塑的软土,挖土施工造成部分基坑底部土体扰动,在一定程度上降低了基坑底部土体的强度,致使轴力随时间进一步增加,故支撑体系设计时必须保证有足够的安全度。

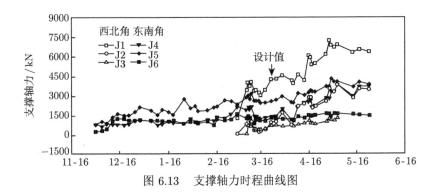

图 6.13 支撑轴力时程曲线图

6) 地下水监测

W3 和 W4 测点的地下水位变化较小,W1 和 W2 测点的地下水位在基坑施工中的变化幅度约为 2.0 m,对周围环境的影响较小。地下水位主要受降雨量及施工降水等影响,地下水位监测有助于掌握基坑施工过程中地下水变化对周围环境的影响和判断基坑止水帷幕的止水效果。

4. 结论

在此基坑工程中对多项监测项目进行施工监测,通过分析实测数据,能够及时发现问题和险情,为基坑施工方案的调整和抢险工作的实施提供帮助。在该基坑开挖监测过程中,先后于 1996 年 12 月 28 日、1997 年 2 月 15 日、1997 年 3 月 8 日三次对基坑施工中的隐患进行预警。

(1) 1996 年 12 月 28 日由于基坑挖土卸载过快,造成 DE 段桩项圈梁水平位移超过报警值,桩顶水平位移达 52.89 mm,位移速率达 30 mm/d。经及时回填土反压,使位移趋于稳定,其后又因基坑排水及土体变形引起下水道漏水等因素的影响,使得桩顶圈梁水平位移进一步增加,为了保证基坑安全,在该区段安装水平钢支撑,使得位移得以控制。

(2) 1997 年 2 月 15 日基坑南侧房屋、道路的沉降速率呈增长趋势,并及时进行了预警,通过分析发现此问题是加补人工挖孔桩施工及抽水所致,停止施工后沉降趋于稳定。

(3) 1997 年 3 月 28 日监测结果发现在友谊商厦一侧的支撑轴力超过设计值且混凝土支撑梁出现裂纹,其主要原因是挖土卸载过快,以及土方开挖不对称造成支撑轴力集中,随后通过调整挖土施工方案和保护坑底土层等措施保证了基坑的安全。

6.5.2　基坑工程监测实例二

1. 工程概况

实例二为上海某基坑工程,此基坑工程的尺寸为 120 m×45 m×8.05 m(长度 × 宽度 × 深度)。根据基坑各方向的实际情况采用不同的支护形式,在基坑南侧采用自然放坡,分两段放坡,每段放坡 8 m,放坡比例为 1:2,两段放坡之间为宽度 5 m 的缓冲平台。为了加强此处边坡的抗滑能力,进行了水泥土搅拌桩的施工。

在基坑北侧进水池、泵站部位的支护形式和出水池、内河道部位的支护形式有所不同。在进水池和泵站部位采用钻孔灌注桩加水泥土搅拌桩止水带的围护方式,为了增强基坑的稳定性设置了一道斜土锚。在开挖时首先进行 1 m 深的放坡,放坡比例为 1:1,围护结构的标高相应降低 1 m,再进行灌注桩和防渗搅拌桩的施工,灌注桩桩长 19 m,桩径 800 mm,桩间距 950 mm。开挖 2 m 深后,施工土层锚杆,再开挖到基坑底部,土层锚杆为 3 根直径 25 mm 的三级钢筋,设计拉拔力均为 295 kN,其长度为 20 m 和 24 m 两种,相间布置,锚固段长度分别为 15 m 和 19 m,自由段长度均为 5 m。在进水前池的部位采用压密注浆处理;在泵站的部位进行搅拌桩加固,并且为了防止侧向绕渗,在搅拌桩和灌注桩之间采用压密注浆处理。

出水池和内河道部位采用的围护方式为水泥土重力式挡墙加门架式挡墙,部分区域采用直径为 1200 mm 的大孔径灌注桩悬臂式结构,并采用深层搅拌桩加固,以防止靠近基坑的建筑物发生沉降。施工时采用横向分步施工信息反馈工法,为了确保基坑工程施工过程中基坑的稳定性,以及对基坑北侧西部 1栋 5 层办公楼及 1 栋 4 层厂房的有效保护,需对基坑围护工程及周围环境进行监测。

2. 监测项目及方法

基坑监测项目的选择根据相关规范以及基坑水文地质条件、施工方法、支护结构的类型、周边环境的情况综合考虑进行选择，此基坑工程的监测项目及测点位置如图 6.14 所示。

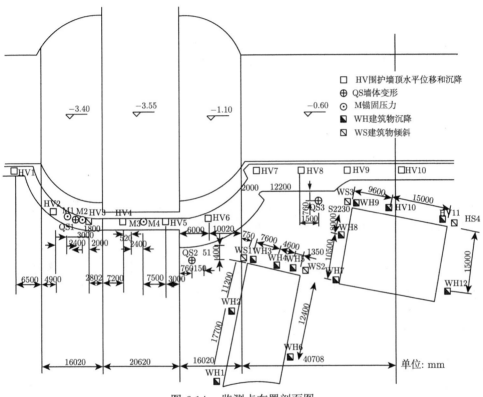

图 6.14　监测点布置剖面图

1) 围护桩顶水平位移和竖向位移监测

此基坑工程中围护桩顶水平位移和竖向位移监测点的数量都为 10 个，测点间距范围在 10~15 m 区间，两监测项目的仪器分别为 J2-2 光学经纬仪和 DSZ2 水准仪，误差应小于 1 mm。测标的安装方法通常采用螺栓固定，并做好标记。

2) 围护桩体的深层侧向位移监测

此工程设置三个观测点，测点的设置需要综合考虑，应尽量设置在与附近已有建筑较为靠近的围护桩体内，既利于有效地监测基坑工程的工作状态，又利于密切监测周围建筑物的变化状态。三个测点分别在进水前池近泵站部位、出水池部位及近四层厂房的围护结构局部处理部位。所用仪器为 SX-20 型测斜仪，误差小于 1 mm。测斜管为直径 120 mm 的 PVC 管，测斜管长度与灌注桩长度相等，沿深度 1.0 m 测一个点。原方案采用桩体内预埋法,在桩体内预埋了三根测斜管。在开挖时,其中两根测斜管 (QS2、QS3) 被破坏,后用钻孔法补救。

3) 基坑锚杆拉力监测

在采用灌注桩加斜土锚的围护结构段内,布置 4 个锚杆拉力测试点,分别布设于 39 号、36 号、24 号、18 号锚杆处。此项目一个锚杆由三根直径 25 mm 的三级钢筋组成,故观测仪器为直径 25 mm 的三级钢筋应力计配合数据采集仪,测试精度优于 1%。39 号、24 号锚杆的长度为 24 m,36 号、18 号锚杆的长度为 20 m,钢筋应力计的埋设数量分别为 39 号锚杆的两根钢筋上分别埋设两个钢筋应力计、21 号锚杆的其中一根钢筋上埋设一个钢筋应力计、36 号锚杆的其中一根钢筋上埋设一个钢筋应力计。

4) 周围建筑物竖向位移和倾斜以及裂缝监测

周围建筑物竖向位移和倾斜监测:此基坑工程中周围建筑物 (办公楼和厂房) 测斜点设置在靠近基坑的墙角处,共设置观测点 4 个。并在两建筑物的墙边共设置 8 个竖向位移观测点,其中部分观测点利用房屋原有观测点,部分用膨胀螺栓布设在房屋的基础或墙角处。倾斜观测仪器为 J2-2 光学经纬仪,观测房顶的水平偏移误差应小于 1 mm;竖向位移观测采用 DSZ2 水准仪搭配 FS1 测微计进行观测,观测误差应小于 1 mm。

裂缝监测:对房屋的现状及已有的裂缝进行描述并拍照,在已有的裂缝上涂上标记,并对 7 条外墙裂缝的最大和最小处的宽度作了监测。观测设备为裂缝计,测试精度为 0.1 mm。房屋倾斜和竖向位移观测点的埋设在搅拌桩施工前进行,监测前对房屋的现状及已有裂缝的描述及照片、测点初读数等由甲方请房屋所有者认可。

5) 地下水监测

测点位置为在基坑内侧进、出水池,以及在靠近基坑侧的 5 层办公楼和 4 层厂房的两个墙角处各设置一个水位观测井。水位观测井为在基坑开挖前钻孔埋设的直径为 80 mm、长为 8m 的水位管,水位测试误差为 10 mm。

各监测项目的预警值根据相关规范及工程的实际情况确定,参见表 6-13。根据实测数据占预警值百分比的不同,采用不同的预警措施,当实测数据达到表中预警值的 80% 时,应进行记录;当达到预警值的 100% 时,应用出具专门的文件通知各相关单位。

表 6-13　此基坑工程监测预警值

观测项目	围护桩顶水平位移	围护桩顶竖向位移	围护桩体深层侧向位移	建筑物竖向位移	建筑物倾斜
预警值	100 mm (50 mm)	100 mm	100 mm	30 mm	0.004

注: 括号内为 4 层厂房处的围护桩顶水平位移预警值

3. 监测过程及结果

各项目的监测时间分别为：房屋倾斜、竖向位移和房屋裂缝从围护搅拌桩施工时开始，锚杆拉力是从锚杆施工后开始监测，其余项目均是从基坑开挖时开始监测。

各项目的监测频率分别为：从围护搅拌桩施工到基坑开挖，房屋各监测项目的监测频率为 1 次/周；基坑开挖至底板做完，全部项目的监测频率为 1 次/d；底板施工完成到结构出地面，除锚杆拉力外其余项目的监测频率为 1~2 次/周。

通过对基坑施工过程中桩顶水平位移和竖向位移监测可知，其位移值变化受基坑开挖、锚杆施工、水池部位打桩施工、围堰施工的影响。当基坑土体开挖和锚杆施工时，HV4 点的桩顶水平最大位移和竖向最大位移均为 4 mm。当基坑开挖至底部时，HV4 点的桩顶最大水平位移为 12 mm(HV4)，最大竖向位移为 8 mm(HV4)。进水池部位打桩施工时，水平位移和竖向位移均有增加，HV2 点在 24 天内的水平位移增量为 13 mm，竖向位移增量为 4 mm，HV1 点在 18 天内的水平位移增量为 11 mm，竖向位移增量为 5 mm。打桩和围堰施工，对围护桩顶位移存在一定的影响，最大水平位移 3 mm(HV7、HV8)，最大竖向位移为 5 mm(HV8)。围护桩顶的水平位移和竖向位移均未达到警报值的 80%，最大水平位移为 17 mm(HV2)，其次是 16 mm(HV3)。

通过对基坑施工过程中邻近房屋竖向位移监测可知，其位移值变化受到围护桩施工、土体开挖和锚杆施工、水池部位打桩施工、施工的重型车辆进出的影响。当围护桩施工时，WH3 点的竖向位移达到 5 mm。当土体开挖和锚杆施工时，除了 WH9、WH10 测点的位移量存在一定变化，最大竖向位移量达 18 cm，其他测点的位移值变化不明显。当基坑开挖到底标高时，WH9 测点的最大竖向位移量达到 20 mm。当出水池部位打桩施工，以及四区施工的重型车辆进出时，房屋竖向位移均未达到警报值的 80%，房屋最大竖向位移值为 20 mm(WH9)，其次是 18 mm(WH10)；围护桩顶最大竖向位移值为 9 mm (HV2)。

通过测斜管测得测点 QS1 和 QS3 处围护桩体和土体深层侧向位移如图 6.15 所示。可见，侧向位移随深度的增大整体上呈减小的趋势，当深度到 10 m 以下时，位移值较均小且变化不明显。随施工的进行，时间的推移，围护桩体和土体深层侧向位移逐渐增大。测得最大位移在 QS1 的桩顶处，达到 13 mm，未超过此基坑工程监测预警值，说明在支护结构的作用下基坑是安全稳定的。

通过锚杆上的钢筋应力计测得锚杆拉力时程曲线如图 6.16 所示。可见，锚杆拉力仅在施工初期存在明显的增大趋势，在后期锚杆拉力一直较为稳定，无明显的变化。且监测所得锚杆的最大拉力值为 342 kN，未超过警报值的 80%，说明锚杆工作状态正常，能够对基坑的支护结构进行有效的约束作用。

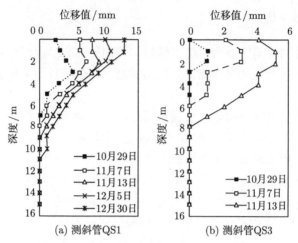

图 6.15　围护桩体和土体深层侧向位移曲线

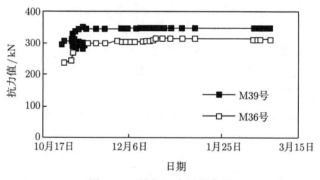

图 6.16　锚杆拉力时程曲线

地下水位的监测分为基坑外部和基坑内部两部分，其中测点 S1、S2 在基坑外部，监测基坑外的水位情况；测点 S3、S4、S5 在基坑内部，用于监测基坑内的水位变化情况。其中测点 S1、S2 的地下水时程曲线如图 6.17 所示。

可见，S1、S2 两个测点的地下水位在不同时间段的变化较为明显，例如，6月到 8 月地下水位呈逐渐上升的趋势，这是由于夏季降雨较多，特别是在 8 月 11日时降雨量较大，地下水位上升明显。随施工的进行，基坑逐渐开挖至坑底，并采取了降水措施，两个测点的地下水位明显下降。在施工后期，测点处地下水位基本保持稳定，水位变化不明显。

通过对周围房屋的裂缝发展情况进行监测发现，7 条房屋裂缝的变化不明显，其中 A2 测点处的裂缝增长较大，从初始缝宽的 4 mm 增长至 5.5 mm，其次为C2 测点从初始缝宽 0.2 mm 增长至 1 mm。说明此基坑工程的支护结构安全可靠，且施工过程对周围房屋的影响较小。

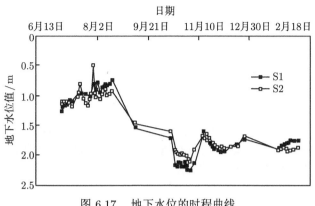

图 6.17 地下水位的时程曲线

4. 结论

通过对上海某基坑工程施工过程中的现场监测研究，得到了基坑在开挖过程中围护结构桩体及土体深层侧向位移随时间的变化情况，以及锚杆拉力的变化规律，以及地下水位的监测曲线，此基坑工程监测所得结论如下：

(1) 此基坑工程在施工全阶段，围护桩顶竖向位移和水平位移值均未达到预警值，说明基坑采取的支护结构是合理且稳定的。

(2) 在基坑开挖过程中，锚杆受力无明显的增大或减小，说明锚杆在基坑施工过程中一直处于稳定工作的状态，锚杆对约束基坑支护结构的变形作用明显。

(3) 对基坑内外地下水位监测，能够及时了解地下水位的变化情况，并及时采取降水措施。基坑周围邻近的房屋在基坑施工过程中，并未出现明显的裂缝，说明此基坑的设计和施工均较为合理。通过对此基坑监测所得数据进行分析，对于优化基坑设计、指导类似基坑的施工提供借鉴。

课 后 习 题

1. 简述基坑监测的目的。
2. 围护墙侧向土压力监测点的布置原则有哪些？
3. 基坑监测项目都有哪些？
4. 基坑工程监测频率如何确定？
5. 基坑工程数据处理的一般原则是什么？
6. 基坑工程监测阶段性监测报告包含哪些内容？
7. 基坑工程巡视检查包括哪些内容？

第 7 章 地下隧洞施工监测技术

地下隧洞也是地下工程的重要组成部分，按施工方法的不同可分为明挖法和新奥法。对于明挖法而言，地下隧洞的施工监测属于基坑工程施工监测技术，详细内容参见第 6 章。本章主要对采用新奥法、矿山法施工的隧洞监测技术进行介绍。

7.1 地下隧洞施工监测的特点及意义

新奥法是在利用隧洞本身已具备一定承载能力的情况下，利用毫秒爆破和光面爆破等工艺，实施全截面开挖施工，并通过形成的复合式上下两层衬砌来修建隧道内壁，一般采用喷混凝土、锚杆、钢筋网等的外层支护，也称为初次柔性支护技术。由于蕴含在岩体的地应力随着施工的进行会发生重分布，因此隧洞空间结构基本上是依靠空洞效应而保持稳定。首先承担地应力的是围岩体自身，而通过初次喷锚柔性防护的作用是使围岩体自己的承载性能得以最大程度的充分发挥，而二次衬砌的重点是起到安全储备和装饰隧道内壁的功能。

7.1.1 地下隧洞施工监测的特点

新奥法技术的出现，使隧道及地下工程的设计和施工技术得到了长足的发展。新奥法隧道施工的特点在于通过现场测量来实时监测隧道围岩的情况，从而指导开挖和支护结构的设计和施工。对于新奥法支护结构的设计，已有不少学者进行了数学求解计算。自 1978 年起，已有大量关于新奥法支护结构数解的论文发表。然而，由于岩体的形成条件及地质作用的复杂性，其产状及结构十分复杂，在施工中由于开挖方式、支护方式、支护时间等诸多因素的作用，会对隧洞的稳定性产生一定的影响。可见，寻找一个能够准确地反映岩体状况的物理力学模型是十分困难的。所以，目前所用数解方法得出的结果并不能作为设计新奥法的基础。

地下隧道的施工方法、支护结构、尺寸形状、埋深等都受地层性质、地质构造、地表及地下水的综合影响，具有较大的不确定性和高风险，因此隧道的设计与施工要求动态的信息反馈，也就是利用隧道的动态设计与施工方法。该信息化的工程动态设计与施工体系可根据工程实际情况实时监测到的围岩稳定性和支护工作状况，从而对围岩的稳定状况、支护效果、支护结构的影响、支护设计参数的合理性进行分析，从而为工程施工和支护设计参数的调整提供参考。如图 7.1 所示为隧道的信息化动态设计与施工流程。可以看出，在隧道建设初期，先利用钻孔等地质勘探手段，获取不同位置、不同深度的岩土样品，然后进行岩土力学试验，得出该区域的岩土结构和物理力学特征。通过试验结果，可以对岩体进行分类，并指导模型和有关参数的选取，从而为后期计算提供依据。通过设计和施工，在监测断面和监测点安装多种类型的传感器，可以实时监测施工期间的围岩和支护结构受力状态。通常可以采用两种方法对观测资料进行处理，从而指导隧道的设计与施工：第一种是对观测资料进行反演，对参数、模型进行修正，然后再进行力学计算，用以指导隧道的设计；第二种是利用经验类比的专家系统来进行数据分析，以指导隧道的设计和施工，并重新划分围岩。与上部结构的设计、施工过程相比，隧洞的设计、施工是一种允许同步、重复、渐进的方法。

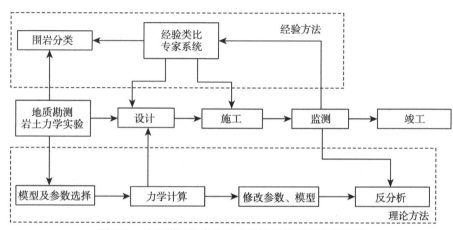

图 7.1 地下隧洞信息化动态设计和施工方法流程图

7.1.2 地下隧洞施工监测的意义

对地下隧洞围岩和支护结构进行监测的目标及意义主要有以下几点。

(1) 通过对施工过程及周边环境的监测，实现对隧洞状态的反馈和预测，能够对施工组织设计进行优化，对隧洞施工提供指导和依据，以保证隧洞的安全和质量。

(2) 根据隧洞围岩地质条件以及支护条结构的情况，合理划分围岩类型，并对其稳定性进行科学的评估。通过监测隧洞的沉降和变形，能够确定隧洞的状态，根据监测结果能够对支护效果进行评价，指导并及时调整施工工艺。

(3) 通过对隧洞的收敛情况进行监测，根据收敛位移和收敛速度，能够对围岩的稳定性进行评价，当收敛情况超过控制值时，能够及时进行预制，并采取措施。

(4) 通过对隧洞施工段上方的地面沉降进行监测，能够判断施工对地面的影响，并与地面沉降资料相互印证。通过测量锚杆长度、灌浆充填程度，可以对锚杆长度及灌浆效果进行评价。

(5) 通过分析隧洞的监测数据，能够对支护结构及支护参数的设计合理性进行评估，为以后的相似隧洞工程的设计和施工提供一定的参考和借鉴。

7.2　地下隧洞施工监测的内容和方法

7.2.1　地下隧洞施工监测的内容

地下隧洞施工监测的内容，主要可以分为巡视检查、位移监测、应变监测等，下面对各项监测内容进行介绍。

(1) 巡视检查：主要用于隧洞区域的检查，按一定时间间隔对开挖面的围岩和支护结构的具体情况进行巡视观测，通常方法为目视，必要时可采用地质锤等设备。

(2) 位移监测：主要是对隧洞围岩和支护结构的变形和位移情况进行监测，常用仪器为收敛计、位移计以及测斜仪等。

(3) 应变监测：主要是对隧洞围岩和支护结构 (如网喷混凝土或其他衬砌) 的应变状态进行监测，常用仪器为各类应变传感器，如钢筋应变计、应变砖等。

(4) 应力监测：主要是对围岩的应力状态，以及支护结构的应力变化情况进行监测，常用的仪器为各类应力传感器，如液压式应力计、电阻式应力计、钢弦式应力计。

(5) 地下水位监测：主要是对施工区域内的地下水位、孔隙水压力等变化情况进行监测，常用仪器为测尺、孔隙水压力传感器等。

(6) 温度监测：主要是对围岩和衬砌的温度，环境温度和水温进行监测，常用仪器为各类温度传感器，如常规温度计、光纤类温度传感器等。

(7) 动态监测：主要是指对围岩及支护结构在开挖爆破等工况下的振动情况进行监测，常用仪器为测振仪、声波仪等。

7.2.2　地下隧洞施工监测的方法

地下隧洞施工监测主要包括洞内外观察、地表沉降监测、洞周收敛监测、拱顶下沉监测、围岩体内位移监测、围压压力和两支护间压力监测、锚杆轴力监测、钢拱架和衬砌内力监测、地下水渗透压力和水流量监测以及爆破振动监测。下面对各项监测的方法进行介绍。

1. 洞内外观察

洞内外观察主要包括洞内观察和洞外观察两部分，两者的具体观测方法如下。

(1) 洞内观测需要在每一次施工结束后进行，通常采用目视的方法，必要时辅助使用相关仪器。主要观测开挖面的状态、围岩风化变形、节理裂隙发展等情况, 以及支护结构的变形稳定情况。观测结束后, 立即制作出开挖工作面的地质图, 并及时完成施工区的开挖面地质状况记录和围岩级别等级判断。对已施工区域的观测频率为每日一次, 重点观察围岩、支护结构等的稳定状况。在观测过程中, 若出现工程问题, 必须立即上报设计和监理单位, 并对进行相应的治理。

(2) 洞外观察主要是对重点区域 (如洞口及地质条件较差的区域) 进行观测, 同样通常采用目视的方法, 观测内容主要为施工区域内的地表沉降、地表开裂、边坡稳定性等。

2. 地表沉降监测

隧洞地表垂直沉降常用的仪器为水准仪和标尺, 所用仪器应符合相关规范要求。当地表沉降的监测数据量较大时, 可以采用精度更高、使用更为便捷的电子水准仪对沉降值进行记录, 所用仪器在使用前需要进行校正, 满足规范要求后才可使用。

3. 洞周收敛监测

收敛测量是指对隧洞两点间的相对变形和变形规律的量测。用于洞周收敛的监测系统主要可以分为两种。其中, 一种为接触式测量系统, 是指根据洞周尺寸将一定数量的倾斜角传感器安装在隧洞内部, 最为常用的是巴塞特收敛测量系统; 另一种为非接触式测量系统是指利用全站仪对洞周测点进行监测, 从而得到洞周的收敛值。

1) 收敛计

收敛计是一种常规的收敛式监控技术, 它具有准确率高和经济性好等优点, 此传感器的不足之处在于, 不管使用哪一种收敛仪, 大截面隧洞传感器的安装工作需要在台车中进行, 因此安装过程比较烦琐。在已设置监测断面的隧道段, 在隧道施工后 2 日之内, 必须在隧道周边、拱顶、拱腰、侧墙段等处进行测量。测量桩体的深度为 30 cm, 钻孔的直径为 42 mm, 用快速硬化的水泥或早强剂进行加固, 在后期数据采集过程中, 需要配备数名专业人员负责采集工作。收敛计监测示意图如图 7.2 所示。

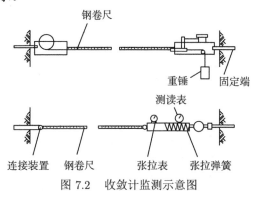

图 7.2 收敛计监测示意图

2) 巴赛特收敛系统

巴赛特收敛系统是一种全新的隧道截面收敛性自动化测试方法，它是将若干杆元件 (一长一短臂组成一对杆元件) 连接，从而形成一个测量圈，其中一对杆元件内置高精度的倾角传感器，杆元件通过一种紧固装置将其与隧洞相连。在隧洞围岩的作用下，势必引起一定的变形区内部分固定点发生位移，同时也会导致相应的长、短臂发生相对运动，也就是长、短臂之间的角度改变。此时，安装在长、短臂上的倾角传感器即可测量到这些细微的转角变化。当多个隧洞内壁出现多个变形时，各个部位的变形都会对长、短臂产生影响，倾角传感器所感应到的变化就是隧洞整体的改变。根据倾斜角度以及各个相应的长、短臂的长度，即可计算出各个测点的位移，然后参考各个测点的初始位置，从而得出各个测点的真实收敛情况。当测点数足够多时，在各个时间内，各个测点的连线可以大致表示出隧洞的轮廓线，将收敛系统与电脑相连接，可以迅速地进行各测点收敛值的计算，并将计算结果与第一次观测值进行对比，从而得到隧洞的收敛曲线。当收敛值超出控制范围时，能及时发出预警，并采用相应的措施。巴赛特收敛系统与传统监测方法相比，具有精度高、自动化程度高等多种优点，能够对于测点的收敛值进行实时监测和数据采集。巴赛特收敛系统安装图如图 7.3 所示。

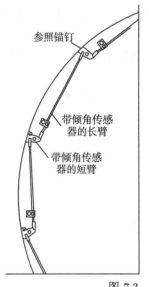
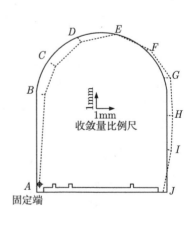

图 7.3　巴赛特收敛系统安装图

3) 相对位移观测法

相对位移观测法是一种较为常用的隧洞收敛监测方法，此方法操作简便、经济性好，如图 7.4 所示。具体流程为，首先选取收敛监测断面，在监测断面上设置监测点，记为点 A、B、C 等。再在监测点上安装反光片用于全站仪监测，监测时全站仪距监测断面应保持一定的距离 (宜大于 30 m)，全站仪处记为点 O。通过监测能够得到各测点的坐标 $A(X_A, Y_A, Z_A)$，$B(X_B, Y_B, Z_B)$，$C(X_C, Y_C, Z_C)$，通过计算即可得到各测点之间的距离，计算方法如式 (7-1)～式 (7-3) 所示。

$$S_{AB} = \sqrt{(X_B - X_A)^2 + (Y_B - Y_A)^2 + (Z_B - Z_A)^2} \tag{7-1}$$

$$S_{BC} = \sqrt{(X_C - X_B)^2 + (Y_C - Y_B)^2 + (Z_C - Z_B)^2} \tag{7-2}$$

$$S_{CA} = \sqrt{(X_A - X_C)^2 + (Y_A - Y_C)^2 + (Z_A - Z_C)^2} \tag{7-3}$$

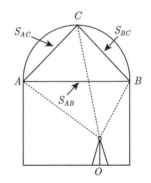

图 7.4   相对位移观测示意图

4. 拱顶下沉监测

1) 精密水准测量法

精密水准测量法是一种常用的拱顶下沉监测方法，此方法原理简单、操作简便，具体流程及注意事项如下：在开挖面经过监测断面后，应及时进行钢球的安装，并且利用水准仪对各个钢球的标高进行测量，测量精度为二等水准测量。在二次衬砌施工前，再次对钢球的标高进行测量，通过对比两次测量结果之间的数值差，即可得到钢球安装处拱顶的下沉量。在测量过程中，各项操作应严格按照规范进行，对测量结果进行及时的记录，当拱顶下沉量过大时，及时进行预警，并采取相应的措施。

2) 三角高程测量法

三角高程测量法是利用全站仪对拱顶下沉量进行监测的方法，在测量过程中，前视和后视分别采用反光片和棱镜。从基本原理上讲，此方法是利用全站仪按照三角高程的测量原理，将前视、后视和全站仪测量中心点之间的高差进行测量和计算得出。其应用范围非常广泛，只要竖直角的大小小于 30°，测点处于反光片反射距离范围以内，都能采用这种方法进行拱顶沉降值的测量，具体的计算方法与精密水准测量法一致。

3) 激光收敛仪

激光收敛仪不仅能够用于洞周收敛监测，而且可以用于拱顶下沉监测。隧道开挖后尽快在靠近掌子面的断面上布置呈三角形的测线 AB、BC、CA，采用收敛仪对三条测线的长度进行测量，并且在一定时间间隔后进行再次测量，通过对比两次测量之间测线长度的变形，根据三角形的相关知识就可以计算拱顶下沉量。

(1) 较好围岩中拱脚没有沉降的情况

当围岩较好拱脚没有沉降时，且 B、C 两点设在同一水平线上，以 B 点为基准点，拱顶测点 A 相对于基准点 B 的初始高差 h 如式 (7-4) 求得，其原理如图 7.5 所示。

$$h = BA \times \sin \beta \tag{7-4}$$

其中，β 的计算公式为

$$\beta = \arccos \left(\frac{BC^2 + BA'^2 - C'A'^2}{2BC' \times BA'} \right) \tag{7-5}$$

式中，β 为测线 BC 与 BA 间的初始夹角。

待一段时间间隔后，再次测量测线的长度，分别记为 BC'、BA' 和 $C'A'$，则测点 A' 相对于基准点 B 的变形后高差 h' 为

$$h' = BA' \times \sin \beta' \tag{7-6}$$

其中，β' 的计算公式为式 (7-7)

$$\beta' = \arccos \left(\frac{BC'^2 + BA'^2 - C'A'^2}{2BC' \times BA'} \right) \tag{7-7}$$

式中，β' 为变形前测线 BC' 与 BA' 间的夹角。

即可得到拱顶监测点 A 的下沉 u 为

$$u = h - h' = BA \cdot \sin \beta - BA' \cdot \sin \beta' \tag{7-8}$$

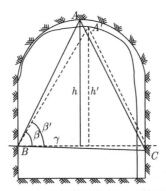

图 7.5 激光收敛仪测拱顶下沉的原理图

(2) 软岩中拱脚有沉降的情况

隧道开挖后尽快在靠近掌子面的断面上布置呈三角形的测线 AB、BC、CA，测点 C 与 B 之间的相对高差为 Δy_{BC}，则测点 A 与 B 之间的初始高差记为 h，可由式 (7-9) 计算，原理如图 7.6 所示。

$$h = BA \times \sin\left(\beta + \gamma\right) \tag{7-9}$$

其中，β 和 γ 的计算公式为

$$\beta = \arccos\left(\frac{BC^2 + BA^2 - CA^2}{2BC \times BA}\right) \tag{7-10}$$

$$\gamma = \arcsin\frac{\Delta y_{BC}}{BC} \tag{7-11}$$

式中，β 为测线 BC 与 BA 间的初始夹角；γ 为测线 BC 与水平线之间的初始夹角。

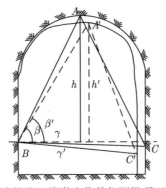

图 7.6 考虑拱脚沉降激光收敛仪测拱顶下沉的原理图

待施工完成一段时间间隔后，再次用激光收敛仪测量测线的长度，分别记为 BC'、BA 和 $C'A'$，测点 C' 和 B 之间的相对高差记为 $\Delta y_{BC'}$，测点 A' 与 B 变形后高差 h' 为

$$h' = BA' \times \sin\left(\beta' + \gamma'\right) \tag{7-12}$$

其中，β' 和 γ' 的计算公式为

$$\beta' = \arccos\left(\frac{BC'^2 + BA'^2 - C'A'^2}{2BC' \times BA'}\right) \tag{7-13}$$

$$\gamma' = \arcsin\frac{\Delta y_{BC'}}{BC'} \tag{7-14}$$

式中，β' 为变形后测线 BC' 与 BA' 间的夹角；γ' 为变形后测线 BC' 与水平线之间的夹角。

结合用水准仪测得基准点 B 的沉降，即可得到拱顶监测点 A 的下沉 u 为

$$u = h - h' + h_B - h_B' = BA \cdot \sin\left(\beta + \gamma\right) - BA' \cdot \sin\left(\beta' + \gamma'\right) + h_B - h_B' \tag{7-15}$$

式中，h_B 为 B 点的初始高程；h_B' 为 B 点变形后的高程，两者之差即为 B 点的沉降。

在软岩中，隧道侧壁围岩的竖向位移一般也远小于拱顶，因此，当拱顶下沉较小时，仍然可以按拱脚没有沉降情况用式 (7-8) 计算拱顶沉降，因而可以不必每次都量测脚点 B、C 的高程，但监测点布设时应读取脚点 B、C 的初始高程。

通常拱顶下沉达到报警值的 1/2 时，才需要用水准仪定期量测脚点 B、C 的高程，采用拱脚有沉降情况的式 (7-15) 来精确计算拱顶下沉。这样的话，较好围岩中拱脚没有沉降的情况，用激光收敛仪监测拱顶下沉可以不用水准仪。即使在软岩中拱脚有沉降的情况，也只有当拱顶下沉达到其报警值的 1/2 时，才少量使用水准仪监测拱脚点的下沉，而且这也比用水准仪直接监测拱顶下沉方便容易。

5. 围岩内位移监测

围岩内部监测是一项十分重要的监测项目，通常将位移计安装于围岩上，用来监测施工不同阶段，围岩的位移变化情况，从而对围岩的稳定性进行判断。关于位移计的工作原理可参见第 1 章，在此不再进行详细介绍。下面对用于隧洞围岩内位移监测的单点位移计、多点位移计的安装方法和结构进行说明。

1) 单点位移计

单点位移计的原理是将钻孔内锚杆的一端通过注浆等方法固定于钻孔底部，再将锚杆的另一端与一位移传感器相连，位移传感器可采用电阻应变式、振弦式、光纤式等类型。当围岩内部发生位移时，带动钻孔内的锚杆移动，锚杆的位移通

过传递杆传递给孔口处的位移传感器，监测数据通过位移计上的电缆以电信号的形式进行传输。单点式位移计具有构造原理简单、精度高、易于安装等优点，在地下工程监测中的应用十分广泛，常用的单点位移计结构如图 7.7 所示。

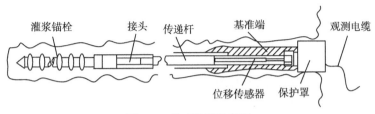

图 7.7 单点位移计装置

用单点位移计测量的位移量并非绝对位移，仅当深度较大，将孔底作为不发生位移的固定点时，可以把实测的位移变化视为绝对位移。在相同的测点位置，采用多个位移计，安装于不同深度处，可以得到各深度处围岩的位移情况，从而可以绘制出各点位置的位移曲线，从而得到各点位置的位移。

2) 多点位移计

按照内部传感器工作原理的不同，可将多点位移计分为电类和机械式两大类。其中，机械式多点位移计通常采用百分表等传统位移测量仪表进行监测；而电类多点位移计则有电阻、电感等多种类型，传感器的相关原理可参见第 1 章。注浆锚固式多点位移计如图 7.8 所示。

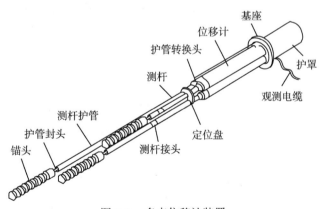

图 7.8 多点位移计装置

(1) 并联式多点位移计主要构件为锚头、测杆、位移计、定位盘，定位盘安装于钻孔内，对测点进行固定，位移计在钻孔口部，与锚头之间通过测杆相连接，测杆外套有测杆护管。当采用并联式多点位移计时，可以对同一钻孔内不同深度处的围岩位移进行监测，每个锚头与不同的监测点相连。当测点发生位移时，推动锚头带动测杆发生相对位移，通过与测杆相连的位移计即可得到各测点处的位移变化。锚固器的种类主要有机械式和注浆式两种，其中机械式锚固器又可分为液压锚固器和卡式锚固器等。在工程中，锚固的效果会影响测试结果的准确性，应根据测点的实际情况选择合适的锚固器。

(2) 串联式多点位移计是由多个位移计组成的多点位移计，如图 7.8 所示。位移传感器的线圈装在锚头的内壳上，锚头由三片互成 120° 的弹簧片紧固在孔壁上，测杆上安装有一个铁芯，测杆的另一端安装在孔底。围岩位移时带动锚头及测杆发生相应的移动，通过安装在测杆另一端的位移计，即可得到不同锚头的位移情况。

6. 围压压力和两支护间压力监测

压力监测主要包括内部压力监测，以及围岩与支护结构之间的压力，常用的传感器有应力计、压力盒、液压枕等。

1) 应力计和压力盒

应力计或压力盒是地下工程中常用的传感器，在隧洞施工中，通常将其安装在衬砌内部或围岩与支护结构之间。此类传感器安装方便，仅需要将其固定在监测点处即可。用于监测围岩压力的压力盒则需要将其放入钻孔内。

2) 液压枕

液压枕主要由传力板、压力表、压力盒等构件组成，如图 7.9 所示。液压枕需要在室内进行组成，并且经过相关检验、校正之后才可以用于工程监测。将液压枕安装到设计位置后，围岩等压力首先作用在液压枕的传力板上，传力板再将压力传递给压力盒，使压力盒中的液压随之升高，液压的变化情况由压力表进行显示和监测。

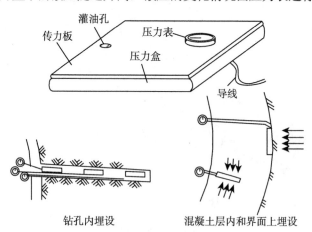

图 7.9　液压枕结构及安装示意图

液压枕通常安装于混凝土之间的界面或混凝土与围岩之间的界面上，埋设时要保证液压枕紧贴监测面，将其固定于监测位置后，再进行混凝土浇注，待混凝土浇注完成后，即可进行监测。液压枕也可安装于钻孔内，安装方法为：在监测点岩面进行钻孔至测试深度，孔径根据所用液压枕的尺寸进行调整。埋设前需对钻孔进行冲洗，用深度标尺校正其安装位置，再用砂浆对钻孔进行填充。根据监测需要可以在同一钻孔中安装多个液压枕在设计监测点处，液压枕的压力表和导线在安装完成后需加保护罩进行保护，防止其在施工过程中被损坏。液压枕具有安装方便、原理简单、经济性好等优点，因此在隧洞压力监测中应用广泛。

7. 锚杆轴力监测

锚杆是支护施工中常用的构件，锚杆的轴力能够反映围岩的稳定性，因此对锚杆轴力进行监测是十分必要的。常用的方法是在锚杆上按一定间隔安装应变传感器，如应变片等。通过对应变传感器的应变值进行采集，按照材料力学的原理可以将应变值转换成锚杆的应力值，按照传感器工作原理的不同，主要可分为电阻式、差动电阻式和钢弦式。

电阻式锚杆是将电阻应变片按照设计位置粘贴在锚杆表面或浅槽内，再用环氧树脂等材料对应变片及数据线进行保护。这种方法安装方便，经济性好，但是应变片的抗干扰能力有待提高，而且在施工过程中应变片易被破坏，限制了此类锚杆的应用。

差动电阻式和钢弦式锚杆是将相应的应变计安装在锚杆的槽孔内，再根据锚杆的设计长度，将多节锚杆进行组装。与电阻式锚杆相比，这两种锚杆的抗干扰能力强，适用范围广，而且传感器不易被损坏。

8. 钢拱架和衬砌内力监测

钢拱架的监测能够推断钢架所受压力的大小，判断拱架的尺寸、间距以及设置的合理性。常用的传感器为各类应变或应力传感器。通常在施工前期，将传感器安装在钢拱架或衬砌的测点位置，对于格栅钢拱架的内力监测，通常采用钢筋计。

9. 地下水渗透压力和水流量监测

地下水渗透压力一般采用渗压计进行测量，水流量则采用流量计进行监测。在测量过程中，按照测点的设计位移，安装相应的传感器，对施工过程中的水压力、流量的变化进行监测。

10. 爆破震动监测

隧道施工爆破产生的地震波会对邻近地下结构和地面建筑物产生不同程度的影响，当需要保护这些邻近地下结构和地面建筑物时，需要在爆破施工期间对它们进行爆破震动监测，以便调整爆破施工工艺参数，将爆破震动对地下结构和地面建筑物的影响控制在安全的范围内。在连拱隧道、小净距隧道等隧道的施工过程中，不可避免地会对既有隧道产生影响，特别是采用爆破施工时，必要时需要进行爆破震动监测。

爆破震动监测主要是在被保护对象上布设速度或加速度传感器，通过控制爆破施工引起的被保护对象上速度或加速度来实现其安全保护的。常用的爆破震动监测系统如图 7.10 所示。

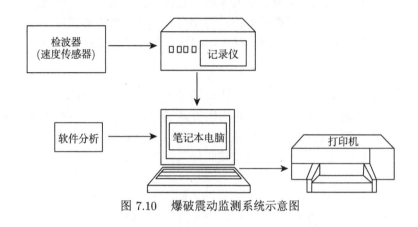

图 7.10　爆破震动监测系统示意图

7.3　地下隧洞施工监测方案设计

由于地下隧洞施工过程受多种因素的影响，为保证隧洞在施工及后期运营期间的稳定性，对地下隧洞施工进行监测是十分必要的。编制合理、计划周密的监测方案是保证现场监测质量的重要前提，地下隧洞工程施工监测方案编制的主要内容是：

(1) 根据具体工程的实际情况确定监测项目；

(2) 根据确定的监测项目选用合适且精度满足要求的观测仪器；

(3) 确定监测断面及测点；

(4) 根据规范及具体工程确定监测频率和期限；

(5) 确定各观测项目的报警值，建立报警制度，及时对险情预警。

7.3.1　监测项目的确定

地下隧洞施工监测项目的确定应遵守以下四条原则。

1) 以项目安全为主的监测原则

监测项目应以最直观、最重要的位移观测和应力观测为主，对尺寸较小的隧洞工程以围岩收敛观测为主，而对于尺寸较大的地下厂房应该以围岩内部位移的观测为主。地下隧洞施工监测项目的确定首先应以安全观测为主要原则。

2) 观测项目确定宜应考虑具体工程的原则

应根据具体工程的实际情况确定观测项目，由于不同地区的水文地质条件以及周边环境存在较大的差异，而且隧洞的尺寸、形状、支护结构的类型、施工工法及施工顺序均对工程监测存在影响。因此，观测项目的确定需要全面考虑，并且可以借鉴已有的工程监测经验。

3) 观测项目宜同步设置的原则

为了提高观测结果的可靠性，并且可以对观测结果进行验证，宜在重点部位的观测断面或观测点同时设置两类及以上的观测项目，对测点处的位移和应力状态进行同时监测。最常见的就是在测点处对围岩的位移和锚杆应力进行同步监测，以便后期对两者的实测数据进行对比分析。

4) 经济性原则

在保证安全观测的前提下，应综合考虑观测成本。观测项目的确定应少而精，特别是长期观测项目，包括施工期和运行期，应在反映围岩实际工作状况的前提下，力求提高观测的经济性。而且在观测仪器的选择上，也应在保证观测精度和质量的前提下，选用较为经济的传感器。

根据《公路隧道施工技术规范》JTG/T 3660—2020 中的相关规定，对复合式衬砌和喷锚式衬砌隧道施工时进行的监测项目主要由必测项目和选测项目组成，分别如表 7-1 和表 7-2 所示。其中，与选测项目相比必测项目更为重要，主要是对围岩的稳定性进行监测和判断。

表 7-1 隧道现场监控量测必测项目

序号	项目名称	方法及工具	测点布置	精度	量测间隔时间			
					1～15d	16d～1 个月	1～3 个月	大于 3 个月
1	洞内、外观察	现场观测、地质罗盘等	开挖及初期支护后进行					
2	周边位移	各种类型收敛计、全站仪或其他非接触量测仪器	每 5～100 m 一个断面，每断面 2～3 对测点	0.5 mm(预留变形量不大于 30 mm 时)；1 mm(预留变形量大于 30 mm 时)	1～2 次/d	1 次/2d	1～2 次/周	1～3 次/月
3	拱顶下沉	水准仪、钢钢尺、全站仪或其他非接触量测仪器	每 5～100 m 一个断面		1～2 次/d	1 次/2d	1～2 次/周	1～3 次/月
4	地表下沉	水准尺、钢钢尺、全站仪	洞口段、浅埋段 (h ≤2.5b) 布置不少于 2 个断面，每断面不少于 3 个测点	0.5 mm	开挖面距量测断面前后 <2.5b 时，1～2 次/d; 开挖面距量测断面前后 <5b 时，1 次/2～3d; 开挖面距量测断面前后 ≥5b 时，1 次/3～7d			
5	拱脚下沉	水准尺、钢钢尺、全站仪	富水软弱破碎围岩、流沙、软岩大变形、含水黄土、膨胀岩土等不良地质和特殊性岩土段	0.5 m	仰拱施工前，1～2 次/d			

表 7-2　隧道现场监控量测选测项目

序号	项目名称	方法及工具	布置	测试精度	监测频率			
					1~15d	16d~1 个月	1~3 个月	大于 3 个月
1	钢架压力及内力	支柱压力计，表面应变计或钢筋计	每个代表性或特殊性地段 1~2 个断面，每断面钢支撑内力 3~7 个测点，或外力 1 对测力计	0.1 MPa	1~2 次/d	1 次/2d	1~2 次/周	1~3 次/月
2	围岩体内位移 (洞内设点)	洞内钻孔，安设单点、多点杆式或钢丝式位移计	每个代表性或特殊性地段 1~2 个断面，每断面 3~7 个钻孔	0.1 mm	1~2 次/d	1 次/2d	1~2 次/周	1~3 次/月
3	围岩体内位移 (地表设点)	地面钻孔，安设各类位移计	每个代表性或特殊性地段 1~2 个断面，每断面 3~5 个钻孔	0.1 mm	同地表沉降要求			
4	围岩压力	各种类型岩土压力盒	每个代表性或特殊性地段 1~2 个断面，每断面 3~7 个测点	0.01 MPa	1~2 次/d	1 次/2d	1~2 次/周	1~3 次/月
5	两层支护间压力	各种类型岩土压力盒	每个代表性或特殊性地段 1~2 个断面，每断面 3~7 个测点	0.01 MPa	1~2 次/d	1 次/2d	1~2 次/周	1~3 次/月
6	锚杆轴力	钢筋计、锚杆测力计	每个代表性或特殊性地段 1~2 个断面，每断面 3~7 锚杆 (索)，每根锚杆 2~4 测点	0.01 MPa	1~2 次/d	1 次/2d	1~2 次/周	1~3 次/月
7	衬砌内力	混凝土应变计，钢筋计	每个代表性或特殊性地段 1~2 个断面，每断面 3~7 个测点	0.01 MPa	1~2 次/d	1 次/2d	1~2 次/周	1~3 次/月
8	围岩弹性波速	各种声波仪及配套探头	在有代表性地段设置					
9	爆破震动	测震及配套传感器	临近建 (构) 筑物	随爆破进行				
10	渗水压力、水流量	渗压计、流量计		0.01 MPa				
11	地表下沉	水准测量的方法，水准仪、铟钢尺等	有特殊要求段落	0.5 mm	开挖面距量测断面前后 <2.5b 时，1~2 次/d；开挖面距量测断面前后 <5b 时，1 次/2~3d；开挖面距量测断面前后 >5b 时，1 次/3~7d			
12	地表水平位移	经纬仪、全站仪	有可能发生滑移的洞口段高边坡	0.5 mm				

日本《新奥法设计技术指南 (草案)》将采用新奥法施工隧道时所进行的监测项目分为 A 类 (必测项目) 和 B 类 (选测项目)，如表 7-3 所示。

表 7-3　围岩条件而定的各测项目的重要性

项目围岩条件	A 类监测			B 类监测						
	洞内观察	洞周收敛	拱顶下沉	地表下沉	围岩体内位移	锚杆轴力	衬砌内力	锚杆拉拔试验	围岩试件	洞内弹性波
硬岩地层 (断层等破碎带除外)	*	*	*	△	△*	△*	△	△	△	△
软岩地层 (不产生很大的塑性地压)	*	*	*	△	△*	△*	△*	△	△	△
软岩地层 (塑性地压很大)	*	*	*	△	*	*	○	△	○	△
土砂地层	*	*	*	*	○	*	*	○	*	△

注：* 为必须进行的项目；○ 为应该进行的项目；△ 为必要时进行的项目；△* 为这类项目的监测结果用于判断设计的合理性。

7.3.2　监测断面的确定及测点的布置

确定监测项目后，需要进行监测断面和监测点的布置，其中监测断面按照断面内监测项目的数量，分为单项监测断面和综合多项目监测断面。其中，布设多种监测项目的监测断面称为综合多项目监测断面，这种布设方法能够对同一监测断面多种项目的监测数据进行对比分析，更好地掌握监测断面的稳定性，判断设计和施工方法的合理性。

1. 监测断面的确定

必测项目监测断面的确定应符合下列规定。

(1) 监测断面之间的距离，以及断面内测点的布置，应根据具体工程的实际情况进行确定；

(2) 周边位移、拱顶下沉、地表下沉监测断面应在相同里程处布设；

(3) 根据围岩、断面的稳定性情况，判断是否进行围岩内部位移量测；

(4) 综合多项目监测断面中有周边位移和拱顶下沉监测时，断面之间的距离应根据围岩等级及其稳定性进行确定。对于 V~VI 级、IV 级、III 级、I~II 级围岩的断面间距分别取 5~10 m、10~20 m、20~50 m、50~100 m；当遇到特殊区域时，应根据实际情况增加监测断面的数量。

2. 监测点的布置

监测点的数量和位置需要根据断面尺寸、施工方法、围岩稳定性等多种因素进行确定，对于特殊区域应根据实际情况调整监测点的数量和安装位置。下面分别对地表沉降监测点、周边收敛位移监测点、拱顶下沉监测点、锚杆轴力监测点、孔隙水压力监测点、钢架内力监测点和支护结构应力或应变监测点的布置要点进行介绍。

1) 地表沉降监测点的布置

基准点的选取是测量过程中的重要环节，为避免施工对基准点造成影响，应将基准点设置在不受施工影响的位置，并且应按规定对基准点进行检查校正。各单独监测网络的合格参照点不少于 3 个，参照点之间的间隔小于 1000 m。工作基点的选择同样是测量过程的关键，工作基点的选择原则与基准点一致，应尽量避免施工对其产生影响。工作基点的复测频率为 1 月/次，在测量过程中应根据工程需要，进行及时调整。

2) 周边收敛位移监测点的布置

周边收敛位移监测点应根据不同的施工方法，设置不同的测线。全断面法宜设置 1 条水平测线；台阶法每个台阶宜设置 1 条水平测线；中隔壁法、交叉中隔壁法、双侧壁导洞法等分部开挖法，每开挖分部宜设置 1 条水平测线，如图 7.11 所示。偏压隧道或者小净距隧道可加设斜向测线，对于同一断面，测点宜对称布置，不同断面测点应布置在相同部位。

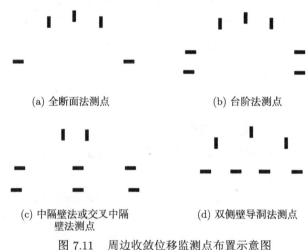

(a) 全断面法测点　　　　　　　　(b) 台阶法测点

(c) 中隔壁法或交叉中隔　　　　　(d) 双侧壁导洞法测点
　　壁法测点

图 7.11　周边收敛位移监测点布置示意图

3) 拱顶下沉监测点的布置

拱顶下沉监测点的数量应按车道数进行确定。其中，双车道及以下每个断面应布置 1~2 个测点，通常拱顶处设置一个监测点；三车道及以上断面应布置 2~3 个测点，拱顶处设置一个监测点，距拱顶左右 1 m 再设置一个监测点，如图 7.12 所示。

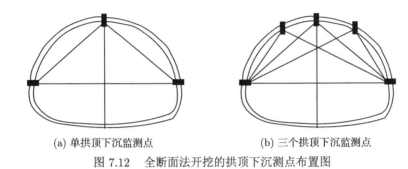

(a) 单拱顶下沉监测点　　　　　　　　(b) 三个拱顶下沉监测点

图 7.12　全断面法开挖的拱顶下沉测点布置图

4) 锚杆轴力监测点的布置

锚杆轴力监测点的布置应符合以下规定：在典型区域内应设置 1~2 个监测断面，断面内锚杆的数量要求，如表 7-4 所示。锚杆宜分别布置在拱顶中央、拱腰及边墙处。量测锚杆宜根据其长度及量测的需要设 3~6 个测点，长度大于 3m 的锚杆测点数宜少于 4，长度大于 4.5 m 的锚杆测点数不宜少于 5。

表 7-4　监测断面量测锚杆数量表

项目	双车道隧道	三车逆道隧道	四车道连拱隧道	六车道连拱隧道
量测锚杆/根	≥3	≥5	≥6	≥8

图 7.13 为钻孔锚杆应力计观测孔布置常用的几种形式。当地下隧洞高度和宽度差别不大，洞径 (宽) 小于 10 m 时，可选用图 7.13(a) 布置形式；当地下隧洞高度和宽度差别不大，洞径 (宽) 大于 10 m、小于 20 m 时，可选用图 7.13(b) 布置形式；当地下隧洞规模大，且高宽比大于 2.0 时，则宜选用图 7.13(c) 布置形式；当围岩比较均一时，锚杆应力计也可仅布置在隧洞一侧，如图 7.13(d) 所示。

5) 孔隙水压力监测点布置

对浅埋隧道的孔隙水压力进行观测时，应设置在开挖线以外的位置布置至少 3 个钻孔；竖向测点的布置要考虑到岩体的应力分布和构造特征，测量点之间的距离在 2~5 m；当进行孔隙水压力等值线监测时，应根据工程的实际情况，增加钻孔数量。

6) 钢架内力监测点布置

钢架内力测点不宜少于 5 个，连拱隧道不宜少于 7 个测点；测点应布置在拱顶、拱腰、边墙、中墙等控制结构强度的部位。

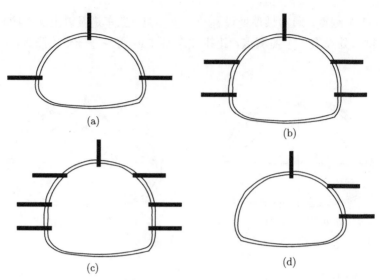

图 7.13　锚杆测点布置图

7) 支护结构应力或应变监测点布置

对锚杆监测数据进行对比分析,混凝土衬砌应力测点的位置宜与锚杆测孔位置对应。在遇到特殊位置时,应将监测点布置在典型位置处,必要时应适当增加测点数量。

7.3.3　监测频率与监测警戒值

1. 监测频率的确定

1) 周边收敛位移和拱顶下沉监测频率

根据《公路隧道施工技术规范》JTG/T 3660—2020 的规定,周边收敛位移和拱顶下沉监测频率应符合表 7-2 的监测频率,还应符合表 7-5 和表 7-6 的监测频率。

表 7-5　周边收敛位移和拱顶下沉的监测频率 (按位移速率)

位移速率/(mm/d)	量测频率
≥ 5	2~3 次/d
1~5	1 次 d
0.5~1	1 次/(2~3)d
0.2~0.5	1 次/3d
<0.2	1 次/(3~7)d

2) 地表下沉量的监测频率

地表下沉量的监测频率应根据开挖面距量测断面前后距离进行判断,当距离分别为 $d \leqslant 2.5b$、$2.5b < d \leqslant 5b$、$d > 5b$ 时,对应的监测频率分别为 1~2 次/天、

2 天/次、1 周/次。当遇到特殊情况时，应根据需要增大监测频率。其他监测项目监测频率的选择参见表 7-2。

表 7-6　周边收敛位移和拱顶下沉的监测频率 (按距开挖面距离)

量测断面距开挖面距离/m	量测频率
$(0\sim1)b$	2 次/d
$(1\sim2)b$	1 次 d
$(2\sim5)b$	1 次/$(2\sim3)$d
$>5b$	1 次/$(3\sim7)$d

注：b 为隧道开挖宽度；变形速率突然变大，喷射混凝土表面、地表有裂缝出现并持续发展时应加大量测频率；上下台阶开挖工序转换或拆除临时支撑时应加大量测频率。

2. 监测警戒值的确定

1) 容许位移量

容许位移量是指在保证隧洞不产生有害松动和保证地表不产生有害下沉量的条件下，自隧洞开挖起到变形稳定为止，在起拱线位置的隧洞壁面间水平位移总量的最大容许值。

2) 容许位移速率

容许位移速率是指在保证围岩不产生有害松动的条件下，隧洞壁面间水平位移速度的最大容许值。对洞周允许相对收敛量和开挖轮廓预留变形量的规定如表 7-7 所示。在施工过程中，若监测到的洞周允许相对收敛量和开挖轮廓预留变形量超过表中限值，或者预测值超过限值，必须及时进行预警，并采取相应的措施围岩的稳定性。

表 7-7　对洞周允许相对收敛量和开挖轮廓预留变形量

围岩类别	洞周允许相对收敛量/%			开挖轮廓预留变形量/cm	
	隧道埋深/m			跨度/m	
	<50	50～300	301～500	9～11	7～9
IV	0.1～0.3	0.2～0.5	0.4～1.2	5～7	3～5
III	0.15～0.5	0.4～1.2	1.8～2.0	7～12	5～7
II	0.2～0.8	0.6～1.6	1.0～3.0	12～17	7～10
I				10～15	

注：洞周相对收敛量系指实测收敛量与两测点间距离之比；脆性岩体中的隧道允许相对收敛量取表中较小值，塑性岩体中的隧道则取表中较大值；本表所列数据，可在施工中通过实测和资料积累作适当调整；拱顶下沉允许值一般按本表中的 0.5～1.0 倍采用；跨度超过 11 m 时可取用最大值。

3. 围岩稳定性综合判别

(1) 实测位移值不应大于隧道的极限位移，并按表 7-8 位移管理等级管理。一般情况下，将隧道设计的预留变形量作为极限位移，设计变形量应根据监测结果不断修正。

表 7-8   位移管理等级

管理等级	管理位移/mm	施工状态
Ⅲ	$U<(U_0/3)$	可正常施工
Ⅱ	$(U_0/3) \leqslant U \leqslant (2U_0/3)$	应加强支护
Ⅰ	$U>(2U_0/3)$	应采取特殊措施

注：U 为实测位移值；U_0 为设计极限位移值。

(2) 根据位移速率判断：速率大于 1.0 mm/d 时，围岩处于急剧变形状态，应加强初期支护；速率变化在 0.2~1.0 mm/d 时，应加强观测，做好加固的准备；速率小于 0.2 mm/d 时，围岩达到基本稳定。在高地应力软岩、膨胀岩土、流变蠕变岩土和挤压地层等不良地质和特殊性岩土中，应根据具体情况制定判别标准。

(3) 根据位移速率变化趋势判断：当围岩位移速率不断下降时，围岩处于稳定状态；当围岩位移速率保持不变时，围岩尚不稳定，应加强支护；当围岩位移速率上升时，围岩处于危险状态，必须立即停止掘进，采取应急措施。

(4) 初期支护承受的应力、应变、压力实测值与允许值之比大于或等于 0.8 时，围岩不稳定，应加强初期支护；初期支护承受的应力、应变、压力实测值与允许值之比小于 0.8 时，围岩处于稳定状态。

7.3.4   监测数据整理

对监测所得数据应进行及时处理和分析，并且根据不同监测项目，绘制相应的变化曲线，监测数据的整理要求如下。

(1) 根据已有监测数据，对此数据未来的变化规律进行预测，当预测值大于控制值时，应提前采取相应的措施。

(2) 对监测数据及时分析，当数据出现异常情况时，应及时报告监理、设计以及施工单位。

(3) 监测数据的信息反馈程序如图 7.14 所示。

根据监测数据所得成果作为围岩稳定信息应及时反馈，及时报告给施工单位和设计单位，以指导施工和修改设计，反馈的形式有以下三种。

(1) 险情预报简报 (及时发出)。

(2) 定期简报 (通常每隔 15 天发布一次)。

(3) 监测总报告 (通常在任务完成后 2 个月之内提交)。

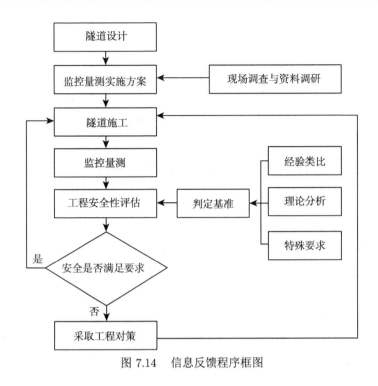

图 7.14 信息反馈程序框图

7.4 矿山法隧洞施工监测

在我国，矿山法是一种历史悠久的隧洞施工技术，此方法类似于矿山巷道的施工，是将一定量的炸药放入钻孔内，通过爆破进行掘进的方法。采用矿山法施工时，首先对断面进行开挖，然后再进行衬砌施工。在洞周岩土体稳定性较差的情况下，可利用挖土机械进行施工，并视岩体的稳定性情况，在必要时采取边挖边支护的措施。当进行分部施工时，首先进行导坑的施工，然后再向断面四周进行开挖。本节将对矿山法施工监测的目的、监测的内容、测点的布置以及监测频率和警戒值等相关知识进行介绍。

7.4.1 矿山法施工监测的目的

矿山法在施工过程中需要采用光面爆破、预裂爆破、微震爆破等爆破方法，相对于其他施工方法而言，矿山法的爆破对围岩的稳定性存在不利影响，因此，需要对矿山法隧洞施工进行监测，监测的主要目的如下：

(1) 及时监测爆破震动对隧洞围岩以及周边建筑的影响，施工沉降控制在允许范围内；

(2) 通过监测对支护结构设计和施工技术的合理性进行验证，并以监测数据为依据对支护参数进行优化，为二次支护时间的确定提供依据；

(3) 监控变化情况防止突发事件, 如坍塌事故, 及时发现工程隐患, 确保施工安全。

7.4.2　矿山法施工监测的内容

对于矿山法施工监测项目的选择, 应根据工程的具体情况, 参考表 7-9 进行确定。对于矿山法施工中使用的监测仪器与新奥法中使用的监测仪器十分相似, 可以参考 7.2 节中的相关内容。

表 7-9　矿山法隧道支护结构和周围岩土体监测项目

序号	监测项目	工程监测等级		
		一级	二级	三级
1	初期支护结构拱顶沉降	应测项目	应测项目	应测项目
2	初期支护结构底板竖向位移	应测项目	选测项目	选测项目
3	初期支护结构净空收敛	应测项目	应测项目	应测项目
4	隧道拱脚竖向位移	选测项目	选测项目	选测项目
5	中柱结构竖向位移	应测项目	应测项目	应测项目
6	中柱结构倾斜	选测项目	选测项目	选测项目
7	中柱结构应力	选测项目	选测项目	选测项目
8	初期支护结构、二次衬砌应力	选测项目	选测项目	选测项目
9	地表沉降	应测项目	应测项目	应测项目
10	土体深层水平位移	选测项目	选测项目	选测项目
11	土体分层竖向位移	选测项目	选测项目	选测项目
12	围岩压力	选测项目	选测项目	选测项目
13	地下水位	应测项目	应测项目	应测项目

7.4.3　矿山法施工监测点布置

对于矿山法施工的隧道工程, 监测测点布设的具体要求主要包括以下几个方面。

(1) 初期支护结构拱顶沉降、净空收敛监测断面及监测点的布设要求;

(2) 车站中柱沉降、倾斜及结构应力监测点的布设要求;

(3) 矿山法施工过程中围岩压力、初期支护结构应力、二次衬砌应力监测断面及监测点的布设要求。

具体细节及其他注意事项, 请参见《城市轨道交通工程监测技术规范》中的相关内容。

7.4.4　监测频率与监测警戒值

1. 矿山法隧道施工监测频率

矿山法隧道工程施工过程中, 不同监测对象的监测频率如表 7-10 所示。

表 7-10　矿山法隧道施工监测频率

监测部位	监测对象	开挖面至监测点 或监测断面的距离	量测频率
开挖面前方	周围岩土体和 周边环境	$2B<L\leqslant5B$	1 次/2d
		$L\leqslant2B$	1 次/1d
开挖面后方	初期支护结构、 周围岩土体和周边环境	$L\leqslant1B$	1 次~2 次/1d
		$1B<L\leqslant2B$	1 次/1d
		$2B<L\leqslant5B$	1 次/2d
		$L>5B$	1 次/(3~7)d

注：B 为隧道开挖宽度；L 为开挖面至监测点或监测断面的水平距离；变形速率突然变大，喷射混凝土表面、地表有裂缝出现并持续发展时应加大量测频率；上下台阶开挖工序转换或拆除临时支撑时应加大量测频率。

2. 矿山法隧道施工监测警戒值

矿山法施工地铁隧道工程中当出现下列警情之一时，必须立即进行报警。

(1) 监测数据达到控制值，矿山法施工的城市地铁隧道通过建筑群时，一般要求地表沉降容许量如表 7-11 所示，支护结构变形监测项目控制值如表 7-12 所示。

(2) 隧道围岩出现较大的涌砂、管涌、突水、滑移、坍塌等异常情况时。

(3) 隧道支护结构出现明显变形、较大裂缝、断裂、较严重渗漏水；支撑出现明显变位、脱落、锚杆出现松弛或拔出等。

表 7-11　矿山法隧道施工地表沉降监测项目控制值

监测等级及区域		累计值/mm	变化速率/(mm/d)
一级	区间	20~30	3
	车站	40~60	4
二级	区间	30~40	3
	车站	50~70	4
三级	区间	30~40	4

表 7-12　矿山法隧道支护结构变形监测项目控制值

监测等级及区域		累计值/mm	变化速率/(mm/d)
拱顶	区间	10~20	3
	车站	20~30	
底板竖向位移		10	2
净空收敛		10	2
中柱竖向位移		10~20	2

注：表中数值适用于土的类型为中软土、中硬土及坚硬土中的密实砂卵石地层；大断面区间的地表沉降监测控制值可参照车站执行。

7.5   地下隧洞施工监测实例

7.5.1   地下隧洞施工监测实例一

1. 工程概况

某高速公路隧道地处福建省东南部丘陵地区,洞身段上覆土层、下覆基岩、进口段和出口段的围岩存在一定的差异。其中,上覆土层为坡积黏性土及残坡积黏性土,下覆基岩为微风化花岗岩和石英二长斑岩,未风化角岩化英安质凝灰岩,为 I、II 级围岩。进口段为上覆含块石残坡积黏性土,层厚 17 m,基岩为花岗岩,弱风化,节理发育,为 II、III 级围岩;出口段为上覆坡积黏性土,强风化凝灰岩和砂岩,厚约 20 m,基岩为弱风化凝灰岩和砂岩,整体性差,富含裂隙水,为 I、III 级围岩,个别存在破碎夹层。在隧道内存在破碎构造带和较多破碎夹层,在设计阶段需要进行考虑。在 K15+975 处分布有一条宽度为 25 m 的破碎构造带,节理发育,富含裂隙水,其围岩分级为 III、IV 级;在 K16+100 处存在宽度为 40 m 的破碎夹层,结构松散,含裂隙水。

由于此地区地形变化复杂,丘陵连绵起伏,故隧道按高速公路重丘区标准设计。隧道结构为双跨连拱结构,两跨中间带中墙,隧道全长 400 m,单向行车隧道建筑界限为净高 5 m,净宽 10 m,洞轴线间距 11.65 m,单向纵坡,中央设置宽为 1.4 m 的连续中隔墙,设计时速 100 km。IV 级围岩拱顶沉降和水平收敛的预留变形为 12 cm,III 级围岩为 7 cm,I、II 级围岩岩性较好,无预留变形。此实例连拱隧道结构如图 7.15 所示。

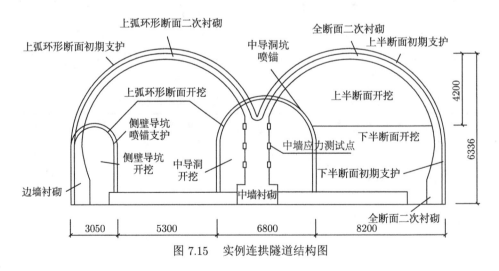

图 7.15   实例连拱隧道结构图

此工程施工方法为新奥法,衬砌为锚喷混凝土加二次衬砌,支护方式应按围岩等级进行确定，其中稳定性较好的 I、II 级围岩区段，仅需在局部区域安装钢支撑，对于稳定性相对较差的 III、IV 级围岩区段，需要全部安装钢支撑。

此隧道的施工顺序为：首先进行中导洞超前掘进，支护各 100 m 后，进行中墙衬砌施工 70 m，按先左后右的顺序进行。为了提高经济性，方案更改为中导洞一次贯通后，掘进左右洞。对于稳定性相对较差的 III、IV 级围岩地段，需要采用中导坑加侧壁导坑法开挖。

通过总结大量的相关隧道施工经验发现，在施工过程中采用中导洞先贯通后进行正洞施工的顺序，能够有效改善施工流程和洞内环境，宜优先选取此方法。

2. 监测项目和方法

为了降低施工成本，提高施工效率，对原来开挖支护顺序进行了一些调整，调整为将左右两个导坑取消，施筑好中墙后先拱后墙依次施筑临时支护、钢支撑和施筑衬砌。此方法与之前方法相比，对围压和支护结构存在不利的影响，因此在此工程中的部分项目进行了监测。监测项目根据设计单位提供的建议资料，并综合考虑经济性、合理性的前提下确定，此监测项目的断面布置如图 7.16 所示。本工程采取的监测项目、所采用的观测仪器、布置断面以及测读频率如下：

1) 洞周收敛

洞周收敛的观测仪器为收敛计，型号为 Geokon 1600 型，相关参数满足监测要求。左洞布置断面为 K15+836、K16+188、K16+195、K16+050，右洞布置断面为 K15+920、K16+050、K16+157、K16+188；部分断面 3 条测线，每个断面布置两个三角形闭合测线。在前期阶段 1~15 d 的监测频率为 1~2 次/d，16 d~1 个月的监测频率为 1 次/2d；后期 1 个月后的监测频率为 1~2 次/周。

2) 拱顶下沉

拱顶下沉的观测仪器为水准仪，精度为 0.05 mm。布置断面为 K15+835、K15+847、K15+869、K15+920、K16+188、K16+195，每个断面 6 个监测点；监测频率也分三个阶段，前期 1~15 d 这个阶段的监测频率为 1~2 次/d，中期 16 d~1 个月这个阶段的监测频率为 1 次/2 d，后期 1 个月后的监测频率为 1~2 次/周。

3) 地表沉降

地表沉降的观测仪器为水准仪，精度为 0.05 mm。布置断面为 K15+840、K151856、K15+875、K16+188、K16+195；当开挖面 < 2B 时，监测频率为 1~2 次/d，当开挖面 < 5B 时，监测频率为 1 次/2d，当开挖面 > 5B 时，监测频率为 1 次/周，其中 B 为隧道开挖的宽度。

4) 钢支撑应力

钢支撑应力的观测仪器为钢弦式表面应变计。布置断面为 K16+016.8、K16+

018.4、K16+020,在这三个断面的三榀钢支撑进行应力监测,每榀框架上布置 5 个应变计,总共 15 个监测点。监测频率为 1 次/d。

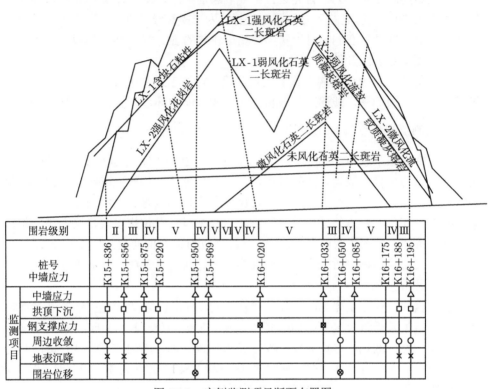

图 7.16　实例监测项目断面布置图

5) 中墙应力

中墙应力的观测仪器为钢弦式表面应变计。布置断面为 K16+856、K16+875、K15+945、K15+969、K15+020、K16+033、K16+085、K16+198,每个断面上布置 6 个应变计,对称分布于中墙两侧。

6) 围岩体内位移

围岩体内位移的观测仪器为多点位移计。布置断面为左洞:K16+050、K15+950,右洞:K16+050。监测频率为 1 次/d。

由图 7.16 可见,K15+836 断面的监测项目为拱顶下沉、周边收敛、地表沉降;K15+856 断面的监测项目为中墙应力、拱顶下沉、地表沉降;K15+875 断面的监测项目为中墙应力、拱顶下沉、地表沉降;K15+920 断面的监测项目为拱顶下沉、周边收敛;K15+950 断面的监测项目为中墙应力、周边收敛、围岩位移;K15+969 断面的监测项目仅为中墙应力;K16+020 断面的监测项目为中墙应力、钢支撑应力；K16+033 断面的监测项目为中墙应力、钢支撑应力；K16+050 断面的监测项目为周边收敛、围岩位移；K16+085 断面的监测项目为中墙应力；K16+157 断面的监测项目为周边收敛；K16+188 断面的监测项目为拱顶下沉、周边收敛、地表沉降；K16+195 断面的监测项目为中墙应力、拱顶下沉、周边收敛、地表沉降。

3. 监测结果分析

1) 洞周收敛

洞周收敛共设置了 6 个断面，K15+836 左、K15+920 右、K16 + 188 左、K16 + 188 右、K16+195 左以及 K16+195 右，各断面洞周每条测线的最大收敛量和相对收敛量为：

K15+836 左断面的 *FH*、*HG*、*FG* 最大洞周收敛量分别为 47 mm、44 mm、−28 mm，其相对洞周收敛量最小值为 0.19%、最大值为 0.76%；

K15+920 右断面的 *EA*、*EB*、*AB* 最大洞周收敛量分别为 29 mm、40 mm、−32 mm，其相对洞周收敛量最小值为 0.29%、最大值为 0.66%；

K16 + 188 左断面的 *FH*、*HG*、*FG*、*HI*、*HJ*、*IJ* 最大洞周收敛量分别为 7 mm、5 mm、11 mm、6 mm、7 mm、8 mm，其相对洞周收敛量最小值为 0.08%、最大值为 0.11%；

K16 + 188 右断面的 *EA*、*EB*、*AB*、*EC*、*ED*、*CD* 最大洞周收敛量分别为 7 mm、7 mm、11 mm、7 mm、6 mm、9 mm，其相对洞周收敛量最小值为 0.07%、最大值为 0.12%；

K16+195 左断面的 *FH*、*HG*、*FG*、*HI*、*HJ*、*IJ* 最大洞周收敛量分别为 6 mm、8 mm、11 mm、7 mm、6 mm、10 mm，其相对洞周收敛量最小值为 0.08%、最大值为 0.12%；

K16+195 右断面的 *EA*、*EB*、*AB*、*EC*、*ED*、*CD* 最大洞周收敛量分别为 8 mm、7 mm、10 mm、6 mm、5 mm、8 mm，其相对洞周收敛量最小值为 0.06%、最大值为 0.12%。

由上可见：K15+836 断面、K15+920 断面的洞周收敛较大，其中 K15+836 断面和 K15+920 断面 *FH*、*EB* 的最大洞周收敛量分别达到 47 mm、40 mm，根据前期勘察报告可知两断面地处洞口破碎带区，节理发育，岩性较差，故洞周收敛值较大。为防止 K15+836 断面发生工程问题，在开挖后及时进行了喷锚加固并架设钢支撑，之后此断面的收敛逐渐趋于稳定。对于 K16 + 188 左右断面、K16+195 左右断面的处岩性和稳定性较好，其最大洞周收敛量均较小，最大收敛值仅为 11 mm，相对收敛变形量均在允许范围之内。

如图 7.17 所示为 K16+195 断面左洞收敛时程曲线。由图可知：*FH*、*HG*、*FG*、*HI*、*HJ*、*IJ* 的收敛位移值随时间的变化趋势基本一致，均随时间的推移，先呈上升的趋势，后期收敛位移基本达到稳定。根据时程曲线可判断此断面，在开挖经初次支护后围岩的稳定性较好，未发现明显的异常现象，说明此隧洞的设计和施工方法是合理的。

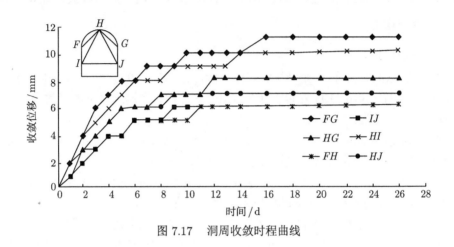

图 7.17　洞周收敛时程曲线

由图可见围岩收敛位移时程曲线大致经历三个阶段，分别为迅速增长阶段、阶梯式增长阶段以及稳定阶段，总结如下。

(1) 迅速增长阶段：在隧洞掘进前期，收敛位移整体上呈迅速增长的趋势，此阶段的位移量占总位移量的 70%～80%，且增长速度较快。

(2) 阶梯式增长阶段：经过迅速增长阶段后，随时间的推移，收敛位移量的增速放缓，且呈现一定的阶段性稳定状态，说明此断面的收敛位移受掌子面推进距离的影响明显变小，但是锚喷施工过程同样会影响围岩的稳定性，故出现一定的波动。

(3) 稳定阶段：当掌子面推进到 20 m(10 d)，即大约 2 倍洞径时，收敛位移基本保持稳定，说明隧道施工的影响范围是有限的，大约为 2 倍洞径。

2) 围岩内位移

垂直钻孔中距洞壁 (拱顶) 不同距离点的围岩体内位移值，通过在距离拱顶不同位置监测围岩体内位移值，其中左洞距拱顶 0 m、1.45 m、6.41 m、13.04 m、21.67 m 的最终位移量分别为 7.0 mm、1.04 mm、1.02 mm、0.89 mm、0.78 mm；右洞距拱顶 0 m、6.41 m、13.14 m、19.54 m 的最终位移量分别为 8.0 mm、0.78 mm、0.77 mm、0.40 mm。可见，左洞右洞的围岩位移均随其距洞壁距离的增加而减小，但与拱顶下沉相比，围岩体内位移值均较小，两者之间有一定的差距，初步说明围岩松弛圈的范围较小。

3) 拱顶下沉

拱顶沉降的监测时间与周边收敛基本是同时进行的,且基本在同一断面。典型的拱顶沉降时程曲线如图 7.18 所示。根据监测结果可知,由于 K15+835、K15+920两断面地处洞口破碎带区,节理发育,岩性较差,两断面拱顶测点处沉降较大,其最大沉降分别达到 39 mm 和 31 mm。其余监测断面的围岩状况较为稳定,拱顶沉降量较小。由图 7.18 可见,根据沉降曲线的变化趋势,将其划分为前期、中期、后期阶段。其中,在前期阶段,在开挖后 7 天内沉降较快,基本呈直线上升;在中期阶段,由于开挖后对 II、IV 级围岩架设钢支撑,沉降逐渐趋于稳定,沉降随时间的推移呈阶梯状上升的趋势;在后期阶段,距开挖一月之后,沉降已基本趋于稳定,说明围岩已达到稳定状态。通过分析可见,拱顶的沉降位移的变化存在明显的时效性,随时间的推移拱顶沉降值逐渐增大,在设计阶段应考虑时间因素对围岩稳定性的影响。

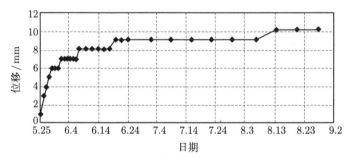

图 7.18 典型的拱顶沉降时程曲线

4) 地表沉降

地表沉降也是隧道工程监测的一项重要内容,在隧道施工过程中,随拱顶下沉以及洞周围岩收敛,不可避免会对隧道上方的地表以及地表上的已有建筑造成一定影响,因此对地表沉降监测是十分必要的。此实例中在典型区段设置了监测断面,每个断面上方的地表处,按距中线距离的不同设置若干个沉降监测点。其中,选取其中一监测断面的地表沉降的时间发展曲线,如图 7.19 所示。

由图可见,此断面的地表沉降随开挖的进行逐渐增大,当开挖面距测点还有一定距离时,各测点的沉降量均较小。各测点的沉降整体上呈中间大、两边小的分布规律,其中隧道中线位置 C、D 测点的沉降量较大,在 7 月 18 日时 C 测点的沉降量超过 25 mm,从洞底边线沿 45° 角延伸至地面的测点 A、F 的沉降量较小。可见,对于隧道的浅埋段,即隧道上覆岩土体的厚度较小时,隧道施工会引起较大的地表沉降,尤其是中线位置的 C、D 点,为了避免对地表已有建筑、道路造成影响,在施工时应及时进行锚喷支护,在围岩岩性较差的断面应设置格栅拱架。

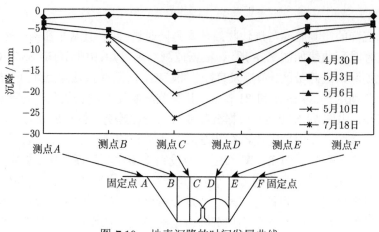

图 7.19　地表沉降的时间发展曲线

5) 中墙衬砌应力

将中墙衬砌各监测断面的应力值进行比较,可得如图 7.20 所示的关系图。由图可见,除出口断面处中墙压力较大,其余断面均较小,这是因为大部分的围岩压力由初期支护承担,初期支护传递给二次衬砌的压力较小,二次衬传递给中墙的压力也不明显。可见,初期支护对于围岩的稳定性十分关键,在隧洞施工过程中应及时进行初期支护。

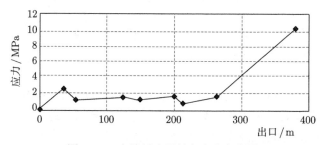

图 7.20　中墙衬砌沿轴向应力变化图

4. 结论

通过在此实例隧道设置监测断面,对其在施工过程中的洞周收敛、地表沉降、钢支撑应力、拱顶下沉、中墙应力、围岩体内位移进行了监测,通过监测数据所得结论如下:

(1) 监测数据表明,此实例在施工过程中围岩的变形均未达到预警值,岩性状态较为稳定,说明隧道的设计、施工方法、支护结构是科学合理的,能够保证隧洞的安全性和可靠性,可为类似工程的设计施工提供一定的经验和借鉴。

(2) 实例中不同围岩级别的洞周收敛和拱顶沉降存在一定的差距，其中Ⅲ、Ⅳ级围岩洞周收敛明显大于Ⅰ、Ⅱ级围岩，可以在施工过程中对局部破碎以及整体性较差的围岩处设置钢支撑，以提高围岩的稳定性。

(3) 隧道浅埋段施工影响地表的稳定性，当隧道上方已有建筑物或地下管线时，采用地表监测，对沉降进行实时监测，当沉降值较大时，及时采取措施是十分必要的。

7.5.2 地下隧洞施工监测实例二

1. 工程概况

此隧道工程为广州某地铁区间，隧道的周边有密集居民区和厂房，环境十分复杂，地下水丰富，围岩等级为Ⅳ、Ⅴ、Ⅵ级，且区段内存在流砂层，因此对隧道施工提出了新的要求。经综合考虑后，采用浅埋暗挖法施工，衬砌为复合式衬砌。为了保证施工人员的安全，对危险情况进行及时预警，并采取相应的措施，计划对此隧道工程的部分区段进行施工监测。

2. 监测项目及所用仪器

隧道外部的监测项目主要包括，隧道施工区域附近的地表沉降、附近建筑物稳定性以及隧道的拱顶下沉情况，均采用水准仪和水准尺进行监测。隧道内部的监测项目主要包括，周边净空位移 (收敛) 监测采用收敛计，地中土体垂直位移监测采用分层沉降仪、沉降管，地中土体水平位移监测采用测斜仪、测斜管，围岩压力监测采用压力计，钢筋格栅拱架应力监测采用钢筋计，地下水位监测采用水位计和水位管，爆破振动速度监测采用声波测振仪。

地表下沉：对于Ⅴ、Ⅵ级围岩，控制基准为 30 mm；对于Ⅲ、Ⅳ级围岩，控制基准为 19 mm；拱顶下沉和净空收敛：对于Ⅵ级、Ⅴ级、Ⅳ级围岩的控制基准分别为 50 mm、32 mm、19 mm；位移速度：对于Ⅴ、Ⅵ级围岩，控制基准为 5 mm/d；对于Ⅲ、Ⅳ级围岩，控制基准为 3 mm/d；建筑物倾斜：全线控制基准为 3%。

3. 监测结果分析

1) 地表纵向沉降

为研究隧道开挖施工对地表纵向沉降的影响，取本实例中典型的沉降曲线进行分析，如图 7.21 所示。根据图中沉降曲线规律，可以将地表纵向沉降分为不同的阶段，各阶段的特征如下。

(1) 微小沉降阶段：当开挖面向测点位置掘进时 $(-2.0 \sim -1.0D)$，测点处由于岩土体应力场的变化，会发生一定的沉降或者隆起，此阶段的沉降值较小，通常占总沉降值的 10%~15%。

(2) 急剧增大阶段：当开挖面逐渐接近测点位置时 $(-1.0D \sim 3.0D)$，测点处的地表由于土体扰动发生沉降，且沉降值的增长速率较大，占总沉降值的 60%～70%。

(3) 缓慢沉降阶段：当开挖面通过测点后 $(3.0D\sim5.0D)$，测点处的地表沉降的增长趋势逐渐放缓，占总沉降值的 10%～15%。

(4) 基本稳定阶段：当开挖面通过测点一定距离后 $(5.0D\sim8.0D)$，测点处的地表沉降值逐渐趋于稳定，占总沉降值的 5%。

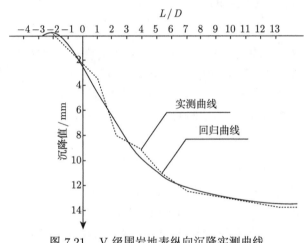

图 7.21　V 级围岩地表纵向沉降实测曲线

2) 地表横向沉降

此实例中采用 Peck 公式对监测数据进行处理和分析，即可得到实测曲线如图 7.22 和图 7.23 所示，相关参数如表 7-13 所示。

地表沉降曲线拐点 i 位于 0.8~1.6 倍洞径处，且影响范围与围岩的稳定性有关，围岩的稳定性越高，影响范围越小。在 V、VI 级的软弱围岩中，左右线隧道开挖引起的地表沉降产生叠加，沉降槽顶点由先行开挖隧道中线随滞后隧道的开挖略有偏移，横向影响范围也增加 5～10 m，后行开挖的隧道比先行开挖隧道引起的沉降增加 20%～50%。不同施工方法引起的地表沉降也不相同。在同等条件下，CRD 工法对抑制地表沉降有一定的效果，但效果不明显。图 7.22 和图 7.23 分别为 V 级、IV 级围岩地表横向沉降实测曲线。

表 7-13　不同围岩横向地表沉降曲线参数

围岩级别	$\delta_{\max}$/mm	i/mm	横向影响范围/m
III	4.70	4.85	19
IV	12.80	10.51	50
V	16.80	9.52	50

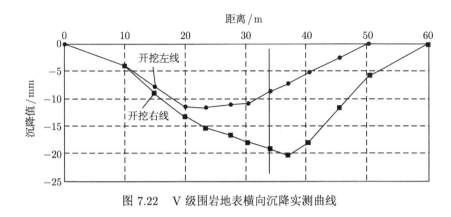

图 7.22 V 级围岩地表横向沉降实测曲线

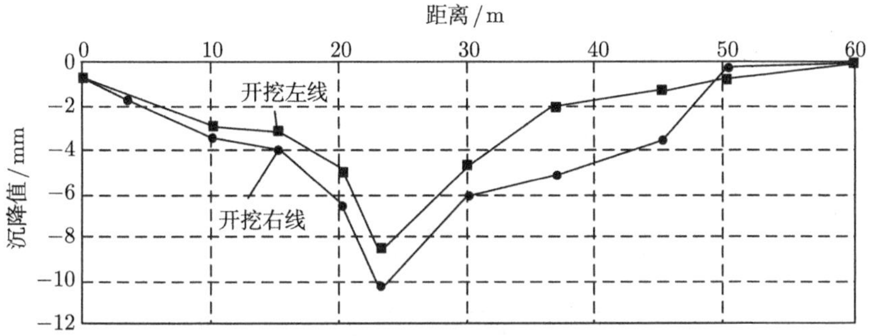

图 7.23 IV 级围岩地表横向沉降实测曲线

3) 拱顶下沉

由于拱顶下沉只能在隧道开挖之后进行测量，因此部分下沉无法测得。其前期下沉可以根据监测数据的回归分析进行推算。表 7-14 为实测拱顶下沉统计值。

表 7-14　实测拱顶下沉统计值

围岩级别	平均沉降值/mm	最大沉降值/m
VI 级	13.0	24.1
V 级 (一般地段)	19.1	40.8
V 级 (人工填土地段)	48.5	93.3
IV 级	4.1	24.9
III 级	1.5	6.5

图 7.24 为测点的典型下沉曲线，由典型下沉曲线得出隧道拱顶下沉曲线的一般规律如下。

(1) 此测点处的拱顶下沉值均较小，说明围岩及支护结构的稳定性较好。

(2) 随测点距开挖面距离的增加，下沉值呈逐渐增长的趋势，且前期、后期的沉降值增长速率存在一定的差异。

(3) 纵向影响范围是有限的，主要范围为下半断面通过后的 2~3 倍洞径范围。

(4) 在前期，下沉值的增长速率较大，此阶段下沉值占总下沉值的比例超过 70%。

(5) 随着洞径范围的增加，下沉值的增长速率逐渐放缓，此阶段下沉值占总下沉值的比例约为 20%。

(6) 当测点距开挖面距离超过 2 倍洞径时，进入稳定阶段，下沉值逐渐趋于稳定。且实测曲线和回归曲线具有较好的拟合性。

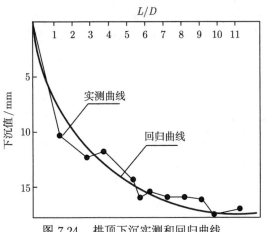

图 7.24   拱顶下沉实测和回归曲线

4) 净空收敛

净空收敛监测是围岩与初期支护结构变形监测的主要项目。收敛监测结果统计分析如表 7-15 所示。

实测结果表明：净空收敛值很小，一般小于 5 mm，且差异不大。这主要是由于收敛测点一般在下台阶开挖后埋设，支护结构在封闭前表现为整体下沉，支护结构形成封闭结构后其刚度较大所致。

表 7-15   收敛统计分析表

围岩级别	平均收敛值/mm	最大收敛值/m
Ⅵ 级	1.07	3.18
Ⅴ 级	2.74	7.68
Ⅳ 级	0.85	1.12
Ⅲ 级	0.50	0.83

5) 垂直和水平位移

垂直位移监测断面应设置在 Ⅵ 级、Ⅴ 级、Ⅳ 级围岩处，水平位移监测断面应与垂直位移监测断面设置在同一平面内，需要在隧道两侧各布置一个测孔。通过监测发现，浅埋暗挖法施工的隧道边墙外地中土体水平位移呈向隧道内净空方向移动，在拱脚和边墙部位达到最大值，其他位置数值较小，与收敛监测结果相吻合。

6) 地下水位

通过监测结果可知，虽然施工中造成大量失水，但水位变化很小，可能是由于地下水连通，失水的同时又有大量水源补给所致。但是当隧道过含水砂层地段时，地下水丰富，地层渗透系数大，施工过程中地下水位下降较大，引起周围地层产生固结沉降，对周边环境的影响也很大。

7) 围岩压力

为了解不同地质条件下隧道施工过程中支护结构所承受的围岩压力分布规律，进行了围岩与支护结构之间的接触压力监测。测点布置在与地中位移监测相对应位置，在 VI 级、V 级和 IV 级围岩地段各布置一个断面。围岩压力的实测结果如图 7.25 所示。由图可知支护结构所受围岩压力的分布规律为：围岩压力呈明显的非对称马蹄形分布，与理论分析基本一致。

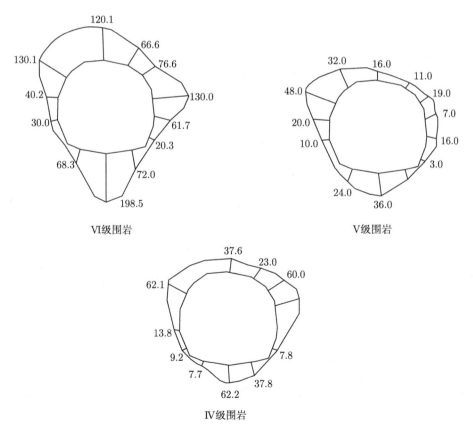

VI级围岩

V级围岩

IV级围岩

图 7.25　实测围岩压力分布 (单位：kPa)

8) 爆破振动速度

在隧道施工过程中，在部分区段不可避免地会采用爆破的方法。与传统的掘进方法相比，爆破施工会产生相应的振动，这种振动对隧道和地表建筑物会产生一定的影响。因此，对爆破振动速度进行监测是十分必要的。本实例采用萨道夫斯基经验公式对数据进行了回归处理，求得地震波衰减系数为 $K = 110$，$\alpha = 2.0$，监测结果如表 7-16 所示。

表 7-16　爆破振动监测结果

监测对象	最大振动速度/(cm/s)
一般地段	0.80
天河村地表房屋	1.21
立交桥	1.84
水厂蓄水池	1.31
支护结构 (小于 1 倍洞径)	6.2
支护结构 (大于 1 倍洞径)	4.8

课 后 习 题

1. 地下隧洞施工监测的目的是什么？
2. 地下隧洞施工监测的内容及常用方法、仪器是什么？
3. 地下隧洞施工监测项目确定的原则是什么？
4. 地下隧洞工程施工监测方案编制的主要内容是？
5. 地下隧洞施工监测量测数据整理的规定是什么？

第 8 章　地下工程无损检测及声发射技术

地下工程在施工完成后的质量验收、检测通常采用无损检测技术，与地上工程相比，由于地下工程比较隐蔽，在检测和时间上都有一定的限制。作为建筑于地下的隐蔽工程，地下工程在施工完成后通常要被岩土体或相关结构覆盖，诸如地下连续墙、钻孔灌注桩等是直接在土层中浇筑的，因此在后道工序开始之前应将已施筑结构的质量检测完成。相邻岩土介质的存在，使得地下工程的无损检测更为复杂和困难，需要在检测结果中消除介质边界的影响，提高检测精度和准确度。

需要注意的是，无损检测技术在工程中的应用还在探索应用阶段，与其他成熟的勘察技术和结构测试技术相比有待进一步发展，具体表现在测试精度和置信度上，还未能建立针对地下工程特点的完整测试体系，这一方面是由于岩土介质本身的性质 (如离散性、构造性等) 造成，同时也因为缺乏足够的实际工程经验，因此无损检测技术还需要进一步应用验证。

8.1　地下工程无损检测技术基本理论

无损检测技术是指根据力、声、电、磁、射线在结构中的传播规律，运用物理学的相关知识，实现对结构材料的相关参数的测定，并由测定数据推断被测结构的材料的力学性质和内部的缺陷。此检测方法最显著的特点是对被测结构无损坏或微损坏，因此被称为无损检测技术。

无损检测技术的监测目的是对被测构件的质量进行评价，及时控制并调控施工进度，对已建构件的承载力和耐用性进行诊断，对已建建筑物进行安全评估和预估使用寿命。常用方法有回弹法检测、声波检测、超声回弹综合检测、地质雷达检测等。

8.1.1　回弹法检测

回弹法是利用回弹仪在被测结构的混凝土表面进行检测，根据检测所得回弹值和碳化深度对被测结构的混凝土强度进行判断。由于回弹检测对结构是非破坏性的，所以检测过程对被测结构及构件的受力性能及承载能力没有任何负面的影响，因而被普遍用于工程验收的质量检验及作为混凝土强度检验的依据之一。

1. 回弹法检测要点

在进行回弹检测时，测试点应选在具有代表性的位置，且试样的抽样方法应按规范进行，回弹法的检测要点为：

(1) 由于使用回弹法检测只能是监测结构或构件的一部分，因此测区侧面等对象的选取应具有普遍性和代表性，从而保证检测结果的可靠度。如果单独选取表面存在裂缝等缺陷部位进行检测，则该测试结果不具有普遍性，可靠度不高。因此不能单独选取表面特殊的缺陷部位进行检测。

(2) 对结构或构件的检测难以实现全部测试，因此需要采取抽样检测，抽取的检测要基于较高的随机性和代表性。检测对象可分为单个结构或批次构件。当检测构件仅有一件时，检测点的数量应根据试件的实际进行确定。当检测构件数量较多时，可以采用抽样法进行检测，且抽样数量不少于总数的 30%。

(3) 检测点应在检测面上选取，检测面又组成检测区，其中测区应在试样上均匀布置，测区数目不应小于 10，且测区之间的间隔应大于 2 m。测区在选择时，应选择面积能进行 16 测点的区域，一般取为 400 cm^2。

(4) 应与钻芯取样方法结合使用。钻芯取样是较为常用的混凝土强度测试方法，然而钻芯取样属于有损检测，会对混凝土结构或构件产生损坏，回弹法作为一种无损检测，具有其一定的优势，因此应充分结合使用两种方式。

2. 回弹法检测混凝土强度的影响因素

1) 混凝土试块的养护方式

同样的混凝土试块采用不同的养护方式，混凝土强度等性能差别巨大，因此采用统一的养护方式对于混凝土检测具有重要意义。

2) 现场回弹检测的环境因素

(1) 回弹仪设备通常情况下的工作温度为 −4 ~ 40℃，检测时应避免环境温度影响。

(2) 混凝土测区表面应平整度较好，保持清洁干燥。尽量避免使用油垢、坑洼、疏松层等。

(3) 环境湿度对混凝土检测也有所影响，环境潮湿会导致混凝土表面硬度偏低，因此回弹检测前可进行一定的干燥处理。

3. 回弹法检测混凝土强度的优点

(1) 操作实施简单，方法容易掌握，使用成本低。

(2) 适用范围比较广，适用性强，检测效率较高。

(3) 相对传统钻芯取样，后期处理时间短，有利于项目进度。

(4) 相对预留混凝土试块进行强度检测，回弹法测试环境更加真实，结果更加可靠。

8.1.2　声波检测

声波检测是根据声波在岩土体中传播的变化特征，从而研究岩土体内部性质和完整性的一种无损检测方法。声波传播时，其波速、波形等参数受传播介质的影响，例如，声波的波速与混凝土的弹性模量和密度存在一定的线性关系。混凝土是由水泥、砂、石子等混合而成，属于非均匀的各向异性材料，并且材料中间会存在诸多孔隙。声波在其中传播时会产生折射、反射和投射，从而使声波的振幅等参数发生相应的变化。除此之外，混凝土中影响声波的振幅和声速的因素还有很多，比如钢筋位置、碎石骨料种类、密度等。因此，想要精准描述超声波在混凝土中的传播途径是比较困难的，常用方法是将部分损伤定为异常体，根据声波传播过程中相关参数的变形情况，对异常位置进行定位，从而判断混凝土的强度和质量。

1. 波动方程

在不考虑重力一类体积力作用情况下，当弹性介质内某一点运动时，可以得到拉梅运动方程，该方程表示为

$$\begin{cases} \rho \dfrac{\partial^2 u_x}{\partial t^2} = (\lambda + G)\dfrac{\partial \theta}{\partial x} + G\nabla^2 u_x \\[2mm] \rho \dfrac{\partial^2 u_y}{\partial t^2} = (\lambda + G)\dfrac{\partial \theta}{\partial y} + G\nabla^2 u_y \\[2mm] \rho \dfrac{\partial^2 u_z}{\partial t^2} = (\lambda + G)\dfrac{\partial \theta}{\partial z} + G\nabla^2 u_z \end{cases} \tag{8-1}$$

式中，λ、G 为拉梅系数；θ 为体积应变；μ_x、μ_y、μ_z 为质点在 x、y、z 方向的位移；ρ 为介质密度；∇^2 为拉普拉斯算子。

一般而言，在固体中除发生体积变形之外，还会发生剪切变形，从而引起纵波和横波。在介质中，纵波与横波的传播速度是有差别的。另外，在固体自由表面下的介质中也会存在着表面波。因此，由拉梅运动方程推导了纵、横波的方程，并给出了它们的传播速度。

(1) 纵波：质点振动方向与波的传播方向一致时称为纵波。

设：

$$u_x = u(x, t), \quad u_y = 0, \quad u_z = 0$$

则拉梅运动方程可写为

$$(\lambda + G)\frac{\partial^2 u_x}{\partial x^2} + G\frac{\partial^2 u_x}{\partial x^2} = \rho \frac{\partial^2 u_x}{\partial t^2} \tag{8-2}$$

简化成

$$\frac{\partial^2 u_x}{\partial t^2} = \frac{(\lambda + 2G)}{\rho} \frac{\partial^2 u_x}{\partial x^2} \tag{8-3}$$

则有式 (8-4) 和式 (8-5)，为无限弹性介质中纵波的波动方程

$$\frac{\lambda + 2G}{\rho} = \frac{\partial x^2}{\partial t^2} = V_{\mathrm{P}}^2 \tag{8-4}$$

$$V_P = \sqrt{\frac{\lambda + 2G}{\rho}} = \sqrt{\frac{E(1 - \mu)}{\rho(1 + \mu)(1 - 2\mu)}} \tag{8-5}$$

式中，V_{P} 为纵波的传播速度；E 为弹性模量；μ 为泊松比；ρ 为介质密度。

(2) 横波：质点振动方向与波的传播方向垂直时称为横波。

设：

$$u_z = u(z, t), \quad u_x = 0, \quad u_y = 0$$

则拉梅运动方程可写成

$$G\frac{\partial^2 u_z}{\partial z^2} = \rho\frac{\partial^2 u_z}{\partial t^2} \tag{8-6}$$

简化为

$$\frac{\partial^2 u_z}{\partial t^2} = \frac{G}{\rho} \frac{\partial^2 u_z}{\partial z^2} \tag{8-7}$$

则有式 (8-8) 和式 (8-9)，为无限弹性介质中横波的波动方程

$$\frac{G}{\rho} = \frac{\partial z^2}{\partial t^2} = V_{\mathrm{s}}^2 \tag{8-8}$$

$$V_{\mathrm{s}} = \sqrt{\frac{G}{\rho}} = \sqrt{\frac{E}{2\rho(1 + \mu)}} \tag{8-9}$$

式中，V_{s} 为横波的传播速度。

(3) 表面波：在层状介质中传播的波为表面波，而纵波和横波是在均匀介质中传播的。面波在介质中的传播速度为

$$V_{\mathrm{R}} = \frac{0.87 + 1.12\mu}{1 + \mu} \sqrt{\frac{E}{2\rho(1 + \mu)}} = \frac{0.87 + 1.12\mu}{1 + \mu} V_{\mathrm{s}} \tag{8-10}$$

(4) 波速度比较：

纵波和横波之比为

$$\frac{V_{\mathrm{p}}}{V_{\mathrm{s}}} = \sqrt{\frac{2(1-\mu)}{1-2\mu}} \tag{8-11}$$

通过以上理论可见，不同弹性介质之间的弹性常数和密度是不同的，因此在不同介质中波的传播速度也存在差异。根据此特性，可以在被测结构中人为产生弹性波，并检测弹性波在结构中的传播特性，由波速的变化判断被测结构的状态。

2. 波的反射与透射

由于波动方程需要满足界面上质点位移连续和应力连续条件，当波通过两种介质的分界面时，会产生反射和透射。反射和透射的特点如图 8.1 所示。

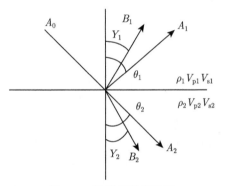

图 8.1 波的反射和透射

通过斯涅耳定律可得式 (8-12)

$$\frac{\sin\theta_1}{V_{\mathrm{p1}}} = \frac{\sin\theta_2}{V_{\mathrm{p2}}} = \frac{\sin\gamma_1}{V_{\mathrm{s1}}} = \frac{\sin\gamma_2}{V_{\mathrm{s2}}} \tag{8-12}$$

式中，θ_1 为纵波入射角和反射角；θ_2 为纵波的投射角；γ_1、γ_2 为横波的反射角和透射角；V_{p1}、V_{p2} 为界面上下两种介质的纵波波速；V_{s1}、V_{s2} 为界面上下两种介质的横波波速。

利用此原理可以对桩基的完整性进行检测，当桩受到激振力的作用时，弹性波由上至下沿桩身进行传播，桩身介质发生变化时，不产生波转换，只有反射纵波和透射纵波，没有反射横波和透射横波，即 $B_1 = B_2 = 0$。

故得反射系数为式 (8-13)

$$n = \frac{A_1}{A_0} = \frac{\rho_2 V_2 - \rho_1 V_1}{\rho_2 V_2 + \rho_1 V_1} \tag{8-13}$$

式中，A_1、A_0 为反射纵波和入射纵波的幅值；ρ_1、V_1、ρ_2、V_2 为第一层介质和第二层介质的质量密度和纵波波速。

透射系数为式 (8-14)

$$T = \frac{A_2}{A_0} = \frac{2\rho_1 V_1}{\rho_2 V_2 + \rho_1 V_1} \tag{8-14}$$

式中，A_2 为透射纵波幅值。

3. 声波探测仪器设备和使用

岩体声学检测的本质就是声波发射、传输和接收的显示过程。声波探测仪器中最主要构件为声波换能器，声波换能器的功能主要是声波与电能之间的转换，下面对声波换能器进行介绍。

1) 声波换能器

由于声波能量不便进行采集，通常利用声波换能器将声电能量进行互相转换，将声波能量转换成便于采集的电信号。声波换能器的种类和型号多种多样，应根据工程检测的具体要求选用合适的声波换能器。

增压式换能器在一定条件下可近似看作脉动圆柱换能器。其在使用时因增压作用而有较高的接收电压灵敏度以及在低于谐振频率时有较平坦的频率响应。它也可做发射换能器，并有较好的发射性能，在采取适当措施后可承受中等功率。增压式换能器的结构示意图如图 8.2 所示，图中的压电陶瓷片等间隔地排列，并和增压管刚性地黏接。增压管一般沿母线方向对称地剖开成两根半圆管，为了增加增压管的轴向顺性，也可在半圆管的轴向再铣一条缝。密封层起密封透声作用。如图 8.3 和图 8.4 所示为小型换能器。

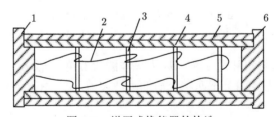

图 8.2　增压式换能器的构造

1. 后法兰盘；2. 电极引线；3. 压电陶瓷片；4. 增压管；5. 密封层；6. 前法兰盘

2) 声波仪

声波仪是声波检测的重要设备，其核心器件为声波发射机和接收机，国内现已开发出各种不同类型的声波仪，如图 8.5 所示。目前，声波仪已经全部实现了数字化，现在主要介绍声波仪的发射、接收、采集和信号的处理方法。

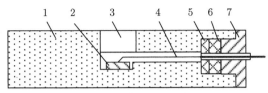

图 8.3　试件纵向用换能器

1. 外壳；2. 陶瓷片；3. 螺栓；4. 电缆；5. 电缆屏蔽层；6. 垫片；7. 螺栓

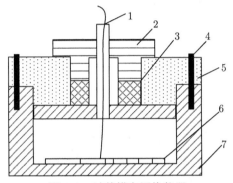

图 8.4　试件横向用换能器

1. 电缆；2. 螺栓；3. 垫片；4. 螺栓电缆；5. 上盖；6. 陶瓷片；7. 底壳

图 8.5　声波仪示意图

(1) 声波的发射

声波的发射方式有：换能器内触发发射、锤击外触发发射、电火花外触发发射三种方式。

(2) 声波的接收

声波仪中的声波换能器，能够将声波能量转换成相应的电信号，用电信号传输相关检测信息。

(3) 放大数据及采集

随着科技的进步，声波仪的功能也日趋完善，除了能够在声波仪的显示屏上显示相关信息，还能够将收到的波形、波速等相关信息实时进行存储处理。上述功能需要声波仪中内置相关数据采集和处理程序，声波仪的工作原理如图 8.6 所示。

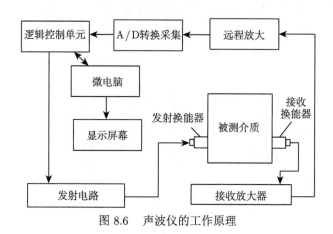

图 8.6　声波仪的工作原理

3) 声波探测的要点

(1) 测点的选取：必须选取具有代表性的区域，岩土体的性质应较为均匀，并且需要进行钻孔时，两个钻孔的地质情况应类似。

(2) 测孔的要求：孔壁应光滑、平滑、整洁，孔口尺寸要合适，当两个孔洞组合试验时，应尽可能使两孔洞彼此平行。对钻孔位置坐标、方位、倾角、孔距进行准确地测量和记录，并绘制钻孔周边的地质断面图。

(3) 频率的选择：当检测距离近，穿透深度较浅时，需要采用较高的频率，通常情况下石、混凝土的频率一般选取 20 kHz。

(4) 检测过程的注意事项：在检测前需要对结构表面进行清理，使之清洁平整；声波换能器与被测结构之间的空隙会影响检测结果的准确性，所以在检测前需要用耦合剂对两者之间的空隙进行充分填充。

8.1.3　超声回弹综合检测

超声波检测和回弹法检测存在一定的差异性。回弹法检测主要对混凝土表面及浅层区域进行检测，混凝土表面状况对检测值影响较大。超声波检测主要对混凝土内部进行检测，但是声波波速受骨料种类、粒径、钢筋等的影响较大。因此两种检测方法各有其特点，基于两种方法对被测结构进行综合检测，更能全面真实反映被测结构的抗压强度，同时具有较高的精度。与单一方式相比，超声回弹具有精度高、适应范围广等优势，因此在我国已被广泛使用。

1. 测试仪器

超声回弹综合检测所用仪器、测点测区的选取、检测流程和要点与声波法、回弹法相同，在测点选取完毕后，首先进行回弹测量，而后再进行超声波检测。

2. 回弹值的测量与计算

回弹值的测量、计算及修正均与回弹法相同。按式 (8-15) 计算

$$R_m = \frac{1}{10} \sum_{i=1}^{10} R_i \tag{8-15}$$

式中，R_m 为测区平均回弹值，计算至 0.1；R_i 为第 i 个测区的回弹值。

非水平状态测得的回弹值，应按式 (8-16) 修正

$$R_a = R_m + R_\alpha \tag{8-16}$$

式中，R_a 为修正后的测区回弹值；R_α 为测试角度为 α 的回弹修正值。

3. 超声值的测量与计算

测区声时值的测量及计算方法与超声法完全相同。混凝土试件声速采用公式 (8-17) 和公式 (8-18) 计算

$$v = s/t_m \tag{8-17}$$

$$t_m = (t_1 + t_2 + t_3)/3 \tag{8-18}$$

式中，v 为测区声速值；s 为超声测距；t_m 为测区平均声时值，t_1、t_2、t_3 分别为测区中 3 个测点的声时值。

当测点位于混凝土顶面或底面时，声速值应按公式 (8-19) 修正

$$V_\alpha = \beta V \tag{8-19}$$

式中，V 为测区声速值；V_α 为修正后的测区声速值；β 为超声测试面修正系数。

在混凝土浇筑顶面和底面测试时，$\beta = 1.034$，在混凝土侧面时，$\beta = 1$。超声回弹综合法测点如图 8.7 所示。

4. 测区混凝土强度换算

通过检测能够得到检测区域的回弹值 R 和声速 V，首先应参照专用或地区的综合法测强曲线判断检测区域的混凝土强度，若无测强曲线，则按公式 (8-20) 计算。

$$f_{cu,i}^c = \begin{cases} 0.0038(V_{ai})^{1.23}(R_{ai})^{1.95}, & \text{粗骨料为卵石} \\ 0.008(V_{ai})^{1.73}(R_{ai})^{1.57}, & \text{粗骨料为碎石} \end{cases} \tag{8-20}$$

式中，$f_{\mathrm{cu},i}^{\mathrm{c}}$ 为第 i 个测区混凝土强度换算值；$V_{\mathrm{a}i}$ 为第 i 个测区修正后的超声波声速值；$R_{\mathrm{a}i}$ 为第 i 个测区修正后的回弹值。

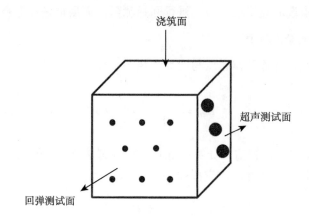

图 8.7　超声回弹综合法测点

测区混凝土强度的判断方法可以参照回弹法，不同之处在于当同批试件抽样检测结果的标准差超过一定界限时，应按单个构件进行检测，以确定问题所在。

5. 混凝土抗压强度值推定

(1) 当按单个构件检测时，各测区中最小的混凝土强度换算值为构件混凝土强度推定值 $f_{\mathrm{cu,e}}$；

(2) 当按批抽样检测时，该批构件的混凝土强度推定值按式 (8-21) 和式 (8-22) 计算，取两者中较大值为该批构件的混凝土强度推定值

$$f_{\mathrm{cu,e}} = m f_{\mathrm{cu}}^{\mathrm{c}} - 1.645 s f_{\mathrm{cu}}^{\mathrm{c}} \tag{8-21}$$

$$m f_{\mathrm{c,u_{min}}}^{\mathrm{c}} = \frac{1}{m} \sum_{j=1}^{m} f_{\mathrm{cu,min},j}^{\mathrm{c}} \tag{8-22}$$

式中，$m f_{\mathrm{cu}}^{\mathrm{c}}$ 为所有测区混凝土强度换算值的平均值。$s f_{\mathrm{cu}}^{\mathrm{c}}$ 所有测区混凝土强度换算值的标准差。

$m f_{\mathrm{cu}}^{\mathrm{c}}$ 可用式 (8-23) 计算

$$m f_{\mathrm{cu}}^{\mathrm{c}} = \frac{1}{n} \sum_{i=1}^{n} f_{\mathrm{cu},i}^{\mathrm{c}} \tag{8-23}$$

式中，

$sf_{\mathrm{cu}}^{\mathrm{c}}$ 可用式 (8-24) 计算

$$sf_{\mathrm{cu}}^{\mathrm{c}} = \sqrt{\dfrac{\sum\limits_{i=1}^{n}(f_{\mathrm{cu},i}^{\mathrm{c}})^2 - n(mf_{\mathrm{cu}}^{\mathrm{c}})^2}{n-1}} \tag{8-24}$$

式中，n 为抽取构件的测区总数；m 为抽取的构件数。

8.1.4 地质雷达检测

1. 地质雷达检测原理

地质雷达检测是利用无线电检测技术探测地质的分布情况，并能够对地面下的非可视物体或地质介层进行扫描，从而判断出其内部构造的形状和位置。该系统由雷达主机、收发天线、毫微秒脉冲信号、信号显示、存储、加工设备等组成。通过发射天线将一种高频率的电磁信号以宽带脉冲的方式发送出去，然后经过被测物体的折射或者传输，再由接收端的天线来完成信号采集。电磁波在传播时，电磁波的传播路径、强度和波形都会发生变化，通过对其进行采集和分析，就能得到物体的结构状况和位置。地质雷达具有分辨率高、操作简单、检测过程对结构和构件无损、抗干扰能力较好等诸多优点，适合于多种工况。然而，由于在传播介质中，高频电磁波的衰减性很大，制约了此项检测技术的应用和发展。

2. 测量方式

地质雷达测量方式多种多样，主要有剖面法、环形法、宽角法、多天线法。在这些方法中，最常用的是采用了多层覆盖技术的剖面法。此方法是将发送天线与接收天线以一定间隔沿着测线进行同步移动。按照发送和接收天线之间的间距可划分成两种类型，在两者相隔一定的距离时，称为双天线形式。通过地质雷达的时间剖面图，可以得到剖面法的观测结果，其中横、纵坐标分别代表天线在地表的位置和反射波双程走时。通过观测结果即可得到地下各反射界面的形状。

当检测深度较深时，噪声会影响反射波的识别，此时可以采用不同的天线间距，在同一测试线上进行反复进行多次测试，再将观测数据中的同点记录进行叠加，从而提高了探测的分辨率。

3. 地质雷达现场检测

1) 对检测对象的分析

对测量对象和赋存环境的详尽分析直接影响着地质雷达测量能否取得成功，

其中一个十分关键的问题就是测量对象的深度，若目标的深度超过了系统检测深度的 50%，则需采用其他方法。由于目标的几何形状、长度、宽度等因素的存在，会对雷达的测量分辨率产生一定的影响，所以必须事先进行详细的调查，这也与雷达的中心频率选择有关。此外，还需要了解被探测物体的导电性能和介电常量，根据这些参数对能量反射和散射的判断。最后，为了防止外界的干扰对探测的影响，探测区不能有大型的金属部件和射频辐射源。

2) 测网布置

测量网络的坐标和测线的布置应遵循下列原则。

(1) 当被测物的方位确定时，测线的走向必须垂直于所测量的长轴方向。方向如果未知，则应布置成网格形。

(2) 采用较大网络初步调查，初步查明被测对象的规模。在此基础上，采用较小的网格进行再次详查，以确保网格的大小与所探测物体的尺寸一致。

(3) 在进行二维地质检测时，测区应垂直二维体的走向，而直线距离则由探测目标在走向上的改变情况而定。

8.2　回弹法检测混凝土强度

现场检测混凝土材料强度的方法众多，常用的有钻芯法、拔出法、压痕法、发射法、回弹法等，其中，回弹法是目前使用面积最大的无损检查手段。在这些测试方法中，最常用的是回弹法。由于回弹法设备简单，操作方便，测试速度快，测试成本低，而且不会破坏混凝土的结构，所以经常用于混凝土结构的现场检测中。

通过对试验结果的分析，被测混凝土结构的抗压强度与无损检测的参数之间存在一定的关系，两者之间的关系曲线称为测强曲线，测强曲线根据材料来源，分为统一测强曲线、地区测强曲线和专用 (率定) 测强曲线三类。

采用回弹仪对被测混凝土结构的强度进行检测的方法，即所谓回弹法。当回弹仪的弹击锤受到一定的弹力作用时，其回弹高度 (用回弹计读取的回弹量) 与混凝土的表面硬度具有一定的关系。因此，用回弹值来表示混凝土的表面硬度，并且根据其表面硬度即可推断出被测混凝土结构的强度。

8.2.1　回弹仪

回弹仪是用回弹法检测混凝土强度的仪器，回弹仪的主要构件为弹击重锤和用于驱动重锤的弹簧，其结构如图 8.8 所示，实物图如 8.9 所示。由于回弹仪是通过测定混凝土结构的表面硬度，从而推断混凝土的抗压强度，因此检测方法属于表面硬度法。

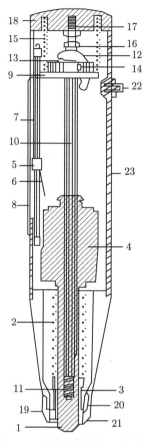

图 8.8 回弹仪构造和工作原理

1. 弹击杆；2. 弹击拉簧；3. 拉簧座；4. 弹击重锤；5. 指针块；6. 指针片；7. 指针轴；8. 刻度尺；9. 导向法兰；
10. 中心导杆；11. 缓冲压簧；12. 挂钩；13. 挂钩压簧；14. 挂钩销子；15. 压簧；16. 调零螺丝；17. 紧固螺母；
18. 尾盖；19. 盖帽；20. 卡环；21. 密封毡圈；22. 按钮；23. 外壳

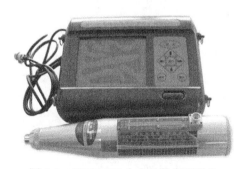

图 8.9 HT225W 全自动数字回弹仪

由于回弹仪的质量和性能直接关乎被测结构的检测结果，因此回弹仪在使用前，必须经过相关部门的检测，并且要求在有效期内进行使用。在每次使用前后，都需要使用标准钢砧进行率定。率定时，应将钢砧表面进行清洁，并保持干燥的状态，回弹值应取三次回弹结果的均值为率定值，率定试验应分四个方向进行，各方向弹击之前，必须转动 90°，各方向转率的回弹平均值应在 78~82 区间，否则需送检验机构重新检验。

当回弹仪具有下列情况之一时应送检定单位检定。

(1) 新回弹仪使用前；

(2) 超过检定有效期 (半年)；

(3) 检测次数超过 6000 次；

(4) 钢砧率定值不合格；

(5) 回弹仪受到损坏。

8.2.2　回弹值的测量

回弹法所测回弹值是判断混凝土强度的重要依据，因此在测量过程中应严格按照相关规范进行操作。

1. 测试现场的准备

回弹值的大小受混凝土表面质量的影响，故在进行回弹检测时，应选择整洁、平整的区域作为测区，避开孔洞、露筋等质量有问题的部位。

2. 回弹值的测读

在测试回弹值时，在检测过程中要留意回弹仪的轴心是否与构件的检测表面相垂直，同时应注意要缓慢加压，准确读数，快速复位。除了按照常规的回弹仪操作规范进行作业，还应注意，每个测区应读出 16 个回弹数值，测点宜均匀地分布在测区内，两个测点之间的净距不得少于 20 mm；测点和外露钢筋与预埋件之间的间距不得低于 30 mm；不能在孔洞或裸露的石子上进行测量，只能在同一个测点进行一次回弹测量。

3. 回弹值的数据处理

从 16 个测点的回弹值中分别剔除 3 个最大值和最小值，取中间的 10 个回弹值按式 (8-25) 计算测区平均回弹值。

$$R_m = \frac{\sum_{i=1}^{10} R_i}{10} \tag{8-25}$$

式中，R_m 为测区平均回弹值，精确到 0.1；R_i 为第 i 个测点的回弹值。

 经试验研究发现，混凝土测区的平均回弹值与回弹仪的倾角及浇筑面有关，如果回弹仪与浇筑侧面处于非水平方向时，测区的平均回弹量需要进行角度校正；若试验表面并非浇筑侧面时，则测区的平均回弹值需进行校正；在试验过程中，如果回弹仪处于非水平方向，且测区也不是浇筑侧面时，则必须首先进行角度修正，再进行浇注面修正。回弹值的计算方法参见《回弹法评定混凝土抗压强度技术规程》JGJ/T 23—2011。通过对现场实测数据的分析，发现当测区的回弹值经过以上的校正后，其测量精度会增加。回弹数值的修改见表 8-1 和表 8-2。

表 8-1 非水平状态监测时的回弹值修正值

$R_{m\alpha}$	检测角度							
	向上				向下			
	90°	60°	45°	30°	−30°	−45°	−60°	−90°
20	−6.0	−5.0	−4.0	−3.0	2.5	3.0	3.5	4.0
21	−5.9	−4.9	−4.0	−3.0	2.5	3.0	3.5	4.0
22	−5.8	−4.8	−3.9	−2.9	2.4	2.9	3.4	3.9
23	−5.7	−4.7	−3.9	−2.9	2.4	2.9	3.4	3.9
24	−5.6	−4.6	−3.8	−2.8	2.3	2.8	3.3	3.8
25	−5.5	−4.5	−3.8	−2.8	2.3	2.8	3.3	3.8
26	−5.4	−4.4	−3.7	−2.7	2.2	2.7	3.2	3.7
27	−5.3	−4.3	−3.7	−2.7	2.2	2.7	3.2	3.7
28	−5.2	−4.2	−3.6	−2.6	2.1	2.6	3.1	3.6
29	−5.1	−4.1	−3.6	−2.6	2.1	2.6	3.1	3.6
30	−5.0	−4.0	−3.5	−2.5	2.0	2.5	3.0	3.5
31	−4.9	−4.0	−3.5	−2.5	2.0	2.5	3.0	3.5
32	−4.8	−3.9	−3.4	−2.4	1.9	2.4	2.9	3.4
33	−4.7	−3.9	3.4	−2.4	1.9	2.4	2.9	3.4
34	−4.6	−3.8	−3.3	−2.3	1.8	2.3	2.8	3.3
35	−4.5	−3.8	−3.3	−2.3	1.8	2.3	2.8	3.3
36	−4.4	−3.7	−3.2	−2.2	1.7	2.2	2.7	3.2
37	−4.3	−3.7	−3.2	−2.2	1.7	2.2	2.7	3.2
38	−4.2	−3.6	−3.1	−2.1	1.6	2.1	2.6	3.1
39	−4.1	−3.6	−3.1	−2.1	1.6	2.1	2.6	3.1
40	−4.0	−3.5	−3.0	−2.0	1.5	2.0	2.5	3.0
41	−4.0	−3.5	−3.0	−2.0	1.5	2.0	2.5	3.0
42	−3.9	−3.4	−2.9	−1.9	1.4	1.9	2.4	2.9
43	−3.9	−3.4	−2.9	−1.9	1.4	1.9	2.4	2.9
44	−3.8	−3.3	−2.8	−1.8	1.3	1.8	2.3	2.8
45	−3.8	−3.3	−2.8	−1.8	1.3	1.8	2.3	2.8
46	−3.7	−3.2	−2.7	−1.7	1.2	1.7	2.2	2.7
47	−3.7	−3.2	−2.7	−1.7	1.2	1.7	2.2	2.7
48	−3.6	−3.1	−2.6	−1.6	1.1	1.6	2.1	2.6
49	−3.6	−3.1	−2.6	−1.6	1.1	1.6	2.1	2.6
50	−3.5	−3.0	−2.5	−1.5	1.0	1.5	2.0	2.5

 注：$R_{m\alpha}$ 为检测角度为 α 时 R_m 的修正值；$R_{m\alpha}$ 小于 20 或大于 50 时，均分别按 20 或 50 查表；表中未列入的修正值可用内插法求得，精确至 0.1。

表 8-2　不同浇筑面的回弹值修正值

$R_{\mathrm{m}}^{\mathrm{t}}$ 或 $R_{\mathrm{m}}^{\mathrm{b}}$	表面修正值 $R_{\mathrm{a}}^{\mathrm{t}}$	表面修正值 $R_{\mathrm{a}}^{\mathrm{b}}$	$R_{\mathrm{m}}^{\mathrm{t}}$ 或 $R_{\mathrm{m}}^{\mathrm{b}}$	表面修正值 $R_{\mathrm{a}}^{\mathrm{t}}$	表面修正值 $R_{\mathrm{a}}^{\mathrm{b}}$
20	2.5	−3.0	36	0.9	−1.4
21	2.4	−2.9	37	0.8	−1.3
22	2.3	−2.8	38	0.7	−1.2
23	2.2	−2.7	39	0.6	−1.1
24	2.1	−2.6	40	0.5	−1.0
25	2.0	−2.5	41	0.4	−0.9
26	1.9	−2.4	42	0.3	−0.8
27	1.8	−2.3	43	0.2	−0.7
28	1.7	−2.2	44	0.1	−0.6
29	1.6	−2.1	45	0	−0.5
30	1.5	−2.0	46	0	−0.4
31	1.4	−1.9	47	0	−0.3
32	1.3	−1.8	48	0	−0.2
33	1.2	−1.7	49	0	−0.1
34	1.1	−1.6	50	0	0
35	1.0	−1.5			

注：$R_{\mathrm{m}}^{\mathrm{t}}$、$R_{\mathrm{m}}^{\mathrm{b}}$ 为水平方向检测混凝土浇筑表面、底板时，测区的平均回弹值；$R_{\mathrm{m}}^{\mathrm{t}}$ 或 $R_{\mathrm{m}}^{\mathrm{b}}$ 小于 20 或大于 50 时，均分别按 20 或 50 查表；表中有关混凝土浇筑表面的修正系数，是指一般原浆抹面的修正值；表中有关混凝土浇筑底面的修正系数，是指构件底面与侧面采用同一类模板在正常浇筑情况下的修正值；表中未列入的相应于 $R_{\mathrm{m}}^{\mathrm{t}}$ 或 $R_{\mathrm{m}}^{\mathrm{b}}$ 的 $R_{\mathrm{a}}^{\mathrm{t}}$ 和 $R_{\mathrm{a}}^{\mathrm{b}}$ 值，可采用内插法求得，精确至 0.1。

8.2.3　碳化深度值的测量

通过研究发现回弹值受混凝土碳化值的影响，在相同的强度条件下，随着混凝土龄期的增加，回弹值也随之增加。将混凝土置于空气中，空气中的 CO_2 与混凝土中的碱性物质发生反应的过程，称为混凝土的碳化。且随着时间的推移，混凝土的碳化层深度 d 逐渐增加，回弹值也随之增大，当 d 超过 5~6 mm 时，回弹值的增速逐渐放缓。因此，为了提高检测结果的可靠性，对混凝土的碳化深度进行修正是十分必要的。对碳化深度测定的次数不能低于 3 次，并取其平均值作为碳化深度。

测区平均碳化深度值计算公式如下

$$d_m = \frac{\sum\limits_{i=1}^{n} d_i}{n} \tag{8-26}$$

式中，d_m 为测区的平均碳化深度值，精确至 0.5 mm；d_i 为第 i 次测量的碳化深度值；n 为测区的碳化深度测量次数。

8.2.4 结构或构件混凝土强度的推定

根据回弹检测结果，按《回弹法评定混凝土抗压强度技术规程》JGJ/T 23—2011 进行计算，即可得出各测区混凝土的抗压强度。

(1) 被测结构的混凝土平均强度为

$$m_{f_{cu}^c} = \frac{1}{n} \sum_{i=1}^{n} f_{cu,i}^c \tag{8-27}$$

式中，$m_{f_{cu}^c}$ 为被测结构混凝土强度换算值的平均值，精确到 0.1 MPa；n 为测区数，对于单个检测的构件，取一个构件的测区数，对于抽样评定的结构或构件，取各抽检试样测区数之和；$f_{cu,i}^c$ 为第 i 个测区的强度换算值。

当测区数大于或等于 10 个时，应按式 (8-28) 计算强度标准差

$$S_{f_{cu}^c} = \sqrt{\frac{\sum_{i=1}^{n} (f_{cu,i}^c)^2 - n(m_{f_{cu}^c})^2}{n-1}} \tag{8-28}$$

式中，$S_{f_{cu}^c}$ 为被测结构混凝土强度换算值的标准差，精确到 0.1 MPa。

(2) 被测结构混凝土强度推定值应按下列公式确定

(a) 当单个构件检测时，以最小值作为该构件混凝土强度的推定数值，即

$$f_{cu,e}^c = f_{cu,min}^c \tag{8-29}$$

(b) 当结构或构件测区数不少于 10 个或按批量检测时，按式 (8-30) 计算

$$f_{cu,e}^c = m_{f_{cu}^c} - 1.645 S_{f_{cu}^c} \tag{8-30}$$

(3) 当按批次检测混凝土强度标准差存在下列情况之一时，应按单个构件逐个检测：

该批构件混凝土强度平均值 $m_{f_{cu}^c} < 25$ MPa 时，标准差 $S_{f_{cu}^c} > 4.5$MPa；

该批构件混凝土强度平均值 $m_{f_{cu}^c} \geqslant 25$ MPa 时，标准差 $S_{f_{cu}^c} > 5.5$MPa。

8.3 声发射技术原理及应用

在无损检测技术中，探测声学是一种具有简单、快速、易行等多种优点的检测技术。声波是一种机械波，它是一种物质的运动形式，它是由振动所产生的。声

波的频率在 10~10000Hz 区间，且声波能够被听到，也称作可闻声波；低振动频率的声波叫作次声波；反之高振动频率的声波称为超声波。声波是一种弹性波，因此能在弹性材料中进行传播，是声发检测技术的基础。

当受到力的作用时，材料和其内部结构会发生应变、断裂、内部破坏，或者在外界条件的影响下发生变形，随之产生应变能。一种由材料内部结构断裂、裂纹、摩擦等多种因素引起的内部破坏都会引起一系列的声发现象。声源类型、状态和材料特性的变化引起了信号强度、频率等参数的变化。同时，各性能指数也会随着作用力的影响而发生改变。通过分析其强度、频率等特征，可以确定该结构在受到外力作用下的内向情况。这种方法既可以探测到内部缺陷，又可以反映出内部缺陷的形成、发展和破坏的全过程。

在岩土工程中，声发射技术最早是用于从对岩体裂隙发展的预报。随着声发射技术的不断发展，其在隧道等地下工程中的应用越来越广泛。

当岩石受到荷载作用时，通常会产生热发射、表面电子发射、声发射等现象。从能量转化的观点来看，在承受了荷载作用之后，岩石就像是一个能转化为热能、电能和声能的能量转换装置。且转换能量的性质与岩石材料的内部状态密切相关，根据两者的相关关系，即可进行声发检测。

8.3.1　声发射检测基本原理

声发射检测基本原理是基于凯塞效应和费利西蒂效应，下面对两种效应的原理进行介绍。

凯塞效应是以德国科学家凯塞的名字命名的，凯塞通过研究发现，对一些特定的材料，如岩石或者金属材料，对其重新加载时，在加载值达到上次加载的峰值前，不会产生声发射信号。基于此原理可以对材料的之前所受最大荷载进行推测，鉴定材料的受力状态。

对这些特定的材料重复加载时，在加载值达到上次加载的峰值前，就出现明显的声发射的现象，称为费利西蒂效应。并且定义了费利西蒂比，即为重复加载时的起始荷载和之前加载的最大荷载的比值，此比值可以对材料的破坏程度和内部缺陷情况进行判断。

声发射信号是对材料状态进行判断的基础，声发射信号通常是利用压电式传感器进行采集，采集后再由相关仪器对信号进行处理，从而得到所需的检测信息。

声发射能量的强弱是由声源所发出的能量强度所决定的。当声发射信号经过一定的传递和转换，在一定的情况下，它仍然可以反映声发射能量的强弱。如果把接收的信号的幅度处理后再包络检波，那么包络线和时间所围绕区域的面积就是声发射能量的大小。

8.3.2　声发射检测仪器的组成

声发射检测系统的组成如图 8.10 所示。

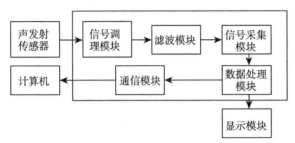

图 8.10　声发射检测系统的组成

1. 检测仪器的选择

在进行声发射测试或在测试之前，应根据被测试的目标和检测要求来选用相应的检测设备，测试考虑的主要因素有两方面，分别为被测材料的特性、被测目标的尺寸和形状。其中，不同被测材料的频域等特性存在差异，被测目标的尺寸和形状则影响设备信道数目的选择。

2. 检测仪器的校准

校准是由在所探测的结构上直接发出仿真信号而实现的。灵敏度校准主要是为了验证耦合状态及测试线路是否具有连续性。源定位校准则是通过对定位源的真实位置和模拟声反射源发射的位置进行对比分析的。

8.3.3　声发射换能器

1. 谐振式换能器

在谐振式换能器中，单端谐振式换能器的结构简单，应用较为广泛，其结构如图 8.11 所示。这种换能器采用导电性材料将负极面粘贴在底座上，并在其另一面焊接一条非常薄的导线，使其与高频插口的芯线相连通，金属外壳接地。

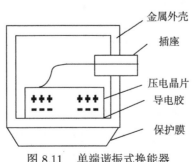

图 8.11　单端谐振式换能器

2. 电容式换能器

电容式换能器的原理为绝缘导电板被直流电源 E 充电，设静止时的电容为 C，在声发射波传递到电容换能器位置处时，试样会发生相应的响应，极板与试样的间距发生相应的变化，如果电阻 R 选取的足够大，使时间常数远大于试样的振动周期，这时电容上的电荷可视作不变，但是电容发生了变化，导致电容换能器的输出电压发生变化，如图 8.12 所示。

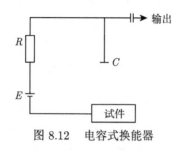

图 8.12 电容式换能器

3. 差动式换能器

为了解决试验场地附近由继电器、电机电刷、电弧焊接设备产生的电噪声对声发射的干扰，差动式的换能器应运而生，如图 8.13 所示。它是用同一块压电晶片对半切割后做成的。切割时把一个半块相对另一个半块翻一个面，中间用绝缘材料隔开，底面用导电胶连接并把它和一个双芯接线座的外壳相连；晶片的电极由另一端的两个半面上引出，接到接线座的两个芯上，并通过屏蔽的双芯电缆接到差动式的前置放大器上。这种换能器不仅有一个完整的屏蔽，而且还抑制了在差动运用时导线上的共模干扰信号。

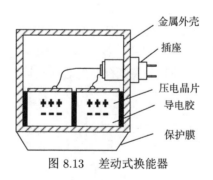

图 8.13 差动式换能器

8.3.4 声发射技术在岩体工程测试中的应用

声发射技术是一种对整体的结构缺陷进行全面监测与评估的方法，它不但具有较高的检测速度，同时还可以实时或连续性地反映出缺陷随荷载、时间、温度等外部因素影响下的发展情况。在以下几个工程领域中，声发射探测技术得到了普遍的使用。

(1) 声发射参量反映了岩石由稳向失稳发展和危害期的特征，以声发射参量为主导，将采场岩土体的稳定性分为几个级别，可以较好地反映采场岩土体的安全动态变化规律，从而可以为采场的安全进行及时预测并降低风险，同时也为采场的安全管理提出了一种新的、科学的、更为简便的评价手段。

(2) 目前，在实际应用中测量地应力的方法较多，如应力解除法、扁千斤顶法、水压压裂法等，这些方法操作比较繁琐，耗时耗财，且测量值与实际值可能存在一定的偏差，从而制约了其在工程领域的应用。利用声发射技术测定地应力的具体方法是在场地进行原位取芯，通过室内试验对所取岩芯破裂过程中产生的地应力进行检测，从而推算场地的地应力。

(3) 在边坡开挖和支护的施工过程中，滑坡和局部垮落现象时有发生，为了确保工程的顺利进行，避免工程事故的发生，可以通过声发射探测技术对边坡体的稳定性和崩塌情况进行检测和及时预警。

课 后 习 题

1. 地下工程无损检测有哪些常用技术？
2. 回弹法检测是通过对混凝土检测哪两项指标来评定其强度？
3. 表面波与纵波和横波传播介质区别？
4. 简述回弹法在实际工程中主要应用于哪些方面？
5. 用于材料检测时，声发射的发生需要具备的两个条件？

参 考 文 献

边树举，林波. 2014. 建筑工程材料检验取样及质量评定手册 [M]. 北京：化学工业出版社.

卜良桃，谭玮，侯琦. 2017. 建筑地基与基础检测 [M]. 北京：中国建筑工业出版社.

蔡中民. 2005. 混凝土结构试验与检测技术 [M]. 北京：机械工业出版社.

柴子栋，张建立，苏雪红. 2016. 建筑工程质量检测及评定技术 [M]. 北京：化学工业出版社.

陈凡，徐天平，陈久照. 2003. 基桩质量检测技术 [M]. 北京：中国建筑工业出版社.

陈建荣，高飞. 2011. 建设工程基桩检测技术问答 [M]. 上海：上海科学技术出版社.

陈建设. 2005. 冶金试验研究方法 [M]. 北京：冶金工业出版社.

陈文昭，胡萍. 2016. 边坡工程 [M]. 长沙：中南大学出版社.

程建军. 2016. 路堑边坡变形监测与稳定性安全评估方法 [M]. 北京：人民交通出版社.

董格. 2014. 地铁深基坑监测与复挖数值模拟方法研究 [D]. 武汉：武汉理工大学.

董文文，朱鸿鹄，孙义杰，等. 2016. 边坡变形监测技术现状及新进展. 工程地质学报, 24(6): 1088-1095.

佴磊. 2010. 边坡工程 [M]. 北京：科学出版社.

方建勤. 2004. 地下工程开挖灾害预警系统的研究 [D]. 长沙：中南大学.

付宏渊. 2007. 高速公路路基沉降预测及施工控制 [M]. 北京：人民交通出版社.

傅鹤林，董辉，邓宗伟. 2012. 地铁安全施工技术手册 [M]. 北京：人民交通出版社.

高俊强，严伟标. 2005. 工程监测技术及其应用 [M]. 北京：国防工业出版社.

龚晓南，杨仲轩. 2017. 岩土工程检测技术 [M]. 北京：中国建筑工业出版社.

海涛，李啸骢，韦善革，等. 2016. 传感器与检测技术 [M]. 重庆：重庆大学出版社.

海涛，李啸骢，韦善革. 2011. 现代检测技术 [M]. 重庆：重庆大学出版社.

海涛，李啸骢，韦善革. 2022. 传感器与检测技术第 2 版 [M]. 重庆：重庆大学出版社.

何开胜. 2018. 岩土工程测试和安全监测 [M]. 北京：中国建筑工业出版社.

何丕雁. 2001. 现代测试技术中的采样非均匀性问题理论研究与分析 [D]. 成都：电子科技大学.

贺少辉. 2013. 地下工程 (修订本)[M]. 北京：北京交通大学出版社.

黄绍铭，高大钊. 2005. 软土地基与地下工程第 2 版 [M]. 北京：中国建筑工业出版社.

黄威然，杨书江. 2013. 砂与砂砾地层盾构工程技术 [M]. 北京：中国建筑工业出版社.

纪洪广. 2004. 混凝土材料声发射性能研究与应用 [M]. 北京：煤炭工业出版社.

蒋亚东，谢光忠，杨邦朝. 2012. 先进传感器技术 [M]. 成都：电子科技大学出版社.

蒋亚东，谢光忠. 2016. 敏感材料与传感器 [M]. 成都：电子科技大学出版社.

金淮，张建全，吴锋波. 2014. 城市轨道交通工程监测理论与技术实践 [M]. 北京：中国建筑工业出版社.

李继业，边树举. 2015. 建设工程质量检测实用技术手册 [M]. 北京：化学工业出版社.

李建. 2012. 深基坑变形监测及变形机理与规律分析研究 [D]. 西安：长安大学.

李建林, 王乐华, 刘杰. 2006. 岩石边坡工程 [M]. 北京: 中国建筑工业出版社.

李明华. 2015. 城市地铁施工技术 [M]. 长沙: 中南大学出版社.

李晓乐, 郎秋玲. 2018. 地下工程监测方法与检测技术 [M]. 武汉: 武汉理工大学出版社.

李欣, 冷毅飞. 2015. 岩土工程现场监测 [M]. 北京: 地质出版社.

李亚林. 2008. 预应力混凝土斜拉桥加固技术研究 [D]. 重庆: 重庆交通大学.

李以善, 刘德镇. 2009. 焊接结构检测技术 [M]. 北京: 化学工业出版社.

刘春. 2018. 岩土工程测试与监测技术 [M]. 北京: 中央民族大学出版社.

刘剑飞. 2005. 超声波测试技术及其在铁路工程质量检测中的应用研究 [D]. 北京: 中国地质大学.

刘明维. 2015. 桩基工程 [M]. 北京: 中国水利水电出版社.

刘屠梅, 赵竹占, 吴慧明. 2006. 基桩检测技术与实例 [M]. 北京: 中国建筑工业出版社.

刘尧军, 叶朝良. 2013. 岩土工程测试技术 [M]. 重庆: 重庆大学出版社.

刘尧军, 于跃勋, 赵玉成. 2009. 地下工程测试技术 [M]. 成都: 西南交通大学出版社.

刘钊, 余才高, 周振强. 2004. 地铁工程设计与施工 [M]. 北京: 人民交通出版社.

刘招伟, 赵运臣. 2006. 城市地下工程施工监测与信息反馈技术 [M]. 北京: 科学出版社.

罗骐先. 2010. 桩基工程检测手册 [M]. 北京: 人民交通出版社.

毛红梅, 贾良. 2015. 地下工程监控量测 [M]. 北京: 人民交通出版社.

梅祖荣, 于海波, 朱连勇. 2017. 土建工程技术理论与实践 [M]. 北京: 中国水利水电出版社.

孟宏睿. 2005. 高温作用后混凝土力学性能及无损检测的试验研究 [D]. 西安: 西安建筑科技大学.

牛志宏. 2013. 工程变形监测技术 [M]. 北京: 测绘出版社.

潘广钊. 2019. 小浪底水库细砂岩单轴压缩蠕变声发射特性试验研究 [D]. 郑州: 华北水利水电大学.

钱让清. 2003. 公路工程地质 [M]. 合肥: 中国科学技术大学出版社.

屈晓辉, 崔俊杰. 2008. 客运专线铁路路基设计技术 [M]. 北京: 人民交通出版社, 2008.

任建喜. 2009. 岩土工程测试技术 [M]. 武汉: 武汉理工大学出版社.

余小年. 2010. 公路滑坡崩塌地质灾害预测与控制技术 [M]. 北京: 人民交通出版社.

沈功田, 李金海. 2004. 压力容器无损检测—声发射检测技术 [J]. 无损检测, 9: 457-463.

沈功田. 2015. 声发射检测技术及应用 [M]. 北京: 科学出版社.

施斌, 张丹, 朱鸿鹄. 2020. 地质与岩土工程分布式光纤监测技术 [M]. 北京: 科学出版社.

施斌, 朱鸿鹄, 张丹, 等. 2022. 从岩土体原位检测、探测、监测到感知 [J]. 工程地质学报, 30(6): 1811-1818.

施斌, 朱鸿鹄, 张诚成, 孙梦雅, 张巍, 张泰银. 2023. 岩土体灾变感知与应用. 中国科学: 技术科学.

石中林. 2013. 地基基础检测 [M]. 武汉: 华中科技大学出版社.

宋金珉, 王旭东, 徐洪钟. 2016. 岩土工程测试与检测技术第 2 版 [M]. 北京: 中国建筑工业出版社.

宋雷. 2016. 土木工程测试 [M]. 徐州: 中国矿业大学出版社.

王才欢, 屈国治, 雷长海. 2008. 水工程安全检测与评估 [M]. 北京: 中国水利水电出版社.

王复明. 2012. 岩土工程测试技术 [M]. 郑州: 黄河水利出版社.

王松根, 宋修广. 2010. 公路路基维修与加固 [M]. 北京: 人民交通出版社.

王云明, 曾水泉, 陈园. 2006. 公路工程施工质量控制与检查实用手册 [M]. 北京: 人民交通
    出版社.

王运敏. 2011. 排土场稳定性及灾害防治 [M]. 北京: 冶金工业出版社.

韦超群, 邓清禄. 2020. 基于分布式光纤技术的路基沉降监测应用研究 [J]. 工程地质学报,
    28: 1091-1098.

魏新江. 2011. 城市隧道工程施工技术 [M]. 北京: 化学工业出版社.

吴念祖. 2010. 虹桥国际机场飞行区地下穿越技术 [M]. 上海: 上海科学技术出版社.

吴世明. 1997. 大型地基基础工程技术 [M]. 杭州: 浙江大学出版社.

吴正毅. 1997. 测试技术与测试信号处理 [M]. 北京: 清华大学出版社.

夏彬伟. 2009. 深埋隧道层状岩体破坏失稳机理实验研究 [D]. 重庆: 重庆大学.

夏才初, 潘国荣. 2017. 岩土与地下工程监测 [M]. 北京: 中国建筑工业出版社.

夏才初, 李永盛. 1999. 地下工程测试理论与监测技术 [M]. 上海: 同济大学出版社.

夏明耀, 曾进伦. 1999. 地下工程设计施工手册 [M]. 北京: 中国建筑工业出版社.

谢才军, 林贤根. 2012. 基坑变形监测与 VB 编程 [M]. 杭州: 浙江大学出版社.

徐宏, 何淼. 2009. 公路基础工程试验检测技术手册 [M]. 北京: 人民交通出版社.

徐辉, 李向东. 2009. 地下工程 [M]. 武汉: 武汉理工大学出版社.

徐科军. 2008. 传感器与检测技术第 2 版 [M]. 北京: 电子工业出版社.

徐玲. 2018. Excel 在高中物理实验数据处理中的应用研究 [D]. 南宁: 广西师范大学.

徐杨青, 吴西臣. 2016. 采动边坡稳定性评价理论及工程实践 [M]. 北京: 科学出版社.

杨平, 刘成. 2014. 盾构隧道施工对周边环境影响及灾变控制 [M]. 北京: 科学出版社.

杨永波. 2019. 地基基础工程检测技术 [M]. 北京: 中国建筑工业出版社.

姚直书, 蔡海兵. 2014. 岩土工程测试技术 [M]. 武汉: 武汉大学出版社.

尹俊涛, 李新明, 李志斌. 2017. 岩土工程现场检测与监测技术及应用 [M]. 郑州: 黄河水利
    出版社.

袁晓月. 2018. 基于分布式光纤传感系统的信号处理的研究 [D]. 北京: 北京交通大学.

袁振明, 马羽宽, 何泽云. 1985. 声发射技术及其应用 [M]. 重庆: 机械工业出版社.

宰金珉, 王旭东, 徐洪钟. 2016. 岩土工程测试与监测技术 [M]. 北京: 中国建筑工业出版社.

张蕾, 丁祖德. 2016. 地下工程测试技术 [M]. 北京: 中国水利水电出版社.

张志勇. 2015. 地下工程施工 [M]. 北京: 机械工业出版社.

张忠亭, 丁小学. 2007. 钻孔灌注桩设计与施工 [M]. 北京: 中国建筑工业出版社.

张忠亭. 2004. 地基与基础工程施工技术 [M]. 北京: 机械工业出版社.

赵奎, 王晓军, 赖卫东. 2013. 矿山地压测试技术 [M]. 北京: 化学工业出版社.

赵明阶, 何光春, 王多垠. 2003. 边坡工程处治技术 [M]. 北京: 人民交通出版社.

郑长安, 黄斌. 2012. 公路路基沉降与稳定观测技术 [M]. 北京: 人民交通出版社.

郑文彦. 2013. 基坑工程减压降水监测可视化系统研究 [D]. 上海: 上海交通大学.

中华人民共和国交通运输部. 2020. 公路隧道施工技术规范 JTG/T 3660-2020[S]. 北京: 人
    民交通出版社.

中华人民共和国住房和城乡建设部. 2011. 回弹法评定混凝土抗压强度技术规程 JGJ/T
    23-2011[S]. 北京: 中国建筑工业出版社.

中华人民共和国住房和城乡建设部. 2012. 建筑基坑支护技术规程 JGJ 120-2012[S]. 北京：中国建筑工业出版社.

中华人民共和国住房和城乡建设部. 2013. 城市轨道交通工程监测技术规范 GB 50911-2013[S]. 北京：中国建筑工业出版社.

中华人民共和国住房和城乡建设部. 2013. 建筑边坡工程鉴定与加固技术规范 GB50843-2013[S]. 北京：中国建筑工业出版社.

中华人民共和国住房和城乡建设部. 2014. 建筑边坡工程技术规范 GB50330-2013[S]. 北京：中国建筑工业出版社.

中华人民共和国住房和城乡建设部. 2014. 建筑基桩检测技术规范 JGJ 106-2014[S]. 北京：中国建筑工业出版社.

中华人民共和国住房和城乡建设部. 2016. 建筑变形测量规范 JGJ 8-2016[S]. 北京：中国建筑工业出版社.

中华人民共和国住房和城乡建设部. 2017. 盾构法隧道施工及验收规范 GB 50446-2017[S]. 北京：中国建筑工业出版社.

中华人民共和国住房和城乡建设部. 2017. 建筑基桩自平衡静载试验技术规程 JGJ/T 403-2017[S]. 北京：中国建筑工业出版社.

中华人民共和国住房和城乡建设部. 2019. 建筑基坑工程监测技术标准 GB 50497-2019[S]. 北京：中国计划出版社.

中华人民共和国住房和城乡建设部. 2020. 工程测量标准 GB 50026-2020[S]. 北京：中国计划出版社.

周东泉. 2010. 基桩检测技术 [M]. 北京：中国建筑工业出版社.

周晓军. 2014. 地下工程监测和检测理论与技术 [M]. 北京：科学出版社.

周志敏，周纪海，纪爱华. 2007. 变频调速系统设计与维护 [M]. 北京：中国电力出版社.

朱奎. 2009. 桩基质量事故分析与对策 [M]. 北京：中国建筑工业出版社.

朱鸿鹄. 2023. 工程地质界面：从多元表征到演化机理 [J]. 地质科技通报, 42(1): 1-19.

朱玉明. 2006. 声发射技术在大型压力容器检验中的应用研究 [D]. 南京：南京林业大学.

祝龙根. 1999. 地基基础测试新技术 [M]. 北京：机械工业出版社出版.

Ma J X, Pei H F, Zhu H H, et al. 2023. A review of previous studies on the applications of fiber optic sensing technologies in geotechnical monitoring[J]. Rock Mechanics Bulletin, 2(1): 100021.

Pei H F, Jing J H, Zhang S Q. 2020. Experimental study on a new FBG-based and Terfenol-D inclinometer for slope displacement monitoring[J]. Measurement, 151: 107172.

Pei H F, Zhang F, Zhang S Q. 2021. Development of a novel Hall element inclinometer for slope displacement monitoring[J]. Measurement, 181: 109636.

Pei H F, Zhang S Q, Bai L L, et al. 2019. Early-age shrinkage strain measurements of thegraphene oxide modified magnesium potassium phosphate cement[J]. Measurement, 139: 293-300.

Ye X, Zhu H H, Wang J, et al. 2022. Subsurface multi-physical monitoring of a reservoir landslide with the fiber-optic nerve system[J]. Geophysical Research Letters, 49: e2022GL098211.

Zhu H H, Wang D Y, Shi B, et al. 2022. Performance monitoring of a curved shield tunnel during adjacent excavations using a fiber optic nervous sensing system[J]. Tunnelling and Underground Space Technology, 124: 104483.

Zhu H H, Garg A, Yu X, Zhou H W. 2022. Editorial for Internet of Things (IoT) and artificial intelligence (AI) in geotechnical engineering[J]. J. Rock Mech. Geotech. Eng, 14: 1025e1027.

Zhu H H, Liu W, Wang X T, et al. 2022. Distributed scoustic sensing for monitoring linear infrastructures: current status and trends[J]. Sensors, 22: 7550.